Lecture Notes in Mathematics

Edited by A. Dold and B. Eckmann

634

Herbert Kurke
Gerhard Pfister
Dorin Popescu
Marco Roczen
Tadeusz Mostowski

Die Approximationseigenschaft lokaler Ringe

Springer-Verlag
Berlin Heidelberg New York 1978

Authors

Herbert Kurke
Humboldt-Universität zu Berlin
Sektion Mathematik
Unter den Linden 6
108 Berlin/DDR

Marco Roczen
Humboldt-Universität zu Berlin
Sektion Mathematik
Unter den Linden 6
108 Berlin/DDR

Gerhard Pfister
Humboldt-Universität zu Berlin
Sektion Mathematik
Unter den Linden 6
108 Berlin/DDR

Tadeusz Mostowski
Warsaw University
Department of Mathematics
Warsaw, Powsińska 24ᵃ/6/Poland

Dorin Popescu
Faculty of Mathematics
University of Bucharest
Str. Academiei 14
Bucharest/Rumania

Library of Congress Cataloging in Publication Data
Main entry under title:

Die Approximationseigenschaft lokaler Ringe.

(Lecture notes in mathematics ; 634)
1. Local rings. 2. Approximation theory.
3. Ideals (Algebra) I. Kurke, H. II. Series:
Lecture notes in mathematics (Berlin) ; 634.
QA3.L28 no. 634 [QA251.38] 510'.8s [512'.4]

AMS Subject Classifications (1970): 13 H xx

ISBN 3-540-08656-0 Springer-Verlag Berlin Heidelberg New York
ISBN 0-387-08656-0 Springer-Verlag New York Heidelberg Berlin

Printing and binding: Beltz Offsetdruck, Hemsbach/Bergstr.
2141/3140-543210

Inhaltsverzeichnis

Einleitung

Das Ziel dieser Lecture Note ist es, eine Übersicht über Konstruktionstechniken zu geben, die den Übergang von der formalen zur analytischen oder algebraischen Geometrie betreffen. Diese Noten haben sich aus Diskussionen von H.Kurke, G.Pfister und M.Roczen im Anschluß an die Thesis von H.Kurke (Berlin, Humboldt-Universität 1969) und das Erscheinen des Buches [18] mit verschiedenen Kollegen ergeben, wobei insbesondere T.Mostowski und D.Popescu zu nennen sind, die wesentliche Ideen beigesteuert haben und an der vorläufigen Fassung des Manuskripts beteiligt waren.

Der Inhalt dieser Lecture Note und Beziehungen zu anderen Arbeiten sollen im folgenden kurz geschildert werden.

Im Jahre 1964 bewies M.Greenberg [14] für den Fall eines exzellenten diskreten Bewertungsringes R, und im Jahre 1969 M.Artin [7] für den Fall eines Polynomringes $R = k[X_1,\dots,X_n]$ über einem Körper k folgendes Theorem: Zu jedem Gleichungssystem

$$F(Y) = (F_1(Y),\dots,F_m(Y)) = 0 , \quad Y = (Y_1,\dots,Y_N)$$

gibt es eine Funktion $\beta(\alpha)$ mit der Eigenschaft: Wenn $\bar{y} \in R^N$ und $F(\bar{y}) \equiv 0 \bmod \underline{m}^{\beta(\alpha)}$ ($\underline{m}$ bezeichne das Maximalideal von R bzw. das von $X_1,\dots,X_n$ erzeugte Ideal), so hat das Gleichungssystem auch eine Lösung $y \in (R_{\underline{m}}^h)^N$, so daß $y \equiv \bar{y} \bmod \underline{m}^{\alpha} R_{\underline{m}}^h$ (wobei $R_{\underline{m}}^h$ die Henselsche Abschließung von R in $\underline{m}$ bezeichnet). Bei Greenberg ist $\beta(\alpha)$ von der Form $c\alpha + d$, und bei Artin wird gezeigt, daß die Funktion $\beta(\alpha)$ durch n, N und $d = \sum_i \deg(F_i)$ bestimmt ist. Wir wollen im folgenden eine solche Funktion $\beta(\alpha)$ eine strenge Approximationsfunktion für das Gleichungssystem $F = 0$ bzw. für das von den F_i erzeugte Ideal nennen.

M. Artin bewies außerdem 1968 bzw. 1969 ([6] bzw. [7]), daß es zu formalen Lösungen $\overline{y}(z)$ eines analytischen bzw. Polynomgleichungssystems über dem Ring $\mathbb{C}\{z_1,\ldots,z_n\}$ der konvergenten Potenzreihen bzw. $R[z_1,\ldots,z_n]$ der Polynome über einem Henselschen exzellenten diskreten Bewertungsring R stets Lösungen durch konvergente bzw. algebraische Potenzreihen (d.h. im zweiten Fall durch Funktionen, die auf einer Etalumgebung von 0 in $\mathrm{Spec}(R[z_1,\ldots,z_n])$ definiert sind) $y(z)$ gibt, die bis zu einer beliebig hohen Ordnung mit den formalen Lösungen übereinstimmen. (Approximationseigenschaft).

In den ersten beiden Kapiteln werden diese Theoreme bzw. dazu analoge Theoreme für andere Typen von Gleichungen bewiesen. Genauer wird die ganze Problematik unter einem einheitlichen, axiomatischen Gesichtspunkt aufgebaut, so daß sich ein Beweis für verschiedene Typen von Ringen und Gleichungen ergibt. Der Grundbegriff ist der einer Weierstraß-Kategorie von Ringen bzw. Paaren (im nicht-lokalen Fall), der in Kap. I, § 2 eingeführt wird. In diesem Rahmen gelten viele der bekannten Approximationssätze (siehe I.,2.4., 2.4.1., 2.4.2., 2.7.(Newtonsches Lemma), 2.7.1., 2.7.2., 6.1. (Satz von Elkik) und 6.3.). Um möglichst weitgehend auch den nicht-lokalen Fall mit einzubeziehen, haben wir uns nicht von vornherein auf den Fall lokaler Ringe beschränkt, obwohl dadurch einige Betrachtungen technisch komplizierter ausgefallen sind. Der Leser, der nur den lokalen Fall im Auge hat, kann sicher ohne Mühe über die sich aus dem nicht-lokalen Fall ergebenden technischen Einzelheiten hinwegsehen. Leider ist es uns nicht gelungen, die Approximationseigenschaft in nicht-lokalen Situationen zu beweisen. Im lokalen Fall ist eine Weierstraß-Kategorie $\underline{\underline{H}}$ eine volle Unterkategorie der Kategorie der lokalen Noetherschen Algebren über einem Körper oder diskreten Bewertungsring R (aus beweistechnischen Gründen werden später auch nicht notwendig Noethersche Algebren betrachtet, über Einzelheiten sei auf I., § 2 verwiesen), die folgende Axiome erfüllen:

(W 0) $R \in \underline{\underline{H}}$,

(W 1) ("Weierstraßscher Vorbereitungssatz") Wenn $(A \longrightarrow B) \in \underline{\underline{H}}$ quasiendlich ist (d.h. wenn $\dim_k B/\underline{\underline{m}}_A B < \infty$) ist, so ist B endliche A-Algebra ,

(W 2) Es gibt freie Algebren in $\underline{\underline{H}}$, genauer: Ist $A \in \underline{\underline{H}}$ und sind $T_1,\dots,T_n$ Unbestimmte über A, so ist der Funktor auf $\underline{\underline{H}}$
$B \longmapsto \mathrm{Hom}_{R,\mathrm{lokal}}(A[T]_{(\underline{\underline{m}}_A,T)}, B)$ darstellbar in $\underline{\underline{H}}$ durch eine A-Algebra $A_T \in \underline{\underline{H}}$ und eine Einbettung $A[T] \subset A_T$, und es gilt außerdem für alle $c>0$ $A[T]/(T)^c A[T] = A_T/(T)^c A_T$.

(W 3) Wenn B eine endliche lokale A-Algebra mit $B/\underline{\underline{m}}_B = A/\underline{\underline{m}}_A$ ist und $A \in \underline{\underline{H}}$, so ist $B \in \underline{\underline{H}}$.

Als wichtigste Beispiele möge die Kategorie der analytischen Algebren, die Kategorie der kompletten lokalen Algebren oder die Kategorie der lokalen Henselschen Algebren von endlichem Typ (im Henselschen Sinne) über k oder R dienen.

Als Gleichungen über $A \in \underline{\underline{H}}$ betrachten wir dann Elemente $F(T) \in A_T$ $(T = (T_1,\dots,T_N))$, und es wird gezeigt:

Wenn alle Ringe aus $\underline{\underline{H}}$ exzellent sind (das bedeutet hier, daß der Morphismus $\mathrm{Spec}(\hat{A}) \longrightarrow \mathrm{Spec}(A)$ geometrisch regulär ist), so hat jeder Ring A aus $\underline{\underline{H}}$ die Approximationseigenschaft, d.h. formale Lösungen (Lösungen aus $\hat{A}$) eines Gleichungssystems F(T) aus A_T lassen sich bis zu beliebig hoher Ordnung durch Lösungen aus A approximieren. Es gilt etwas genauer: Es gibt eine "Familie von Lösungen" aus einer freien A-Algebra A_Z , $Z = (Z_1,\dots,Z_q)$ gewisse Parameter, so daß für spezielle Werte $\bar{z} \in \underline{\underline{m}}_A \hat{A}^q$ der Parameter Z die Familie zu der vorgegebenen formalen Lösung spezialisiert.

Es werden einige einfache und unmittelbare Anwendungen der verschiedenen Approximationssätze gegeben. Der Anhang geht im wesentlichen auf T.Mostowski zurück.

Kapitel II enthält den Beweis des Resultats, daß für einen lokalen Ring A mit Approximationseigenschaft zu jedem Gleichungssystem eine strenge Approximationsfunktion gehört, das in voller Allgemeinheit erstmals von G.Pfister und D.Popescu [25] bewiesen wurde und unter jeweils etwas einschränkenden Voraussetzungen unabhängig davon von M.van der Put und von J. Wavrik [48].

Offen ist hier noch das Problem, genauer zu analysieren, durch welche Daten eine solche Approximationsfunktion bestimmt ist (in Analogie zu Artins Satz, wo sie durch N, n und d bestimmt ist).

In Kapitel III wird ein Satz bewiesen, der im einfachsten Fall besagt: Wenn A eine Henselsche k-Algebra von endlichem Typ ist, $B = A\langle x\rangle = A\langle x_1,\dots,x_r\rangle$ eine freie Henselsche Algebra über A und $F(Y,Z) = 0$ ein Polynomgleichungssystem über B in Unbestimmten $Y = (Y_1,\dots,Y_n)$, $Z = (Z_1,\dots,Z_m)$, so daß $(\bar{y}, \bar{z}) \in \hat{B}^{n+m}$ eine formale Lösung ist und $\bar{y} \in \hat{A}$, so läßt sich diese Lösung entsprechend dem Approximationssatz durch eine Lösung (y, z) approximieren mit der zusätzlichen Eigenschaft, daß y ebenfalls nicht von den x abhängt (Problem von M.Artin).

Dieser Satz konnte allerdings nur unter den einschränkenden Voraussetzungen bewiesen werden, daß k ein algebraisch abgeschlossener Körper der Charakteristik 0 ist. Der Beweis entstand aus Diskussionen von T.Mostowski mit G.Pfister und H.Kurke. Die Nützlichkeit dieses Satzes wird am Beispiel der Algebraisierung von semiuniversellen Deformationen isolierter Singularitäten und in Anwendungen in Kapitel IV demonstriert, wo eine Verallgemeinerung des Weierstraßschen Vorbereitungssatzes angegeben wird (inspiriert durch die Arbeit [13] von Grauert).

Im Kapitel V wird allgemein die Idealtheorie der Ringe mit Approximationseigenschaft untersucht. Es zeigt sich, daß sie im Prinzip dieselbe Idealtheorie haben wie ihre Komplettierung. Lokale Ringe mit Approximationseigenschaft sind universell japanisch, universell catenaire, ihr singulärer Ort ist abgeschlossen und sie sind in vielen Fällen exzellent.
Im Kapitel VI werden zweidimensionale reguläre lokale Ringe betrachtet. Es wird ein allgemeiner Approximationssatz bewiesen.

Kapitel I

Approximationssätze für Henselsche Ringe

Nachdem wir im 1. Abschnitt die wichtigsten elementaren Eigenschaften Henselscher Ringe zusammengestellt haben, bringen wir im 2. den Satz über implizite Funktionen (2.4. und 2.4.1.) und das Newtonsche Lemma (2.7.), beides in einer Form, die sowohl für den algebraischen als auch für den analytischen Fall (archimedisch oder nichtarchimedisch) angewendet werden kann, indem wir durch wenige Axiome Klassen von Henselschen Ringen und von Typen von Gleichungen (polynomial, analytisch,...) aussondern, für welche diese Sätze gelten.

Diese Thematik nehmen wir im 6. Abschnitt wieder auf, wo wir Elkik's Satz bringen, hier nur für Polynomgleichungen; eine Übertragung dieses Satzes für die in 2. eingeführten W--Kategorien ist jedoch ohne weiteres möglich und sei dem Leser überlassen.

In 4. und 5. wird aus den Axiomen von 2. ein Beweis der Approximationseigenschaft lokaler Henselscher Ringe hergeleitet, die für die wichtigsten Klassen (Polynomgleichungen über lokalen Henselschen Algebren über einem Körper, analytische Gleichungen über komplex-analytischen Algebren) von M. Artin erstmalig bewiesen worden ist. Die wichtigste Forderung für die Gültigkeit der Approximationseigenschaft ist, daß die betrachteten lokalen Ringe exzellent sind. Zusammen mit den Axiomen aus 2. läßt sich dann ein einheitlicher Beweis der Approximationseigenschaft für sehr viele Klassen von lokalen Henselschen Ringen und entsprechende Typen von Gleichungen herleiten.

1. Definition und Beispiele Henselscher Ringe

Es sei A ein Ring, $I \subseteq A$ ein Ideal. Dann heißt A Henselsch bezüglich I oder Henselsch längs der abgeschlossenen Teilmenge $V = V(I)$ von Spec (A), wenn jedes normierte Polynom $F(T)$, für das $T = 0$ eine einfache Nullstelle von F modulo I ist, d.h. so daß $F(0) \in I$ und $F'(0)$ Einheit modulo I ist, eine Nullstelle $a \in I$ besitzt.

Bemerkung: Diese Eigenschaft hängt nur von $\sqrt{I}$, d.h. von $V = V(I)$ ab. Wenn ferner I_1 ein Ideal ist mit $V(I_1) \supseteq V(I)$, so ist A auch Henselsch längs $V(I_1)$. Die Nullstelle $a \in I$ ist eindeutig bestimmt.

Wir geben zunächst eine Übersicht über einige allgemeine Eigenschaften Henselscher Ringe; Beweise findet man z.B. in [18] .

1.1. Satz: Es sei A ein Ring, $V = V(I)$ eine abgeschlossene Teilmenge, dann sind die folgenden Eigenschaften äquivalent:

(i) A ist Henselsch längs V

(ii) (Liftung von Idempotenten) Ist B eine endliche (nicht notwendig kommutative) A-Algebra und $\bar{e} \in B/IB$ idempotent, so besitzt $\bar{e}$ einen idempotenten Repräsentanten e in B.

(iii) (Henselsches Lemma) Sind F, G, H Polynome aus A T und ist $F \equiv GH \mod IA[T]$, G normiert, und sind G, H teilerfremd mod I, d.h. $G\,A[T] + H\,A[T] + I\,A[T] = A[T]$, so gibt es zu G und H modulo I kongruente Polynome G_1 , H_1, so daß G_1 normiert ist und $F = G_1H_1$.

(iv) Jeder Etalmorphismus $U \to \mathrm{Spec}(A)$ mit der Eigenschaft $U \times_{\mathrm{Spec}(A)} V \cong V$ ("strenge Etalumgebung von V") hat die

Form $U = \mathrm{Spec}(A) \amalg U'$, so daß U' über $\mathrm{Spec}(A) - V$ liegt.

Aus Satz 1.1. erhält man das folgende

1.1.1. Korollar: Ist (A,V) Henselsch und M ein projektiver A-Modul von endlichem Typ, so läßt sich jeder auf V definierte Schnitt von $\mathrm{Grass}_m(M) \longrightarrow \mathrm{Spec}(A)$ zu einem Schnitt auf ganz $\mathrm{Spec}(A)$ fortsetzen.

Beweis: Einem Schnitt $\bar{s}: V \longrightarrow \mathrm{Grass}_m(M)$ entspricht ein Epimorphismus $\bar{f}: \bar{M} \longrightarrow \bar{E}$ von projektiven A/I-Moduln, wobei $\bar{M} = M/IM$, $\mathrm{rg}(\bar{E}) = m$ ist. Damit äquivalent ist ein Projektionsoperator $\bar{p}: \bar{M} \longrightarrow \bar{M}$ (d.h. $\bar{p}^2 = \bar{p}$), so daß $\bar{f}: \bar{p}(\bar{M}) \xrightarrow{\sim} \bar{E}$. Da $\mathrm{End}_{\bar{A}}(\bar{M}) =$ $= \mathrm{End}_A(M)/I\,\mathrm{End}_A(M)$ für projektive Moduln von endlichem Typ und $\mathrm{End}_A(M)$ eine endliche A-Algebra ist, läßt sich $\bar{p}$ zu einem idempotenten Element p $\mathrm{End}_A(M)$ liften; dann entspricht dem Epimorphismus $p: M \longrightarrow p(M) =: E$ eine Fortsetzung von $\bar{s}$ zu einem Schnitt $s: \mathrm{Spec}(A) \longrightarrow \mathrm{Grass}_m(M)$.

Zu jedem Ring A und jeder abgeschlossenen Teilmenge $V = V(I)$ gibt es eine "Henselsche Abschließung" $A_V^h = A_I^h$.

1.2. Satz: Es sei A ein Ring, $V = V(I) \subseteq \mathrm{Spec}(A)$ eine abgeschlossene Teilmenge, dann gibt es eine A-Algebra $A_V^h = A_I^h$, die durch folgende Eigenschaften charakterisiert ist:

(i) A_V^h ist Henselsch längs $V^h =: V(I\,A_V^h)$.

(ii) Ist B Henselsch längs W und $f: A \longrightarrow B$ ein Ringhomomorphismus mit $\mathrm{Spec}(f)(W) \subseteq V$, so besitzt f eine eindeutig bestimmte Fortsetzung $f^h: A_V^h \longrightarrow B$.

A_V^h hat außerdem die folgenden Eigenschaften:

(1) A_V^h ist A-flach, und A_V^h ist treuflach über A, falls V alle abgeschlossenen Punkte enthält.

(2) Der kanonische Homomorphismus $A/I \longrightarrow A_V^h/IA_V^h$ ist bijektiv.

(3) Wenn A Noethersch (resp. reduziert, resp. normal) ist, so gilt dies auch für A_V^h.

(4) A_V^h ist induktiver Limes von A-Algebren der Form $A' \cong (A[T]/FA[T])_f$, wobei F alle normierten Polynome über A, für die $F(0) \in I$ und $F'(0)$ Einheit modulo I ist, durchläuft und f alle Elemente aus $1 + IA[T] + TA[T]$.

(5) $\mathrm{Spec}(A_V^h) \longrightarrow \mathrm{Spec}(A)$ ist projektiver Limes aller strengen Etalumgebungen von V in Spec(A).

1.2.1. Korollar: Wenn (B,J) Henselsch ist und A ein in B ganz abgeschlossener Unterring, sowie $I \subseteq A \cap J$ ein Ideal in A, so ist der Ring A_S (S das multiplikativ abgeschlossene System $1 + I \subseteq A$) Henselsch bezüglich IA_S und in B enthalten.

Denn A_S ist in B enthalten, da $1 + I \subseteq 1 + J$. Ferner ist A_S in B noch immer ganz abgeschlossen, und aus 1.2. (4) folgt dann die Behauptung.

In sehr vielen Fällen ist A_V^h die algebraische Abschließung von A in der Komplettierung $A_V^\wedge = \varprojlim_{\underline{I}, V(\underline{I}) \supseteq V} A/\underline{I} = \varprojlim_{n} A/I^n$, wie aus folgendem Satz hervorgeht:

1.3. Satz: Wenn A reduziert und Noethersch ist und die Fasern von $\mathrm{Spec}(A_V^\wedge) \longrightarrow \mathrm{Spec}(A)$ geometrisch reduziert sind (d.h. wenn für jeden Körper K und jeden Homomorphismus $A \longrightarrow K$ die K-Algebra $A_V^\wedge \otimes_A K$ reduziert ist) und wenn $A_V^\wedge \otimes_A Q(A)$ normal ist, so ist A_V^h die algebraische Abschließung von A in A_V.

Beispiele, für welche diese Voraussetzungen erfüllt sind, sind die folgenden Klassen von Ringen:

a) Lokalisierungen von endlich erzeugten Integritätsbereichen über Körpern oder universell japanischen eindimensionalen Ringen

b) Analytische Algebren, bzw. deren Lokalisierungen

c) Komplette lokale Ringe, bzw. deren Lokalisierungen.

Satz 1.3. rechtfertigt die folgende Terminologie: Ist A ein Polynomring $R[T_1,\dots,T_n]$ und $V \subseteq \mathrm{Spec}(A)$ die durch $(T_1,\dots,T_n)$ definierte abgeschlossene Teilmenge, so bezeichnen wir mit $R\langle T_1,\dots,T_n\rangle$ die Henselsche Abschließung A^h_V, und wir nennen $R\langle T_1,\dots,T_n\rangle$ den Ring der algebraischen Potenzreihen über R. Für algebraische Potenzreihen gilt z.B. der Weierstraß'sche Vorbereitungssytz, bzw. die Weierstraß'sche Divisionsformel, was durch folgenden Satz ausgedrückt wird:

1.4. Satz: Wenn A in V = V(I) Henselsch ist und $f \in A\langle T\rangle$ eine algebraische Potenzreihe über A, so daß $f \equiv aT^{n+1}$ ist modulo $IA\langle T\rangle + T^{n+2}A\langle T\rangle$ mit einer Einheit $a \in A$, so ist $A\langle T\rangle/fA\langle T\rangle$ ein freier A-Modul vom Rang n+1 mit den Erzeugenden $1, T, T^2, \dots, T^n$ mod f .

Wenn R ein Ring, A eine R-Algebra, $V = V(I) \subseteq \mathrm{Spec}(A)$ eine abgeschlossene Teilmenge ist, so nennen wir A Henselsch längs V von endlichem Typ über R, wenn es eine endliche erzeugte R-Algebra $A_o \subseteq A$ gibt mit $A = A^h_{oV_o}/K$, $V_o = V(I \cap A_o) \subseteq \mathrm{Spec}(A_o)$, K ein Ideal in $A_{o\,V_o}^{\,h}$.

Ist $A_o = R[x_1,\dots,x_n]$, so ist A Lokalisierung der ganzen Abschließung A_1 von A_o in A bezüglich des multiplikativ abgeschlossenen Systems $S = 1 + (A_1 \cap I)$.

1.5. Satz: Ist (A,V) Henselsch, $V = V(I)$, B eine A-Algebra, Henselsch längs $V(IB)$ von endlichem Typ über A, so gilt: Ist $A \longrightarrow B/IB$ endlich, so ist auch $A \longrightarrow B$ endlich.

Dieser Satz bildet die Grundlage für den Beweis der Approximationssätze; wir werden ihn deshalb hier ausführlich beweisen.
Es seien $x_1,\dots,x_n \in B$ Erzeugende von B über A (im Henselschen Sinne). Wir beweisen 1.5. durch Induktion nach n. Ist $n = 0$, so ist B Bild der Henselschen Abschließung von A bezüglich $IB \cap A =: J$ in B.
Es sei A' die ganze Abschließung von A in B, dann ist B Lokalisierung von A' bezüglich $S = 1 + (IB \; A')$. Es sei $I'= IA'$, $J' = IB \cap A' = I'B \cap A'$. Wenn $V(J') = V(I')$ist, so ist $B = A'$ und daher $V(IB \cap A) = V(I)$, also $B = A$. Ist $V(J') \neq V(I')$, so gibt es ein Primideal $P' \subset A'$, so daß $I' \subseteq P'$ und $P' \cap (1+J') \neq \emptyset$ ist, also $P'+ J' = A'$. Nach 1.2.1. ist der Ring $B' =: A'_{S'}$ mit $S'= 1 + (J' \cap P')$ ein in B enthaltener, bezüglich $(J' \cap P')B' = J'B' \cap P'B'$ Henselscher Ring. Wegen $J'B' + P'B' = B'$ ist $B'/(J' \cap P')B'$ direktes Produkt $\bar{B}'_1 \times \bar{B}'_2$, $\bar{B}'_1 = B/P'B'$, $\bar{B}'_2 = B'/J'B'$, und nach 1.1. (ii) zerfällt B' entsprechend in ein direktes Produkt $B'_1 \times B'_2$. Andererseits war A' ganz abgeschlossen in B, die zur Zerlegung von B' gehörigen idempotenten Elemente e_1, e_2 gehören also schon zu A'. Dann ist $V(I') = V(J') \amalg V(J+e_2A')$ $e_1 \in J'$ und $e_2 \in 1 + J'$, also $B = A'/e_1A'$ im Widerspruch zu $A' \subsetneq B$.
Damit ist der Satz für $n = 0$ bewiesen.
Es sei jetzt $n \geq 1$ und A' Lokalisierung der ganzen Abschließung A'_0 von $A[x_1,\dots,x_n]$ in B bezüglich $S = 1+(IB \cap A'_0)$, $I'=IB \cap A'$, dann ist nach 1.2.1. A' Henselsch bezüglich I', $A'/I' \subseteq B/I'B$

endliche Erweiterung und B wird durch ein Element $x_n = x \in B$ als Henselsche A'-Algebra erzeugt, sowie B' ist die ganze Abschließung von $A'[x]$ in B, also B Lokalisierung von B'.
Es sei P' ein Maximalideal in A', dann ist $I' \subset P'$, und da $A'/I' \subseteq B/I'B$ ganz ist, ist $P'B \neq B$. Wir werden zeigen, daß $A'_{P'} \otimes_{A'} B = A'_{P'}$ ist. Da P' beliebig ist, folgt dann daras $B = A'$.

Fall 1: Es gibt ein $a \in A' - P'$ mit $ax \in A'$.
In diesem Fall ist $x \in A'_{P'}$, also $A'_{P'} \otimes_{A'} B = A'_{P'}$ nach 1.2.(4) (da $A'_{P'}$ ganz abgeschlossen ist in $A'_{P'} \otimes_{A'} B$).

Fall 2: Für alle $a \in A'$ mit $ax = b \in A'$ ist $a \in P'$.
Wenn für ein solches a dann b nicht aus P' wäre, so wäre $P'B = B$, also ist dieser Fall nicht möglich.

Fall 3: Für alle $a \in A'$ mit $ax = bA'$ sind $a, b \in P'$.
Da A' in B ganz abgeschlossen ist, wird $\ker(A'[X] \longrightarrow B,\ X \mapsto x)$ durch die Polynome $aX-b$ mit $ax=b$ erzeugt (wenn $f=aX^n+a_1X^{n-1}+\ldots$ aus dem Kern ist, so ist $a^{n-1}f(x) = (ax)^{n-1}+a_1(ax)^{n-1}+\ldots = 0$, also $ax = b \in A'$ und $f = (aX-b)X^{n-1}+(b+a_1)^{n-2}+\ldots$; durch Induktion nach n folgt also, daß f Linearkombination von linearen Polynomen aus dem Kern ist), mithin gilt also im Fall 3, daß $A'[x]/P'A'[x] \cong (A'/P')[X]$ ist. Da B Lokalisierung einer ganzen Erweiterung B' von $A[x]$ ist, folgt somit, daß $(A'/P')[X] \subseteq B/P'B$ ist im Widerspruch zur Endlichkeit von $B/P'B$ über A'/P'. Somit kann also der 3. Fall auch nicht zutreffen und $B = A'$ ist damit bewiesen.
Insbesondere ist $x = x_n$ ganz über $A[x_1,\ldots,x_{n-1}]$. Es sei jetzt A_{n-1} das Bild der Henselschen Abschließung von $A[x_1,\ldots,x_{n-1}]$ bezüglich $IA[x_1,\ldots,x_{n-1}]$ in B. Nach dem bereits Bewiesenen (n = 0) ist dann $B = A_{n-1}[x_n]$, also ist B endlich über A_{n-1}

Ist $I_{n-1} = \sqrt{IA_{n-1}}$, so ist also $A_{n-1}/I_{n-1} \subseteq B/I_{n-1}B$, und andererseits wird A_{n-1}/I_{n-1} von den Restklassen von $x_1,\ldots,x_{n-1}$ über A erzeugt. Somit gibt es normierte Polynome $F_i(X) \in A[X]$ mit $F_i(x_i) \in I_{n-1}$, also $F_i(x_i)^c \in IA_{n-1}$ für $c \gg 0$. Also ist A_{n-1}/IA_{n-1} endlich über A und nach Induktionsvoraussetzung damit auch A_{n-1}, und somit auch B, q.e.d.

Wir bemerken, daß 1.4. eine Folgerung aus Satz 1.5. ist: $A\langle T\rangle/fA\langle T\rangle = B$ ist Henselsch von endlichem Typ über A bezüglich V(IB), und $B/IB = (A/I) \oplus (A/I)T \oplus \ldots \oplus (A/I)T^n$. Außerdem ist $A\langle T\rangle$ und damit B eine flache A-Algebra, woraus 1.5. folgt.

Beispiele Henselscher Ringe:

a) Ist A ein I-adisch kompletter Ring, so ist A Henselsch in I. Insbesondere sind also formale Potenzreihenringe $R[[T_1,\ldots,T_n]]$ und homomorphe Bilder socher Ringe Henselsch in $(T_1,\ldots,T_n)$.

b) Ist A die algebraische Abschließung von $R[T_1,\ldots,T_n]$ in $R[[T_1,\ldots,T_n]]$, so ist A Henselsch in $(T_1,\ldots,T_n)$.

c) Analytische Algebren sind Henselsch.

d) Es sei K ein Körper mit einer Norm $|.|$ und X ein topologischer Raum. Ist $C_{X,x}$ eine Unteralgebra der Algebra aller in x stetigen Funktionskeime $(X,x) \longrightarrow K$, so daß für jede konvergente Potenzreihe $u(y_1,\ldots,y_n)$ und jedes n-Tupel $(f_1,\ldots,f_n)$, $f_i \in C_{X,x}$ mit $f_i(x) = 0$ auch $u(f_1,\ldots,f_n) \in C_{X,x}$, so ist $C_{X,x}$ Henselsch in $I = \{f \in C_{X,x},\ f(x) = 0\}$.

Beispiel: $C_{R^n,0}$ Algebra aller stetigen, bzw. aller differenzierbaren Funktionskeime.

2. Der Satz über implizite Funktionen und das Newtonsche Lemma

Wir geben in den nächsten Abschnitten eine Übersicht über die wichtigsten Approximationssätze für Henselsche Ringe, die alle eine Verallgemeinerung der Eigenschaften sind, durch welche die Henselschen Ringe definiert sind. Es handelt sich darum, für verschiedene Typen von Gleichungssystemen (algebraische, analytische, formale) über A und Anfangslösungen modulo einer hinreichend hohen Ordnung, oder formale Lösungen, eine Lösung in A zu finden, die mit der vorgegebenen Anfangslösung bis zu einer vorgeschriebenen Ordnung übereinstimmt. Die Grundlage für alle diese Sätze sind der Satz über implizite Funktionen und das Newtonsche Lemma. Um dabei den algebraischen, analytischen und formalen Fall gleichzeitig zu behandeln, gehen wir soweit wie möglich axiomatisch vor. In 5. werden wir daraus einen Beweis für die Approximationseigenschaft gewisser Klassen von lokalen Henselschen Ringen und gewisser Typen von Gleichungssystemen herleiten. Es wird gezeigt werden, daß diese stets gilt in einer Kategorie $\underline{\underline{H}}$ von lokalen Henselschen Noetherschen R-Algebren, R ein exzellenter Henselscher Bewertungsring oder ein Körper, wenn diese Kategorie folgende Eigenschaften hat:

(1) Alle Algebren haben den gleichen Restklassenkörper wie R

(2) Ist $A \longrightarrow B$ ein lokaler Homomorphismus und $A \longrightarrow B/m_A B$ endlich, so ist $A \longrightarrow B$ endlich.

(3) Zu jeder endlichen Menge $T = (T_1,\dots,T_N)$ und jedem $A \in \underline{\underline{H}}$ gibt es eine in $\underline{\underline{H}}$ freie A-Algebra A_T, d.h. $T \subseteq A_T$, und für $B \in \underline{\underline{H}}$ ist $\mathrm{Hom}_A(A_T,B) \simeq m_B^T = \{(t_1,\dots,t_N),\ t_i \in m_B\}$ durch $T_i \longmapsto t_i$.

(4) Mit $A \in \underline{\underline{H}}$ ist auch A/I (I Ideal) in $\underline{\underline{H}}$.

(5) Ist $A \in \underline{\underline{H}}$, so ist $\mathrm{Spec}(\hat{A}) \longrightarrow \mathrm{Spec}(A)$ formal glatt.

In einer solchen Kategorie gilt: Ist $I \subseteq A_T$ ein Ideal und $\bar{\varepsilon}: A_T/I \longrightarrow \hat{A}$ ein A-Homomorphismus, so gibt es zu jeder natürlichen Zahl c einen $\underline{A}$-Homomorphismus $\varepsilon_c: A_T/I \longrightarrow A$ mit $\bar{\varepsilon} \equiv \varepsilon_c \bmod m_A^c\hat{A}$.

Zum Beweis dieser Eigenschaft muß man in einem Zwischenschritt auch zu einer Klasse von Ringen übergehen, die evtl. nicht Noethersch sind; daher werden in die folgenden Betrachtungen auch nicht notwendig Noethersche Ringe einbezogen.

Wir bezeichnen ein Paar (A,I), für das A ein in I Henselscher Ring ist, als Henselsches Paar. Diese Paare bilden eine Kategorie, wenn wir als Morphismen $(A,I) \longrightarrow (A',I')$ solche Ringhomomorphismen bezeichnen, bei denen I in I' abgebildet wird; die Henselschen Paare bilden eine volle Unterkategorie aller dieser Paare.

Eine Variante des Satzes über implizite Funktionen ist die folgende Aussage: Ist (A,I) ein Henselsches Paar und ist $(F(T_1,\ldots,T_n)) = (F_1(T_1,\ldots,T_n),\ldots,F_m(T_1,\ldots,T_n))$ ein m-Tupel von Polynomen, wobei $m \leq n$ ist, so kann man zu jeder Anfangslösung $t = (t_1,\ldots,t_n) \in A^n$ modulo I von $F = 0$ eine Lösung $t+u \in IA^n + t$ von $F = 0$ finden, falls $\mathrm{rang}(\frac{\partial F}{\partial T_1}(t),\ldots,\frac{\partial F}{\partial T_n}(t)) = m$ ist.

Man kann ohne weiteres $t = 0$ annehmen und das Gleichungssystem $F = 0$ durch die Henselsche Abschließung B von

$$A[T_1,\ldots,T_n]/A[T_1,\ldots,T_n]F_1 + \ldots + A[T_1,\ldots,T_n]F_m$$

bezüglich des von I und $T_1,\ldots,T_n$ erzeugten Ideals ersetzen, und durch $T \longmapsto 0$ wird ein A-Homomorphismus $B \xrightarrow{\bar{\varepsilon}} A/I$ induziert, durch $T \longmapsto u$ eine Liftung von $\bar{\varepsilon}$ zu einem A-Homomorphismus $B \longrightarrow A$. In diesem Sinne können wir den Satz über implizite verallgemeinern. Die Bedingung über den Rang der Funktionalmatrix ist durch den Begriff "formal glatt" zu ersetzen; wir wollen darunter folgendes verstehen:

Es sei $(A,I) \longrightarrow (B,N)$ ein Morphismus von Paaren, dann nennen wir (B,N) <u>formal glatt</u> über (A,I), wenn A und B I-adisch separiert sind, alle Restklassenringe A/I^q, B/I^qB, $q = 1,2,\ldots$ Noethersch sind und wenn sich in jedem kommutativen Diagramm Henselscher Paare

$$\begin{array}{ccc} (A,I) & \longrightarrow & (R,m) \\ {\scriptstyle\lambda}\downarrow & \overset{\mu}{\nearrow} & \downarrow{\scriptstyle\bar{\pi}} \\ (B,N) & \underset{\bar{\mu}}{\longrightarrow} & (\bar{R},\bar{m}) \end{array}$$

mit lokalen Artinschen Ringen R und $\bar{R} = R/H$ der Morphismus $\bar{\mu}$ zu einem (A,I)-Morphismus $\mu: (B,N) \longrightarrow (R,m)$ liften läßt.

2.1. <u>Lemma</u>: <u>Wenn</u> $(A,I) \xrightarrow{\lambda} (B,N)$ <u>ein formal glatter Homomorphismus Noetherscher Paare ist und</u> $\varepsilon: B \longrightarrow A$ <u>eine Augmentierung der</u> A-<u>Algebra</u> B, <u>so ist</u> $\ker(\varepsilon)/\ker(\varepsilon)^2 =: \bar{E}$ <u>ein projektiver</u> A-<u>Modul von endlichem Typ</u>.

Beweis: $\bar{E}$ ist ein B-Modul von endlichem Typ und wird annulliert durch $\ker(\varepsilon)$, ist also auch ein A-Modul von endlichem Typ. Es sei $M \longrightarrow N$ ein Epimorphismus endlich erzeugter A-Moduln, dann ist zu zeigen, daß sich jeder Homomorphismus $\bar{p}: \bar{E} \longrightarrow N$ zu einem Homomorphismus $p: \bar{E} \longrightarrow M$ liften läßt. Das ist offensichtlich, wenn M durch eine Potenz m^n eines Maximalideals m von A annulliert wird. Man betrachte die A-Algebren $(A/m^n) \oplus M = R$, $(A/m^n) \oplus N = \bar{R}$ mit $M^2 = 0$, $N^2 = 0$, und die durch $M \longrightarrow N$ induzierte surjektive

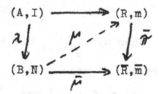

Abbildung $R \longrightarrow \bar{R}$, sowie $\bar{\mu}: B \longrightarrow \bar{R}$ mit

$b \longmapsto (\varepsilon(b) \bmod m, \bar{p}((b-\varepsilon(b) \bmod \ker(\varepsilon)^2))$,

dann läßt sich $\bar{\mu}$ zu einem A-Homomorphismus $\mu: B \longrightarrow R$ liften, so daß $\mu(\ker(\varepsilon)^2) = 0$ ist, daher induziert μ eine Liftung $p: \bar{E} \longrightarrow M$ von $\bar{p}$. Aus diesem Grund ist die Komplettierung $A_m \otimes_A \bar{E}$ ein projektiver $\hat{A}_m$-Modul, also ist $A_m \otimes_A \bar{E}$ (da $\hat{A}_m$ treuflach über A_m ist) ein projektiver A_m-Modul. Das gilt für jedes Maximalideal, und daher ist $\bar{E}$ projektiv über A.

Der Satz über implizite Funktionen ist im wesentlichen eine Konsequenz von Satz 1.5. und Satz 1.1.

Wir betrachten ein Paar (A,I) und bezeichnen mit $\underline{\underline{C}}_{(A,I)}$ die Kategorie aller Paare (B,N) über (A,I) mit den Eigenschaften: $\bigcap_{\nu=0} I^{\nu}B = 0$; $B/I^{\nu}B$ ist Noethersch für alle ν und $A \longrightarrow B/N$ ist surjektiv.

Wenn $\underline{\underline{H}}$ eine volle Unterkategorie von $\underline{\underline{C}}_{(A,I)}$ ist, (B',N') ein Paar über (B,N) in $\underline{\underline{H}}$, so nennen wir (B',N') ein freies Paar mit q Erzeugenden in $\underline{\underline{H}}$, wenn es q Elemente $T_1,\dots,T_q$ in N' gibt, so daß für jeden Morphismus $(B,N) \longrightarrow (B'',N'')$ in $\underline{\underline{H}}$ die Abbildung

$\mathrm{Hom}_B((B',N'),(B'',N'')) \longrightarrow N'' \times \dots \times N'', \psi \longmapsto (\psi(T_1),\dots,\psi(T_q))$

bijektiv ist.

2.2. <u>Definition</u>: <u>Als Weierstraßkategorien über</u> (A,I), <u>kurz</u> "<u>W-Kategorien</u>", <u>bezeichnen wir volle Unterkategorien</u> $\underline{\underline{H}}$ <u>von</u> $\underline{\underline{C}}_{(A,I)}$, <u>die den folgenden Axiomen genügen</u>:

(W0) $(A,I) \in \underline{\underline{H}}$

(W1) <u>Ist</u> $(B,N) \longrightarrow (B',N')$ <u>ein Morphismus in</u> $\underline{\underline{H}}$, <u>für den</u> B'/NB' <u>endlich über</u> B <u>ist, so ist</u> B' <u>endlich über</u> B.

(W2) <u>Zu jedem Paar</u> $(B,N) \in \underline{\underline{H}}$ <u>und jeder natürlichen Zahl</u> N <u>gibt</u>

<u>es in $\underline{\underline{H}}$ freie Paare</u> (B_T, N_T) <u>mit</u> N <u>Erzeugenden</u> $T = (T_1, \ldots, T_N)$, <u>so daß die kanonische Abbildung</u> $B[T] \longrightarrow B_T$ <u>für alle n einen Isomorphismus</u> $B[T]/(T)^n \xrightarrow{\sim} B_T/(T)^n$ <u>induziert</u>.

(W3) <u>Ist</u> $(B,N) \longrightarrow (B',N')$ <u>ein endlicher Morphismus in</u> $\underline{\underline{C}}_{(A,I)}$, (B',N') <u>Henselsch und</u> $B \longrightarrow B'/N'$ <u>surjektiv, so folgt aus</u> $(B,N) \in \underline{\underline{H}}$ <u>auch</u> $(B',N') \in \underline{\underline{H}}$.

2.3. <u>Bemerkungen</u>:

(1) Aus (W1) folgt, daß alle Paare $(B,N) \in \underline{\underline{H}}$ Henselsch sind, und daß für jeden formal glatten Morphismus $(B,N) \longrightarrow (B',N')$ in $\underline{\underline{H}}$ gilt: Wenn $B/N \longrightarrow B'/N'$ ein Isomorphismus ist, so gibt es einen (B,N)-Homomorphismus $(B',N') \longrightarrow (B,N)$ (für die zweite Behauptung siehe Beweis von Satz 2.4.)

(2) Wenn (B',N') frei über (B,N) in $\underline{\underline{H}}$ ist mit den Erzeugenden $T_1, \ldots, T_N$, so ist

$$N' = NB' + \sum_{\nu=1}^{N} T_\nu B' = NB' + (T) \quad .$$

Die (T)-adische Komplettierung von B' ist kanonisch isomorph zu dem formalen Potenzreihenring $B[[T]]$ und die N'- adische Komplettierung zu $\hat{B}[[T]]$. (Die erste Behauptung erhält man, indem man $\mathrm{Hom}_{(B,N)}((B',N'),(B'/NB'+(T),N'/NB'+(T)))$ betrachtet, wobei nach (W2) $B'/(T) = B$ zu beachten ist. Die zweite Behauptung folgt aus (W2)).

(3) Wenn (B',N') frei über (B,N) ist, so ist (B',N') formal glatt über (B,N).

(4) Ist $(B,N) \longrightarrow (B',N')$ ein Morphismus in $\underline{\underline{H}}$ und sind $t_1, \ldots, t_N \in N'$ Repräsentanten eines Erzeugendensystems von $\bar{N}' =: N'/N'^2 + NB'$ ($\bar{N}'$ ist Noethersch, da B'/IB' Noethersch ist), so ist der

(B,N)-Morphismus $(B_T, N_T) \longrightarrow (B', N')$, $T_v \longmapsto t_v$ (v=1,...,N) surjektiv (nach (W1)).

(5) Wenn A Noethersch ist, so gilt:

Ist (A_T, N_T) frei über (A,I) und ist J ein Ideal in A_T, so daß $A \longrightarrow A_T/J$ endlich ist, so gilt: Der kanonische Homomorphismus $A\langle T\rangle \longrightarrow A_{T_v}$ induziert für alle v einen Isomorphismus $A_T/J^v \simeq A\langle T\rangle/K^v$ mit $KA_T = J$.

Beweis: Es sei $K = A\langle T\rangle \cap J$. Da $A\langle T\rangle$ Noethersch ist, ist $B_v = A\langle T\rangle/K^v$ für jedes v I-adisch separiert, und $B_1 \subseteq A_T/J$ ist endlich über A, also ist jedes B_v endlich über A und somit $(B_v, N_T B_v) \in \underline{\underline{H}}$ nach (W2).

Daher gibt es kanonische Homomorphismen

$$\begin{array}{ccc} A_T & \xrightarrow{f_v} & B_v \\ & {\scriptstyle p_v}\searrow & \downarrow {\scriptstyle q_v} \\ & & A_T/K^v A_T \end{array} \qquad \begin{array}{l} f_v(T_i) = T_i \mod K^v \ , \\ p_v \text{ Restklassenabbildung} \end{array}$$

,

so daß q_v surjektiv ist. Insbesondere ist q_1 ein Isomorphismus (wegen $K \subset J$, $J \cap A\langle T\rangle = K$), also $I = KA_T$, q.e.d.

(6) Wenn (A,I) ein lokaler Ring ist, so sind alle Paare $(B,N) \in \underline{\underline{C}}_{(A,I)}$ lokale Ringe mit dem gleichen Restklassenkörper. Ist $\underline{\underline{H}}$ eine Weierstraßkategorie über (A,I), so schreiben wir einfach $B \in \underline{\underline{H}}$ statt $(B,N) \in \underline{\underline{H}}$. Wenn alle Ringe B aus $\underline{\underline{H}}$ Noethersch sind und die Morphismen $\mathrm{Spec}(B) \longrightarrow \mathrm{Spec}(B)$ formal glatt sind, so nennen wir $\underline{\underline{H}}$ eine <u>exzellente Weierstraß-Kategorie</u>.

(7) Für jeden N-adisch separierten B_T-Modul M ist

$$\mathrm{Der}_B(B_T, M) = \mathrm{Hom}_B\Big(\sum_v B_T dT_v, M\Big) \quad ,$$

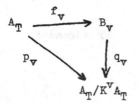

wobei $\sum B_T dT_v$ freier B_T-Modul mit dem freien Erzeugendensystem $\{dT_v\}$ ist und die Isomorphie durch eine Derivation

$$B_T \longrightarrow \sum_v B_T dT_v \quad , \quad f \longmapsto df = \sum_v \frac{\partial f}{\partial T_v} dT_v$$

induziert wird.

Beweis: Wenn $\vartheta : B_T \longrightarrow M$ eine B-Derivation ist, so definieren wir die zugehörige B_T-lineare Abbildung als die Abbildung $\sum_v g_v dT_v \longmapsto \sum_v g_v \vartheta(T_v)$. Es sei jetzt $B_T[\varepsilon] = B_{T,X}/X^2 B_{T,X} = B_T + \varepsilon B_T$ ($\varepsilon = X \mod X^2$) ; dann ist

$$\Theta = \{\varphi, \varphi \in \mathrm{Hom}_{(B,N)}((B_T,N_T),(B_T[\varepsilon], N_T + (\varepsilon))), \varphi \mod(\varepsilon) = \mathrm{id}_{B_T}\}$$

isomorph zum Modul aller B-Derivationen ϑ von B_T in sich; jedes $\varphi \in \Theta$ hat die Form $\varphi(f) = f + \varepsilon\vartheta(f)$, und umgekehrt ist jedes solche φ aus Θ.

Insbesondere bezeichnen wir mit $\frac{\partial}{\partial T_v}$ die zu dem Homomorphismus $\varphi_v : T_i \longmapsto T_i$ für $i \neq v$, $\varphi_v(T_v) = T_v + \varepsilon$ gehörige Derivation.

Ist jetzt $\vartheta : B_T \longrightarrow M$ eine beliebige Derivation, so ist $\vartheta(f) = \sum_v \frac{\partial f}{\partial T_v} \vartheta(T_v)$, da $\vartheta(f) - \sum_v \frac{\partial f}{\partial T_v} \vartheta(T_v) \in (T)^n M$ ist für alle n, q.e.d.

(8) Wenn $E = \sum_{v=1}^{N} BT_v / \sum_{\varrho=1}^{r} \lambda_\varrho(T)B$ ein **B-Modul** von endlicher Darstellung ist (d.h. die $\lambda_\varrho(T)$ Linearformen in den linear unabhängigen Elementen T_v), so bezeichnen wir mit B_E die B-Algebra $B_T / \sum_{\varrho=1}^{r} \lambda_\varrho(T) B_T$. Wenn E projektiv ist, so ist das Paar $(B_E, NB_E + \sum_v T_v B_E) =: (B_E, N_E)$ aus $\underline{\underline{H}}$.

Beweis: Es gibt einen Projektionsoperator $\pi : \sum_{v=1}^{N} BT_v \longrightarrow \sum_{v=1}^{N} BT_v$ (d.h. $\pi^2 = \pi$), dessen Kern durch $\lambda_1, \ldots, \lambda_r$ erzeugt wird.

Dieser läßt sich zu einem B-Homomorphismus $\tilde{\pi}: B_T \longrightarrow B_T$, $f(T) \longmapsto f(\pi(T))$ fortsetzen. Es sei $B' = \tilde{\pi}(B_T)$, $N' = \tilde{\pi}(N)$, dann ist $(B', N') \in \underline{\underline{H}}$ und die Einbettung $B' \longrightarrow B_T$ läßt sich zu einem B'-Homomorphismus $B'_{T'} \longrightarrow B_T$, $f'(T') \longmapsto f'(T)$ fortsetzen (wobei $T' = (T'_1, \ldots, T'_N)$ neue Unbestimmte sind). Ist $f(T) \in B_T$, $f(\pi(T)) = 0$, dann ist $f(T') \in B'_{T'}$ und aus dem Kern des Homomorphismus $B'_{T'} \longrightarrow B'$, $T'_v \longrightarrow \pi(T_v) \in B'$. Daher ist

$$f(T') = \sum_{v=1}^{N} (T'_v - \pi(T_v)) g'_v(T') \quad , \qquad g'_v(T') \in B'_{T'} \ ,$$

also $f(T) = \sum_{v=1}^{N} (T_v - \pi(T_v)) g'_v(T)$, also wird $\ker(\tilde{\pi})$ von $\ker(\pi)$, d.h. von $\lambda_1(T), \ldots, \lambda_r(T)$ erzeugt, $(B_E, N_E) \simeq (B', N')$, q.e.d.

Wie in (7) zeigt man $\mathrm{Der}_B(B_E, M) \simeq \mathrm{Hom}_{B_E}(B_E \otimes_B E, M)$ für N_E-adisch separierte B_E-Moduln M.

2.4. <u>Satz</u>: <u>Es sei</u> $(B,N) \longrightarrow (B', N')$ <u>ein Morphismus in</u> $\underline{\underline{H}}$, $B' = B_T/K$, $N' = N_T B'$.

(1) <u>Ist</u> E <u>ein endlich erzeugter projektiver</u> B-<u>Modul, so ist</u> (B_E, N_E) <u>formal glatt über</u> (B,N), <u>und die Abbildung</u>

$$\mathrm{Hom}_{(B,N)}((B_E, N_E), (B', N')) \longrightarrow \mathrm{Hom}_B(E, N')$$

$$f \longmapsto f|E$$

<u>ist bijektiv.</u>

(2) <u>Ist</u> (B', N') <u>formal glatt über</u> (B,N) <u>und</u> $N' \cap B = N$, <u>so gibt es einen projektiven endlich erzeugten</u> B-<u>Modul</u> E <u>und einen</u> B-<u>Isomorphismus</u> $s: B_E \xrightarrow{\sim} B'$ <u>mit</u> $s(N_E) = N'$.

(3) <u>Wenn</u> $N' \cap B = N$, <u>so ist</u> (B', N') <u>genau dann formal glatt über</u> (B,N), <u>wenn</u> K <u>endlich erzeugt ist und das Jacobische Kriterium</u>

<u>gilt: Zu jedem Primideal</u> $P' = P/K \supseteq N'$ <u>in</u> B' <u>gibt es m Elemente</u> $f_1(T),\ldots,f_m(T) \in K$, <u>die</u> $K(B_T)_P$ <u>erzeugen, so daß</u>

$$rg\left(\frac{\partial f_i}{\partial T_j} \mod P\right) = m$$

<u>ist</u>.

2.4.1. <u>Korollar</u> (<u>Satz über implizite Funktionen</u>):
<u>Ist</u> (B',N') <u>formal glatt über</u> (B,N) <u>und</u> $B'/N' = B/N$, <u>so ist</u> $Hom_{(B,N)}((B',N'),(B,N)) \neq \emptyset$ <u>und prinzipal-homogen mit der Gruppe</u> $Hom_B(E,N)$.

Beweis von 2.4.: Daß (B_E,N_E) formal glatt über (B,N) ist, folgt unmittelbar, da man zum Beweis zur Komplettierung übergehen kann. Die Zweite Behauptung in (1) folgt direkt aus der Definition von B_E.

Wenn (B',N') formal glatt ist über (B,N), so ist nach 2.1. der Modul $\bar{E} = N'/N'^2NB'$ ein endlich erzeugter projektiver B/N-Modul, nach Abschnitt 1. gibt es also einen endlich erzeugten projektiven B-Modul E und einen Isomorphismus $E/NE \xrightarrow{\sim} \bar{E}$. Dieser Isomorphismus läßt sich zu einem Morphismus s: $(B_E,N_E) \longrightarrow (B',N')$ fortsetzen. N' wird nach Wahl von E durch N und s(E) erzeugt, also ist s surjektiv. Um zu zeigen, daß s injektiv ist, genügt es zu zeigen, daß für jedes O-dimensionale Primärideal $Q \supseteq N^n$ von B der Morphismus $B_E/QB_E \longrightarrow B'/QB'$ injektiv ist (wegen $\bigcap_Q QB_E = 0$). Es gilt $B_E/QB_E = (B/Q)_{E/QE}$, wir können also zum Beweis annehmen, daß B ein lokaler Artinring ist. Dann ist B_E/N_E^n für jedes n ein lokaler Artinring, und aus der formalen Glattheit von B' folgt für jedes $n \geq 1$ die Existenz eines B_E-Homomorphismus $B' \longrightarrow B_E/N_E^n$. Aus $f \in Ker(s)$ folgt also $f \in \bigcap_{n=0}^{\infty} N_E^n = 0$, s ist ein Isomorphismus, also ist (2) bewiesen.

Zum Beweis von (3) können wir nun $(B',N') = (B_E,N_E)$ annehmen; die Restklassenabbildung $B_T \xrightarrow{p} B'$ induziert dann eine Surjektion

$$\sum_{v=1}^{N} BT_v \longrightarrow \bar{E} = N'/N'^2 + NB' ,$$

daher ist $\bar{E}$ direkter Summand des freien Moduls $\sum_{v=1}^{N} \bar{B}T_v$, $\bar{B}=B/N$, und eine Einbettung $1: \bar{E} \longrightarrow \sum_{v=1}^{N} \bar{B}T_v$ läßt sich zu einer B-linearen Abbildung $1_o : E \longrightarrow \sum_{v=1}^{N} BT_v$ liften (da E projektiv ist).

Damit erhalten wir einen B-Homomorphismus $i:B'=B_E \longrightarrow B_T$, für den $p\cdot i = g : B_E \longrightarrow B_E$ mod $N'+ NB'$ die identische Abbildung ist. Daher ist g ein Isomorphismus und $j =: i\cdot g^{-1}$ ist ein B_T-Homomorphismus $B' \longrightarrow B_T$.

Wie bei der Konstruktion von B_E folgt daraus, daß K durch die Elemente $T_v - j(T_v) =: f_v$ erzeugt wird. Der B'-Modul

$\bar{K} = K/\bigcap_{n=0}^{\infty} K(K+N_T^n)$ ist separiert, und die Abbildung

$f \longmapsto \sum_{v=1}^{N} p(\frac{\partial f}{\partial T_v})dT_v$ induziert eine B'-lineare Abbildung

$u: \bar{K} \longrightarrow \sum_{v=1}^{N} B'dT_v$; durch $t: B_T \longrightarrow \bar{K}$, $f \longmapsto (f-j(f))\bmod \bigcap_{n=o}^{\infty} K(K+N_T^n)$

wird eine B'-lineare Abbildung $w: \sum_{v=1}^{N} B'dT_v \longrightarrow \bar{K}$ induziert

mit $w\cdot u = id_{\bar{K}}$. Daher ist $\bar{K}$ ein endlich erzeugter projektiver B'-Modul; da K/K^2 ein endlich erzeugter B'-Modul ist, ist der Kern des Epimorphismus $K/K^2 \longrightarrow \bar{K}$ ebenfalls endlich erzeugter direkter Summand von K/K^2, also $K/K^2 \simeq \bar{K}$, hieraus folgt das Jacobische Kriterium. Die Umkehrung folgt leicht durch Übergang zur N-adischen, bzw. N_T-adischen Komplettierung, q.e.d.

2.4.2. <u>Korollar</u>: <u>Wenn</u> (A,I) <u>ein Henselsches Paar ist und</u> X <u>ein quasiprojektives</u> A-<u>Schema von endlicher Darstellung, so läßt sich jeder</u> A-<u>Homomorphismus</u> $\bar{s}$: $\mathrm{Spec}(A/I) \longrightarrow X$, <u>für den</u> $\bar{s}(\mathrm{Spec}(A/I)) \subsetneq X^{reg}$ <u>ist</u> (X^{reg} <u>bezeichnet hier die Menge der Punkte von</u> X, <u>in denen</u> X <u>glatt über</u> A <u>ist</u>), <u>zu einem Schnitt</u> s: $\mathrm{Spec}(A) \longrightarrow X$ <u>von</u> X <u>über</u> A <u>liften</u>.

Beweis: Da X von endlicher Darstellung über A ist, können wir von vornherein A als Noethersch voraussetzen (Henselsche Abschließung eines endlich erzeugten Unterringes von A, über dem X und $\bar{s}$ definiert sind). Nach Definition ist X lokal abgeschlossen in P(M), dem projektiven Bündel, assoziiert zu einem endlich erzeugten Modul M. Wenn $M' \longrightarrow M$ eine Surjektion von Moduln ist, so ist $P(M) \subsetneq P(M')$, so daß wir also $M = A^{n+1}$, $P(M)=P^n \times \mathrm{Spec}(A)$ annehmen können. Als Punkt von P(M) entspricht $\bar{s}$ ein Epimorphismus $(A/I)^{n+1} \xrightarrow{\bar{s}^*} \bar{L}$ auf einen umkehrbaren (A/I)-Modul $\bar{L}$; dieser Epimorphismus besitzt eine Liftung s : $A^{n+1} \longrightarrow L$, wobei L ein bis auf Isomorphie eindeutig bestimmter umkehrbarer A-Modul ist (da sich idempotente Elemente von $\mathrm{End}((A/I)^{n+1})$ zu solchen von $\mathrm{End}(A^{n+1})$ liften lassen), und dem Epimorphismus s^* entspricht ein A-Morphismus s: $\mathrm{Spec}(A) \longrightarrow P(M)$, der auf Spec(A/I) mit $\bar{s}$ übereinstimmt. Der Morphismus s ist durch den umkehrbaren Modul L und die n+1 globalen Schnitte $t_o = s^*(1,0,\dots,0)$, ... , $t_n = s^*(0,\dots,0,1)$, die L erzeugen, eindeutig bestimmt. Jeder anderen Liftung von $\bar{s}$ entsprechen n+1 Schnitte

$t_i' = t_i + \sum_{j=0}^{n} x_{ij} t_j$ (mit $x_{ij} \in I$) von L. Es seien

$F_1(T_0,\ldots,T_n),\ldots,F_r(T_0,\ldots,T_n)$ Formen, die die projektive Abschließung von X in $P^n \times \mathrm{Spec}(A)$ (sie werde mit $\bar{X}$ bezeichnet) definieren. Es genügt dann, Elemente $x_{ij} \in I$ so zu bestimmen, daß $F_\rho\,(t_0 + \sum_{j=0}^{n} x_{0j} t_j, \ldots) = 0$, $\rho = 1,\ldots,r$ ist.

Durch diese r Gleichungen in den x_{ij} und die Ungleichung $\det(\delta_{ij} + x_{ij}) \neq 0$ wird ein affines A-Unterschema $U \subset A^{(n+1)^2} \times \mathrm{Spec}(A)$ definiert und durch $x_{ij} = 0$ ein A-Morphismus $\bar{\xi}: \mathrm{Spec}(A/I) \longrightarrow U$, der mit dem kanonischen A-Morphismus
$\pi: U \longrightarrow \bar{X}$, $(x_{ij}) \longmapsto (t_0 + \sum x_{0j} t_j : t_1 + \sum x_{1j} t_j : \ldots)$
komponiert den Morphismus $\bar{s}$ ergibt. Wenn $\xi: \mathrm{Spec}(A) \longrightarrow U$ eine Liftung von $\bar{\xi}$ zu einem Schnitt von U über A ist, so ist also $s' = \pi \cdot \xi : \mathrm{Spec}(A) \longrightarrow \bar{X}$ eine Fortsetzung von $\bar{s}$, und da $s'(V(I)) \subseteq X$ gilt, ist $s'(\mathrm{Spec}(A)) \subseteq X$. Die Existenz eines solchen Schnittes ξ folgt nach dem Satz über implizite Funktionen, sofern man weiß, daß der Morphismus $U \longrightarrow \mathrm{Spec}(A)$ glatt in $\bar{\xi}(\mathrm{Spec}(A/I))$ ist. Es läßt sich aber leicht verifizieren, daß $U \longrightarrow \bar{X}$ eine lokal triviale Faserung mit glatten Fasern ist, q.e.d.

Aus dem Satz über implizite Funktionen kann man das Newtonsche Lemma folgendermaßen ableiten. Es lautet im einfachsten Falle so:

Ist (A,I) ein Henselsches Paar und $F(T_1,\ldots,T_n)$ ein m-Tupel von Polynomen, $m \leq n$, so daß $F(t_1,\ldots,t_n) \equiv 0 \mod I\, \Delta_m(F,t)^2$ ist, wobei $t = (t_1,\ldots,t_n) \in A^n$ und $\Delta_m(F,t)$ das von den $(m \times m)$-Minoren von $(\frac{\partial F}{\partial T_1}(t),\ldots,\frac{\partial F}{\partial T_n}(t))$ erzeugte Ideal sei, so gibt es ein n-Tupel

$u = (u_1,\dots,u_n) \in I\Delta_m(F,t)$ mit $F(t+u) = 0$.

Wir werden hier einen auf den Axiomen (W0), (W1), (W2), (W3) beruhenden Beweis angeben, um gleichzeitig verschiedene Fälle (den algebraischen, analytischen,...) zu behandeln. Außerdem kann man in folgender Hinsicht die Aussage verallgemeinern: Wir bezeichnen mit $I(F,t)$ das von den Komponenten von $F(t)$ erzeugte Ideal und mit $C_m(F,t)$ das von $\Delta_m(F,t)$ und $I(F,t)$ erzeugte Ideal. In der Formulierung des Newtonschen Lemmas kann das Ideal $\Delta_m(F,t)$ durch ein beliebiges Ideal $H \subseteq C_m(F,t)$ ersetzt werden. Außerdem kann das m-Tupel F durch ein Element F eines projektiven $A\langle T_1,\dots,T_n\rangle$-Moduls P vom Rang $m \leq n$ ersetzt werden, das bei dem A-Homomorphismus $\varepsilon_o: A\langle T_1,\dots,T_n\rangle \longrightarrow A$, $T_i \longmapsto t_i$ in ein Element aus $\mathbb{H}^2(P \otimes_{A\langle T_1,\dots,T_n\rangle} A)$ abgebildet wird; gesucht wird dann ein A-Homomorphismus $\varepsilon : A\langle T_1,\dots,T_n\rangle \longrightarrow A$, $\varepsilon \equiv \varepsilon_o$ mod HI, bei dem F in 0 übergeht. Es ist noch zu klären, was in diesem Falle $C_m(F, \varepsilon_o)$ bedeuten soll.

Es sei $(B,N) \in \underline{\underline{H}}$, E ein endlich erzeugter projektiver B-Modul, P ein endlich erzeugter projektiver B_E-Modul und $rg(P) \leq rg(E)$. Dann gibt es stets projektive B-Moduln P_o, die Untermoduln von P sind, so daß $B_E \otimes_B P_o \cong P$ ist (bei der Abbildung $f \otimes p \mapsto fp$).

(Man lifte die identische Abbildung von $\overline{P} = P/EP$ zu einer B-linearen Abbildung $\overline{P} \longrightarrow P$; $\overline{P}$ ist ein projektiver B-Modul, und man nehme als P_o das Bild dieser Liftung).

Jede B-Derivation $\vartheta : B_E \longrightarrow B_E$ besitzt dann eine B-lineare Fortsetzung $\vartheta_{P_o} : P \longrightarrow P$, $fp \mapsto \vartheta(f)p$ für $p \in P_o$. Da $B_E \otimes_B E^*$ kanonisch isomorph zum Modul aller B-Derivationen $B_E \longrightarrow B_E$ ist, erhält man zu jedem $F \in P$ eine B_E-lineare Abbildung

$T_{P_o}(F)\colon B_E \otimes_B E^* \longrightarrow P$, $\vartheta \longmapsto \vartheta_{P_o}(F)$; wir definieren dann

$\Delta_{P_o}(F) = \mathrm{Im}(\Lambda^m T_{P_o}(F) \otimes (\Lambda^m P)^{-1} \subseteq B_E$ (wobei $m = \mathrm{rang}(P)$).

Mit $I(F)$ bezeichnen wir das Bild von $\mathrm{Hom}_{B_E}(P,B_E) \longrightarrow B_E$, $u \mapsto u(F)$, und mit $C_m(F)$ das Ideal $I(F) + \Delta_{P_o}(F)$.

2.5. Lemma: Das Ideal $C_m(F)$ ist eindeutig durch $F \in P$ bestimmt (unabhängig von P_o). Ist $(B_E,N_E) \longrightarrow (B,N)$, $f \longmapsto f(t)$ ein B-Homomorphismus, so daß $I(F)(t) \subseteq JC_m(F,t)$ (J bezeichnet das Jacobsonradikal von B), so ist $C_m(F,t) = \Delta_{P_o}(F,t)$ (hierbei bezeichnet $C_m(F,t)$ das Ideal $C_m(F)(t)$ in B).

Beweis: Es sei $P_1 \subset P$ ein anderer B-Untermodul mit $B_E \otimes_B P_1 = P$, dann gibt es einen Automorphismus ϕ von P mit $\phi(P_o) = P_1$. Zur Abkürzung schreiben wir ϑ für ϑ_{P_o} und ϑ' für ϑ_{P_1}. Es ist $\vartheta'(\phi(F)) = \phi\vartheta(F)$ und $\mathrm{End}(P) = B_E \otimes_B \mathrm{End}_B(P_1)$. Schreiben wir ϑ' anstelle von $\vartheta_{\mathrm{End}_B(P_1)}$ für die entsprechende Derivation in $\mathrm{End}(P)$, so ist $\vartheta'(\phi(F)) = \vartheta'(\phi)(F) + \phi(\vartheta'(F))$. Damit ist also $\vartheta'(F) = \vartheta(F) - \phi^{-1}\vartheta'(\phi)(F)$. Nach Definition von $\Delta_{P_1}(F)$ wird der Modul $\Delta_{P_1}(F)\Lambda^m P$ von allen Elementen $\vartheta'_1(F) \wedge \ldots \wedge \vartheta'_m(F)$ erzeugt. Wir setzen zur Abkürzung $\phi^{-1}.\vartheta'(\phi) = R$, dann ist $\vartheta'_1(F)\ldots\vartheta'_m(F) =$

$$= \vartheta_1(F)\ldots\vartheta_m(F) + \sum \pm R(F) \wedge \vartheta_1(F) \wedge \ldots \wedge \check{\vartheta}_i(F) \wedge \ldots \wedge \vartheta_m(F).$$

Für beliebige $F_1,\ldots,F_{m-1} \in P$ ist die Abbildung

$F \longmapsto R(F) \wedge F_1 \wedge \ldots \wedge F_{m-1}$ aus

$\mathrm{Hom}_{B_E}(P,\Lambda^m P) = \mathrm{Hom}_{B_E}(P,B_E) \otimes_{B_E} \Lambda^m P$, also ist der zweite Summand aus $I(F)(\Lambda^m P)$, also $\Delta_{P_1}(F) + I(F) = \Delta_{P_o}(F) + I(F)$. Da $C_m(F)$

endlich erzeugt ist (da E und P endlich erzeugt sind) folgt die zweite Behauptung aus Nakayamas Lemma.

2.6. Lemma: Es sei $T: E \longrightarrow P$ ein Morphismus projektiver A-Moduln und $rg(P) = m \leq rg(E)$. Wenn $x \in A$ und $x(\Lambda^m P) \subseteq im(\Lambda^m T)$ ist, so gibt es eine A-lineare Abbildung $C: P \longrightarrow E$ mit $T \cdot C = x \cdot id_P$.

Beweis: Man wähle einen Epimorphismus $\pi: A^N \longrightarrow P$ und dazu eine Liftung $r: P \longrightarrow A^N$ von id_P. Aus $x(\Lambda^m P) \subseteq im(\Lambda^m T)$ folgt $xP \subseteq im(T)$; wir wählen Elemente $u_i \in E$ mit $T(u_i) = x\pi(e_i)$ ($e_1, \ldots, e_N$ kanonische Basis von A^N). Wir definieren $\tilde{C}: A^N \longrightarrow E$ durch $\tilde{C}(e_i) = u_i$ und $C = \tilde{C} \cdot r$. Dann gilt $T \cdot C = x\, id_P$, q.e.d.

2.7. Satz (Newtonsches Lemma): Ist $(A,J) \longrightarrow (B,N)$ formal glatt in $\underline{\underline{H}}$ von der relativen Dimension n mit $N \cap B = J$ und sind $I \subseteq J$, $H \subseteq A$ Ideale in A, so daß $(A/I, J(A/I)) \in \underline{\underline{H}}$ ist, sowie P ein projektiver B-Modul vom Rang $m \leq n$, $F \in P$ und $f \mapsto f(t_o)$ ein A-Homomorphismus $(B,N) \longrightarrow (A,J)$, so gilt:

Wenn

(1) $I(F)(t_o) \equiv 0 \bmod H^2 I$ und

(2) $C_m(F, t_o) \supseteq H$

ist, so gibt es ein $t \equiv t_o \bmod HI$ mit $I(F)(t) = 0$.

Beweis: Man wähle einen Isomorphismus $(B,N) \simeq (A_E, N_E)$ wie in Satz 2.4.(2), einen projektiven A-Untermodul $P_o \subset P$, so daß $B \otimes_A P_o = P$ ist. Ist $E = \sum' AT_v/Q$, so ist (B,N) homomorphes Bild von (A_T, N_T). Wenn wir B durch A_t, P_o durch $P_o \oplus Q^*$ und F durch das Element aus A_T ersetzen, dessen erster Summand gleich F ist und dessen zweiter Summand der Einbettung $Q \longrightarrow A_T \in Hom_A(Q, A_T) \simeq A_T \otimes_B Q$ entspricht, können wir das Problem auf den Fall $(B,N) = (A_T, N_T)$, $P = B \otimes_A P^o$ reduzieren, und indem wir eventuell noch einen A-Automorphismus $T_v \mapsto T_v + t_{vo}$ anwenden (wenn $t_o = (t_{1o},\dots,t_{no})$ ist, können wir $t_o=0$ annehmen). Jedes n-Tupel t JA^n definiert einen Homomorphismus $A_T \longrightarrow A$, $f \mapsto f(t)$ und damit verträglich einen Homomorphismus $P \longrightarrow P_o$, $f \otimes p \mapsto f(t)p$. Gesuch ist t, so daß $F(t) = 0$ ist. Mit E bezeichnen wir den freien Modul $\sum AT_v$. Aus

$$B = A \oplus \sum_i AT_i \oplus \sum_{i,j} BT_iT_j \quad \text{folgt}$$

$$P = P_o \oplus \sum_i T_iP_o \oplus \sum_{i,j} T_iT_jP ,$$

$$(1) \qquad F = F(0) + \sum_i T_ip_i + \sum_{i,j} T_iT_jG_{ij} .$$

Die Abbildung $E^* \longrightarrow P_o$, $u \mapsto \sum_i u(T_i)p_i$ ist dann die zu F gehörige Abbildung $T_o(F)$ (vgl.2.6.). Wir können H als endlich erzeugtes Ideal voraussetzen, da P_o endlich erzeugt ist (also die Bedingung $F(0) \in H^2IP_o$ schon für ein endlich erzeugtes Unterideal von H anstelle von H erfüllt ist). Es sei $H = Ax_1+\dots+Ax_s$; aus $H \subseteq C_m(F,0)$ folgt (vgl. 2.6.), daß es A-lineare Abbildungen

$$(2) \qquad C_j = P_o \longrightarrow E^* \quad \text{mit} \quad T_o(F)\cdot C_j = x_j \cdot id_{E^*}$$

gibt. Es sei $F(0) = \sum_{i,j} x_ix_jp_{ij}$ mit $p_{ij} \in IP_o$. Mit dem Ansatz $t = \sum_{j=1}^{s} x_jt_j$, t_j IA^n erhalten wir aus (1) die Gleichung

$$F(t) = \sum_{i,j} x_ix_ip_{ij} + \sum_{j=1}^{s} x_jT_o(F)t_j + \sum_{i,j,k,l} x_ix_jt_i(T_k)G_{kl}(t)$$

(unter Beachtung von $P = B \otimes_A P_o$), wobei wir den Modul A^n mit dem dualen Modul E^* von E identifizieren ($t(T_k)$ ist die k-te Komponente von t). Unter Beachtung von (2) können wir dafür schreiben

$$F(t) = \sum_{i=1}^{s} x_iT_o(F)(\sum_j C_j(p_{ij})+t_i+ \sum_{j,k,l} x_jt_i(T_k)t_j(T_l)C_i(G_{kl}(t))),$$

so daß es also genügt, das Gleichungssystem

$$(3)\quad \sum_{j=1}^{s} C_j(p_{ij}) + t_i + \sum_{j,k,l} t_i(T_k)t_j(T_l)x_jC_i(G_{kl}(t)) = 0$$

zu lösen für $i = 1,\dots,s$ mit $t_i \in IA^n$.
Wir führen Unbestimmte $U = \{U_{ik},\ i=1,\dots,s,\ k=1,\dots,n\}$ ein und definieren $\phi : A_T \longrightarrow A_U$ durch $\phi(T_k) = \sum_{i=1}^{s} x_iU_{ik}$ (die U_{ik} sollen den Komponenten von t_i entsprechen). Ist

$$U_i = \begin{pmatrix} U_{i1} \\ \vdots \\ U_{in} \end{pmatrix} \in A_U^n = A_U \otimes E^*,$$

so können wir (3) als

$$F_i = 0 \quad \text{mit}$$

$$F_i = \sum_{j=1}^{s} C_jp_{ij} + U_i + \sum_{j,k,l} x_jU_{ik}U_{jl}(\phi\otimes C_i)(G_{kl})$$

$$\in A_U^n = A_U \otimes E^*$$

schreiben, bzw. komponentenweise (wenn wir zur Abkürzung die Komponenten von $\sum_{j=1}^{s} C_jp_{ij}$ mit $a_{ik} \in I$ und diejenigen von $(\phi\otimes C_i)(G_{kl})$ mit $G_{ivkl} \in A_U$ bezeichnen):

$$(4)\quad F_{ih} = a_{ih} + U_{ih} + \sum_{j,k,l} x_iU_{ik}U_{jl}G_{ihkl},$$

$i=1,\dots,s$, $h=1,\dots,n$. Die Jacobische Matrix dieses Gleichungssystems in $U_{ih} = 0$ ist die Einheitsmatrix und $F_{ih}(0)$ I, also gibt es eine Lösung $u_{ih} \equiv 0 \bmod \mathfrak{I}$. Aus (4) folgt $u_{ih} \in I + (\sum_{k,l} u_{kl}A)^2$, also $u_{ih} \in I$, wenn I abgeschlossen ist, q.e.d.

2.7.1. Korollar: Es seien $(A,J) \longrightarrow (B,N)$, I, H, P und F wie in Satz 2.7.; ist $\bar{t} \in A^n + IH^2 \hat{A}^n$ und $I(F)(\bar{t}) = 0$, $C_m(F,\bar{t}) \supseteq H\hat{A}$, so gibt es eine freie Algebra A_Z in $\underline{\underline{H}}$ über (A,J) sowie ein n-Tupel $t(Z) \in A^n + HI(Z)A_Z^n$ sowie ein $\bar{z} \in \hat{A}^q$ (wenn $Z = (Z_1,\ldots,Z_q)$ ist), so daß $I(F)(t(Z)) = 0$ und $t(\bar{z}) = \bar{t}$ ist.

Beweis: Es sei $\bar{t} = t_o + \sum x_\alpha \bar{z}_\alpha$, $x_\alpha \in IH^2$, $\bar{z}_\alpha \in \hat{A}^n$. Man ersetze die Komponenten der $\bar{z}_\alpha$ durch Unbestimmte und schreibe Z_α für die entsprechenden Vektoren aus A_Z^n. Man bilde A_T in $A_{Z,T}$ ab durch $T \longmapsto T + \sum_\alpha x_\alpha Z_\alpha$, betrachte $P_{\bar{t}} = P \otimes_{A_T} A_{Z,T}$, $G = F \otimes 1 \in P_Z$

und wende auf $G \in P_Z$, A_Z(anstelle von A) und $t_o \in A^n \subset A_Z^n$ den Satz 2.7. an (anschaulich: $G(T) = F(T + \sum_\alpha X_\alpha Z_\alpha))$, q.e.d.

Genau wie in 2.4.2. folgert man aus 2.7. ferner

2.7.2. Korollar: Wenn (A,J) ein Henselsches Paar, $H \subset A$ ein Ideal, Y ein glattes quasiprojektives A-Schema und von der relativen Dimension n, E eine lokal freie Garbe auf Y vom Rang $m \leq n$ und e ein globaler Schnitt von E mit dem Nullstellenschema $X \subseteq Y$ ist, so gilt: Wenn s_o: Spec(A) $\longrightarrow$ Y ein Schnitt ist mit $s_o^*(e) \equiv 0 \bmod H^2J$, $\Delta_m(e,s_o^*) \supseteq H$, so gibt es einen Schnitt s: Spec(A) $\longrightarrow$ X mit $s \equiv s_o \bmod JH$.

Einen weiteren Approximationssatz dieses Typs geben wir in 6. Zunächst wenden wir uns aber dem lokalen Fall zu(4. und 5.).

3. Einige Eigenschaften von W-Kategorien

Für spätere Anwendungen führen wir zunächst die folgende Konstruktion ein:

Es sei $(A,J) \longrightarrow (B,N)$ ein Morphismus Henselscher Paare. Wir wollen einen Basiswechsel druch Übergang von (A,J) zur J-adischen

Komplettierung $(\hat{A}, J\hat{A})$ durchführen, der in einem bestimmten Sinne minimal ist. Um dies zu präzisieren, nehmen wir an, daß eine Weierstraßkategorie $\underline{\underline{H}}$ über (A,J) gegeben ist und (B,N) ein Objekt aus $\underline{\underline{H}}$ ist. Der Basiswechsel wird dann von $\underline{\underline{H}}$ abhängig sein. Es sei $\bar{B}$ eine $\bar{N}$-adisch komplette $\hat{A}$-Algebra, $J\bar{B} \subseteq \bar{N}$. Ist (B_T, N_T) ein freies Objekt in $\underline{\underline{H}}$, so gilt offenbar für die N_T-adische Komplettierung $\hat{B}_T$:

$$\hat{B}_T = \hat{B}[[T_1,\ldots,T_N]] \qquad (\text{wenn } T = (T_1,\ldots,T_N) \text{ ist }),$$

daher gilt (aufgrund der Universalitätseigenschaft der Komplettierung) $\mathrm{Hom}_B((B_T,N_T),(\bar{B},\bar{N})) = \bar{N}^T$ = Menge aller Abbildungen $T \to \bar{N}$. Wir definieren jetzt, wenn $t = (t_1,\ldots,t_N)$ eine endliche Teilmenge aus dem Bild von $J\hat{A}$ in $N\hat{B}$ ist:

B_t = bild von B_T bei dem Homomorphismus $B_T \to \hat{B}$, $T_i \mapsto t_i$

$$B_{\hat{A}} = \bigcup_t B_t \subseteq \hat{B} \quad ,$$

wobei t alle endlichen Teilmengen aus dem Bild von $J\hat{A}$ in $N\hat{B}$ durchläuft. Offensichtlich ist B_t eine A_t-Algebra und $B_{\hat{A}}$ eine A-Algebra sowie $B \subseteq B_{\hat{A}}$ als A-Algebra. Ferner ist $(B_{\hat{A}}, NB_{\hat{A}})$ ein Henselsches Paar und $(B,N) \mapsto (B_A, NB_A)$ ein Funktor der Kategorie $\underline{\underline{H}}$ in die Kategorie der Henselschen Paare über (A,JA).

3.1. <u>Lemma</u>: <u>Die kanonische Abbildung</u> $B/J^qB \to B_{\hat{A}}/J^qB_{\hat{A}}$ <u>ist bijektiv für</u> $q = 1,2,\ldots$ <u>und</u> $\hat{B}$ <u>ist die</u> $(NB_{\hat{A}})$<u>-adische Komplettierung von</u> $B_{\hat{A}}$.

Beweis: Aus $t \subset$ Bild von JA in B und $\hat{A} \subset B_{\hat{A}}$ folgt

$$JB_{\hat{A}} = \bigcup_t (JB_t + \sum_{t_\nu \in t} t_\nu B_t) \; ,$$

also ist die kanonische Abbildung

$$B/JB \longrightarrow B_{\hat{A}}/JB_{\hat{A}} = \varinjlim_{t} (B_t/JB_t + \sum_{t_v \in t} t_v B_t$$

surjektiv, d.h. $B_{\hat{A}} = B + JB_{\hat{A}}$, und damit $B_{\hat{A}} = B + J^q B_{\hat{A}}$ für $q = 1,2,\ldots$. Da $J^q\hat{B} \cap B = J^q B$, ist $B/J^q B \longrightarrow B_{\hat{A}}/J^q B_{\hat{A}}$ bijektiv und damit auch $B/N^q \longrightarrow B_{\hat{A}}/N^q B_{\hat{A}}$, q.e.d.

Wir bezeichnen mit $\underline{\underline{H}}_{\hat{A}}$ die Kategorie aller Henselschen Paare $(\bar{B},\bar{N})$, die endlich über einem Paar der Form $(B_{\hat{A}}, NB_{\hat{A}})$ mit $(B,N) \in \underline{\underline{H}}$ sind, für die $\bigcap_{v=0} J^v\bar{B} = 0$ und $\hat{A} \longrightarrow \bar{B}/\bar{N}$ surjektiv ist. Dann gilt

3.2. <u>Satz</u>: <u>$\underline{\underline{H}}_{\hat{A}}$ ist eine Weierstraßkategorie über</u> $(\hat{A},J\hat{A})$ <u>und</u> $(B,N) \longmapsto (B_{\hat{A}},NB_{\hat{A}})$ <u>ist ein Funktor</u> $\underline{\underline{H}} \longrightarrow \underline{\underline{H}}_{\hat{A}}$.

Beweis: (W0) und (W3) sind nach Definition erfüllt. Axiom (W2) besagt die Existenz freier Objekte mit gewissen Eigenschaften. Ist $\bar{B} = B_{\hat{A}}/I$ und $T = \{T_v\}$ eine endliche Menge, so zeigen wir, daß $(B_T)_{\hat{A}}/\bar{I}$ mit $\bar{I} = \bigcap_{q=1} (I(B_T)_{\hat{A}} + J^q(B_T)_{\hat{A}})$ freies Objekt in $\underline{\underline{H}}_A$ ist und die geforderten Eigenschaften besitzt. Es sei $\varphi: (\bar{B},\bar{N}) \longrightarrow (\bar{B}',\bar{N}')$ ein Morphismus in $\underline{\underline{H}}_{\hat{A}}$ und $T_v \longmapsto c_v$ eine Abbildung $T \longrightarrow \bar{N}'$. Es sei $\bar{B}' = B_{\hat{A}}/I'$, $(B',N') \in \underline{\underline{H}}$. Wir müssen zeigen, daß es genau eine Fortsetzung $\varphi:(B_T)_{\hat{A}}/\bar{I} \longrightarrow B'$ mit $\varphi(T_v) = c_v$ gibt. Da $\bar{B}' = \bigcup_u (B'_u/I' \cap B'_u)$ und die c_v in einem $B'_u/I' \cap B'_u$ enthalten sind, besitzt die Abbildung $B \longrightarrow \bar{B} \xrightarrow{\varphi_0} \bar{B}'$ genau eine Fortsetzung $\psi_0: B_T \longrightarrow \bar{B}'$ mit $\psi_0(T_v) = c_v$, so daß das folgende Diagramm kommutativ ist:

$$\begin{array}{ccc} B_T & \xrightarrow{\psi_0} & \bar{B}' \\ \downarrow & & \downarrow w \\ \hat{B}[[T]] & \xrightarrow{\hat{\psi}_0} & \hat{\bar{B}}' \end{array}$$

Da w und $\hat{\psi}_0$ A-Homomorphismen sind, läßt sich ψ_0 eindeutig zu einer Abbildung $\psi\colon (B_T)\hat{_A} \longrightarrow \bar{B}'$ fortsetzen; dabei wird I anulliert, also induziert ψ eine eindeutig bestimmte Abbildung $\psi\colon (B_T)\hat{_A}/I' \longrightarrow \bar{B}'$ mit $\psi(T_v) = c_v$. Somit ist $(B_T)\hat{_A}/\bar{I} = \bar{B}_T$ frei über $\bar{B}$ in $\underline{\underline{H}}_A$. Es ist $N_T\bar{B}_T = N\bar{B}_T + \sum_v T_v\bar{B}_T$, und es ist noch zu zeigen, daß

$$\phi_n : \bar{B}[T]/(\sum_v T_v\bar{B}[T])^n \longrightarrow \bar{B}_T/(\sum_v T_v\bar{B}_T)^n$$

ein Isomorphismus ist, wobei ϕ_n die kanonische Abbildung bezeichnet. Das ist modulo J^q für alle q der Fall, und die linke Seite ist J-adisch separiert, also ist ϕ_n auf alle Fälle injektiv. Es gibt außerdem eine kanonische Surjektion von B_A-Algebren (wobei u alle endlichen Teilmengen aus dem Bild von JA in B durchläuft)

$$\varinjlim_u (B_u)_T \longrightarrow (B_T)\hat{_A}$$

mit $T_v \longmapsto T_v$, und

$$B\hat{_A}[T] \longrightarrow \varinjlim_u (B_u)_T/\sum_v T_v(B_u)_T)^n$$

ist ebenfalls eine Surjektion; da

$$B\hat{_A}[T] \longrightarrow \varinjlim (B_u)_T \longrightarrow (B_T)\hat{_A}$$

die kanonische Abbildung $T_v \longrightarrow T_v$ ist, folgt hieraus sofort, daß ϕ_n surjektiv ist.

Schließlich ist noch zu zeigen, daß für Morphismen

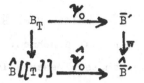

$\varphi:(\overline{B},\overline{N}) \longrightarrow (\overline{B}',\overline{N}')$ in $\underline{\underline{H}}_A$ gilt: Ist $\overline{B}'/\overline{NB}'$ endlich über $\overline{B}$, so ist $\overline{B}'$ endlich über $\overline{B}$. Dazu können wir zunächst annehmen: $\overline{B} = \hat{A}_T$ ist frei und $\overline{B}' = B'_{\hat{A}}/I$ mit einem abgeschlossenen Ideal $I \subset B'_{\hat{A}}$. Es sei $I + JB'_A = f_1B'_A + \ldots + f_rB'_A + JB_A$ mit $f_1,\ldots,f_r \in I(B'_A/JB'_A = B'/JB'$ ist Noethersch) ; wir betrachten dann die freie Algebra $\hat{A}_{T,T'}$, $T' = (T'_1,\ldots,T'_r)$ und wählen einen $\hat{A}$-Morphismus $\hat{A}_{T,T'}$ $B'_{\hat{A}}$ mit $T_i \longmapsto$ (ein Repräsentant von $\varphi(T_i)$ in $B'_{\hat{A}}$), $T'_i \longmapsto f_i$. Dann ist $B'_{\hat{A}}/N_{T,T'}B'_{\hat{A}} = \overline{B}'/\overline{NB}'$ endlich über $A_{T,T'}$, und es genügt zu zeigen, daß B'_A endlich über $A_{T,T'}$ ist. Zusammengefaßt können wir also annehmen, daß $\overline{B} = \hat{A}_T$, $\overline{B}' = B'_{\hat{A}}$ ist. Da $B_{\hat{A}}/JB_{\hat{A}} = B/JB$ gilt, dies also eine Algebra aus $\underline{\underline{H}}$ ist, ist offensichtlich $\overline{B}'/J\overline{B}'$ endlich über $\overline{B}$; es seien $w_1,\ldots,w_q \in \overline{B}'$ Elemente, die eine Basis von $\overline{B}'/J\overline{B}'$ repräsentieren. Wenn u eine endliche Teilmenge aus dem Bild von $J\hat{A}$ in $\hat{B}'$ ist, so induziert φ eine Abbildung $(A_T)_u \longrightarrow B'_u$ ($w_1,\ldots,w_q$ und $\varphi(T_1),\ldots,\varphi(T_N)$ seien aus $B'_u \subseteq B'_{\hat{A}}$) und $B'_u/JB'_u + \sum_{u_\nu} u_\nu B'_u$ ist endlich über $(A_T)_u$ und erzeugt durch die Klassen von $w_1,\ldots,w_q$. Dann ist aber auch $B'_u = \sum_{i=1}^{q} (A_T)_u w_i$, da die Algebren aus $\underline{\underline{H}}$ sind. Somit ist $B'_A = \sum_{i=1}^{q} A_T w_i$, q.e.d.

4. Die Approximationseigenschaft

Es sei $\underline{\underline{H}}$ eine W-Kategorie von Henselschen Paaren (B,N); mit $\hat{B}$ bezeichnen wir die N-adische Komplettierung von B. Ist $T = (T_1,\ldots,T_N)$ eine endliche Menge, B_T die freie Algebra über B, erzeugt durch T und $F = (F_1,\ldots,F_m)$ ein m-Tupel von Elementen aus B_T, so nennen wir ein N-Tupel $(\bar{t}_1,\ldots,\bar{t}_N) = \bar{t}$ mit Elementen aus $\hat{B}$ eine formale Lösung des Gleichungssystems F = 0 über B, wenn $F(\bar{t}) = 0$ ist (hierbei bezeichnen wir mit $f \mapsto f(\bar{t})$ den kanonischen B-Homomorphismus $B_T \longrightarrow \hat{B}$, $T_i \longmapsto \bar{t}_i$).

4.1. Definition: Wir sagen, (B,N) (oder kurz B) habe die Approximationseigenschaft in $\underline{\underline{H}}$, wenn für jedes Gleichungssystem über B (d.h. jedes Tupel von Elementen aus einer in $\underline{\underline{H}}$ freien Algebra über B) und für jede natürliche Zahl $c > 0$ gilt: Zu jeder formalen Lösung $\bar{t}$ des Gleichungssystems gibt es eine Lösung t mit Komponenten aus B, so daß $t \equiv \bar{t} \bmod N^c$ ist. Wir schreiben dafür kurz $(B,N) \in (AE)$ (oder $B \in (AE)$).

Ziel der folgenden Betrachtungen ist es, diese Eigenschaft für gewisse Klassen von Ringen nachzuweisen. Konkret haben wir dabei z.B. die Kategorie der algebraischen Potenzreihenringe (algebraische Gleichungssysteme) über einem geeigneten Grundring oder die Kategorie der analytischen Algebren (analytische Gleichungssysteme) im Auge. Durch unsere Axiomatisierung wird ein einheitlicher Beweis für alle Fälle gegeben. Bezüglich einer Verschärfung der Resultate, der sogenannten strengen Approximationseigenschaft, die mit (AE) äquivalent ist, vergleiche man Kapitel 2.

Der Beweis der (AE) beruht auf dem folgenden Satz.

4.2. Satz (Approximationsprinzip): Es sei (A,J) ein Henselsches Paar, A Noethersch und J-adisch komplett, und es sei $\underline{\underline{H}}$ eine (W)-Kategorie von Henselschen Paaren über (A,J). Ist $F(T) = 0$ ein Gleichungssystem über $(B,N) \in \underline{\underline{H}}$, wobei $F \in B_T^m$, $T = (T_1,\dots,T_N)$ sowie $m \leq N$ vorausgesetzt werde, und ist $\bar{t} \in B^N$ eine formale Lösung dieses Gleichungssystems, so daß für das von den $(m \times m)$-Minoren von $(\partial F/\partial T_i\,(\bar{t})\,)$ erzeugte Ideal $\Delta_m(F,\bar{t})$ in $\hat{B}$ der Restklassenring $\hat{B}/\Delta_m(F,\bar{t})$ endlich erzeugt ist als A-Modul, so gibt es eine in $\underline{\underline{H}}$ freie B-Algebra B_Z, $Z = (Z_1,\dots,Z_q)$, eine Lösung $t(Z) \in N_Z B_Z^N$ des Gleichungssystems $F = 0$ sowie Elemente $\bar{z} = (\bar{z}_1,\dots,\bar{z}_q) \in N\hat{B}$, so daß $t(\bar{z}) = \bar{t}$ ist. Ist $I \subset N$ ein endlich erzeugtes Ideal in B, so daß der Ring B/I Noethersch ist, und ist $(\bar{t} \bmod I\hat{B}\,) \in B/I$, so kann man $\bar{z}$ so wählen, daß $\bar{z} \in I\hat{B}^q$ ist.

Man erhält daraus unmittelbar

4.3. Korollar: Wählt man $z \in IB^q$, $z \equiv \bar{z} \bmod IN^cB^q$, so ist $t = t(z)$ eine Lösung von $F = 0$ mit $t \equiv \bar{t} \bmod IN^c$.

Beweis für 4.2.: Wir werden zeigen, wenn $\Delta_o = \Delta_m(F,\bar{t}) \cap B$ ist, so gilt

(i) $\Delta_o\hat{B} = \Delta_m(F,t)\,B = B + {}_oB \quad {}_o$ ist endlich erzeugt.

(ii) $H\hat{B} \cap B = H$ für alle Ideale $H \supseteq \Delta_o^2 I$ in B, wobei $I = N$ ist falls kein Ideal $I \subseteq N$ vorgegeben ist.

Mit diesen beiden Resultaten erhält man 4.2. folgendermaßen: Wegen $\bar{t} \bmod I\hat{B} \in B/I$ ist $\bar{t} = t^o + Mh$, wobei $\bar{t}$, t^o, h als Spaltenvektoren betrachtet werden, die Komponenten von h eine Basis von I bilden, etwa $h_1,\dots,h_a$, M eine $(N \times a)$-Matrix mit Koeffizienten aus $\hat{B}$ und $t^o \in B^N$ ist. Aus $\hat{B} = B + \Delta_o^2 B$ folgt $\bar{M} = M + \sum d_i \bar{M}_i$, wobei die d_i aus Δ_o^2 sind, M eine $(N \times a)$-Matrix mit Koeffizienten aus B und $\bar{M}_i$ $(N \times a)$-Matrizen mit Koeffizienten aus $\hat{B}$ sind. Wir erhalten $\bar{t} = t^o + Mh + \sum_i d_i(\bar{M}_i h)$ und definieren

$\bar{z}_i = \bar{M}_i h \in I\hat{B}^N$. Es seien $Z_{j1}, \ldots, Z_{jN}$ Unbestimmte, B_Z die von der Gesamtheit dieser Z_{jv} erzeugte freie Algebra und Z_j der Spaltenvektor mit den Komponenten Z_{jv}. Wir betrachten dann über B_Z das Gleichungssystem

$$G(T) = F(T + \sum_i d_i Z_i) = 0$$

und zeigen, daß für $t' = t^o + Mh$ die Voraussetzungen des Newtonschen Lemmas zutreffen. Wir zeigen zunächst $\Delta_m(F,t') = \Delta_o$ und dann $\Delta_m(G,t') = \Delta_o B_Z$.

Offensichtlich ist $t' \equiv \bar{t} \mod \Delta_o^2 IB$, also ist $\Delta_m(F,t')\hat{B} \subseteq \Delta_m(F,t') = \Delta_o \hat{B} \subseteq \Delta_m(F,t')\hat{B} + \Delta_o^2 I\hat{B}$ und somit

$$\Delta_m(F,t') \subseteq \Delta_o \subseteq \Delta_m(F,t') + \Delta_o^2 I \quad ,$$

also $\Delta_m(F,t') = \Delta_o$. Jetzt folgt aus

$$t' \equiv t' + \sum_i d_i Z_i \mod \Delta_o^2 \Big(\sum_{i,v} B_Z Z_{iv} \Big)$$

analog $\Delta_m(G,t') = \Delta_o B_Z$ (wegen $\frac{\partial G}{\partial T_i}(t') = \frac{\partial F}{\partial T_i}(t' + \sum d_i Z_i)$).

Ferner ist

$$G(t') = F(t' + \sum_i d_i Z_i) \equiv F(t') \mod \Delta_o^2 \Big(\sum_{i,v} B_Z Z_{iv} \Big) \quad \text{und}$$

$$F(t') \equiv F(\bar{t}) \mod \Delta_o^2 I\hat{B} , \quad \text{also}$$

$$G(t') \equiv 0 \mod \Delta_o^2 \Big(IB_Z + \sum_{i,v} B_Z Z_{iv} \Big) .$$

Wir erhalten damit nach dem Newtonschen Lemma eine Lösung

$t'' \in B_Z^N$ von $G(T) = 0$, und $t(Z) = t'' + \sum_i d_i Z_i$ ist eine gesuchte Lösung von $F(T) = 0$.

Es bleiben noch (i) und (ii) zu beweisen.

Nach Voraussetzung ist $\hat{B}/\Delta_m(F,\bar{t})$ endlich erzeugt als A-Modul, daher auch als B-Modul. Da $B/N \longrightarrow (B/N) \otimes_B \hat{B}/\Delta_m(F,\bar{t})$ surjektiv ist, ist nach dem Lemma von Nakayama auch $B \longrightarrow \hat{B}/\Delta_m(F,\bar{t})$ surjektiv, also $B/\Delta_o \simeq \hat{B}/\Delta_m(F,\bar{t})$. Somit ist B/Δ_o Noethersch und komplett bezüglich der N-adischen Topologie, also $B/\Delta_o \simeq \hat{B}/\Delta_o\hat{B}$, daher $\Delta_o\hat{B} = \Delta_m(F,\bar{t})$ und $\hat{B} = B + \Delta_o\hat{B} =$ $= B + \Delta_o^2\hat{B}$. Wegen der exakten Folge

$$0 \longrightarrow I/\Delta_o^2 I \longrightarrow B/\Delta_o^2 I \longrightarrow B/I \longrightarrow 0 ,$$

und da nach Voraussetzung B/I Noethersch und I endlich erzeugt ist, ist auch $B/\Delta_o^2 I$ Noethersch (nach 2.3., Bemerkung (5)), ist B/Δ_o^2 endlich über A, also Noethersch, q.e.d.

Wir wollen nun den folgenden Satz beweisen.

4.3. Satz (Approximationssatz): *Ist R ein Körper oder ein exzellenter diskreter Bewertungsring und $\underline{\underline{H}}$ eine exzellente Weierstraßkategorie lokaler R-Algebren, so gibt es zu jedem Gleichungssystem $F(T) = 0$ über $B \in \underline{\underline{H}}$ ($F(T) \in B_T^p$, $T = (T_1,\dots,T_N)$) und zu jeder formalen Lösung $\bar{t} \in \hat{B}^N$ eine Lösung $t(Z) \in m_Z B_Z$, $Z = (Z_1,\dots,Z_q)$, sowie Elemente $z = (\bar{z}_1,\dots,\bar{z}_q) \in m_B\hat{B}^q$, so daß $t(\bar{z}) = \bar{t}$ ist.*

Wir erläutern zunächst die Idee des Beweises; die genaue Ausführung bringen wir im nächsten Abschnitt.

Wir können B als regulär voraussetzen und annehmen, daß das von

den Komponenten von F erzeugte Ideal P der Kern des B-Homomorphismus $B_T \longrightarrow B$, $T_i \longmapsto \bar{t}_i$ ist.
Das Ideal P ist prim; wir bezeichnen mit $F_1,\dots,F_m$ Gleichungen aus P, die eine Minimalbasis in der Lokalisierung $P(B_T)_P$ bilden (m = Höhe von P, da B_P regulär ist). Das Problem besteht darin, in B einen Unterring A aus $\underline{\underline{H}}$ zu finden, so daß für Gleichungssysteme über A die Behauptung von Satz 4.3. richtig ist (Induktion nach der Dimension des Ringes), so daß $\hat{B}/\Delta_m(F_1,\dots,F_m,\bar{t})$ endlich über $\hat{A}$ ist. Wenn das gelungen ist, so kann man 4.3. folgendermaßen beweisen: Wir betrachten $(F_1,\dots,F_m) = 0$ als Gleichungssystem über $B_{\hat{A}}$ und wenden 4.2. an. Demnach gibt es eine freie Algebra $(B_{Z'})_{\hat{A}} = (B_{\hat{A}})_{Z'}$, $Z' = (Z'_1,\dots,Z'_a)$, eine Lösung $t'(Z') \in (B_{Z'})^N_{\hat{A}}$ und Elemente $\bar{z}' \in \hat{B}^a$ mit $t'(\bar{z}') = \bar{t}$. Nach Konstruktion von $B_{\hat{A}}$ gibt es ein Tupel $u = (\bar{u}_1,\dots,\bar{u}_k)$ mit $\bar{u}_i \in m_A\hat{A}$, so daß $t'(Z') \in (B_{Z'})^N_{\bar{u}}$ ist. Wir nehmen jetzt an, $B = A_X$ sei frei über A, dann ist der Homomorphismus $(A_{\bar{u}})_{(X,Z')} \longrightarrow (B_{Z'})_{\bar{u}}$ (induziert durch $A_{\bar{u}} \longrightarrow (B_{Z'})_{\bar{u}}$, $X_i \longmapsto X_i$, $Z'_j \longmapsto Z'_j$) ein Isomorphismus (alle Ringe sind in $\hat{A}[[X,Z']]$ enthalten !); wir identifizieren beide Ringe. Es sei jetzt K der Kern des A-Homomorphismus $A_U \longrightarrow A_{\bar{u}}$, $U \longmapsto \bar{u}_i$, $u(Z'') \in A_{Z''}$ eine Nullstelle von K, $Z'' = (Z''_1,\dots,Z''_b)$ und $\bar{z}'' \in \hat{A}^b$, so daß $u(\bar{z}'') = \bar{u}$. Durch die Vorschrift

$$\bar{u}_i \longmapsto u_i(Z''),\ X_j \longmapsto X_j\ ,\ Z'_k \longmapsto Z'_k$$

erhalten wir einen A-Homomorphismus

$$\varepsilon : (A_{\bar{u}})_{(X,Z')} \longrightarrow A_{(X,Z',Z'')} .$$

Geht dabei $t'(Z')$ in $t(Z)$, $Z = (Z',Z'')$ über, so ist $t(Z)$ eine Lösung von $(F_1,\dots,F_m) = 0$ aus B^N_Z (da $F_i(t(Z)) = \varepsilon(F_i(t'(Z')) = 0$

ist), und mit $\bar{z} = (\bar{z}', \bar{z}'')$ gilt $t(\bar{z}) = \bar{t}$. Diese Lösung $t(Z)$ ist auch eine Lösung des gesamten Gleichungssystems F, denn es gibt nach der Wahl von $F_1,\dots,F_m$ ein $G(T) \in B_T$ mit $G(\bar{t}) \neq 0$ und $G(T)\cdot P \subseteq F_1 B_T + \dots + F_m B_T$. Da $G(t(Z)) \equiv G(\bar{t}) \bmod (Z-\bar{z})\hat{B}[[Z]]$ gilt, ist also $G(t(Z)) \neq 0$, folglich $F(t(Z)) = 0$. Das Problem besteht also darin, den Beweis auf den Fall zu reduzieren, daß B freie R-Algebra in $\underline{\underline{H}}$ ist (was sehr leicht zu machen ist, vgl. 5.1.) und den Ring $\hat{B}/\Delta_m(F_1,\dots,F_m,\bar{t})$ zu untersuchen.

Wir schreiben $A \in (AE^*)$, wenn für Gleichungssysteme über A der Satz 4.3. gilt.

<u>Beispiele</u>:

Die folgenden Kategorien besitzen die (AE):

(1) R ein Körper oder exzellenter Henselscher diskreter Bewertungsring, $\underline{\underline{H}}$ die Kategorie der algebraischen Potenzreihenringe (lokale R-Algebren, die Henselsch von endlichem Typ über R sind) (daß $Q(\hat{B})$ separabel über $Q(B)$ ist, ist z.B. in [17] bewiesen).

(2) R ein bezüglich einer Bewertung vollständiger Körper, $\underline{\underline{H}}$ die Kategorie der analytischen Algebren über R.

Nach R. Kiehl ("Ausgezeichnete Ringe in der nichtarchimedischen analytischen Geometrie", J. Reine Angew. Math. 234 (1969),89-98) sind diese Algebren exzellent.

(3) R ein Körper (mit $[R : R^p] < \infty$ im Falle der Charakteristik $p > 0$), so daß

$$R = \bigcup_{R_\alpha \text{ Unterkörper}} R_\alpha$$

$\underline{\underline{H}}$ =: Kategorie aller R-Algebren, die Quotienten von $\bigcup R_\alpha[[X]]$ sind, $X = (X_1,\dots,X_n)$.

(4) R ein kompletter diskreter Bewertungsring der Charakteristik 0, $\underline{\underline{H}}$ die Kategorie aller Henselschen, bezüglich der m_R-adischen Topologie kompletten lokalen R-Algebren A, so daß $A/m_R^c A$ Henselsch von endlichem Typ über R ist für alle $c \geq 1$, d.h. also Quotienten von Algebren der Form

$$A = \{ f \ ; \ f \in R[[X]], \ f \bmod m_R^c \in R/m_R^c\langle X\rangle \} .$$

(5) R ein bewerteter Körper, der Q enthält, $\underline{\underline{H}}$ die Kategorie der R-Algebren der Form

$$A = \{ f, \ f \in R\{X\}, \ f = \sum_{i \in N^n} a_i X^i \text{ mit } [Q((a_i)_{i \in N^n}):Q] < \infty \}$$

(bzw. Quotienten solcher R-Algebren).

Höchstens der Beweis, daß $\mathrm{Spec}(\hat{A}) \longrightarrow \mathrm{Spec}(A)$ formal glatt ist, macht in diesen Beispielen Schwierigkeiten. Man kann das unmittelbar auch aus den folgenden Sätzen von H. Seydi [41] folgern:

a) Wenn A ein regulärer lokaler Ring der Charakteristik p ist mit dem Restklassenkörper k, $[k : k^p] < \infty$, so ist A genau dann exzellent, wenn $[A : A^p] < \infty$.

b) Wenn $A/m_R A$ exzellent ist (A eine R-Algebra, R exzellenter Bewertungsring), k unendlich, so ist A exzellent.

Das Beispiel (2) war von M. Artin als Problem formuliert worden. Einen Beweis haben kürzlich M. André [5] , M. van der Put (Composito math. 1975) und G. Pfister geliefert.

5. Beweis des Approximationssatzes

Im Folgenden seien R, $\underline{\underline{H}}$ wie in Satz 4.3. angegeben.

5.1. Lemma: Wenn $C = B/K$ und $B \in \underline{\underline{H}}$, so folgt aus $B \in (AE)$ auch $C \in (AE)$.

Beweis: Es seien $F_1^0, \dots, F_r^0 \in C_T$ Gleichungen über C, $\bar{t}^0$ eine formale Lösung dieser Gleichungen mit Komponenten aus $\hat{C} = \hat{B}/K\hat{B}$; wir müssen zeigen, daß es zu jeder natürlichen Zahl $c > 0$ eine Lösung t^0 dieser Gleichungen mit Komponenten aus C gibt, so daß $t^0 \equiv \bar{t}^0 \bmod N^c\hat{C}$ (N Maximalideal in B). Dazu sei $b_1, \dots, b_h$ eine Basis von K, $F_1, \dots, F_r \in B_T$ Repräsentanten von $F_1^0, \dots, F_r^0$ (es ist $C_T = B_T/KB_T$!), $\bar{t}$ sei ein Repräsentant von $\bar{t}^0$ in $\hat{B}$, dann ist $F_g(\bar{t}) = \sum_v b_v \bar{t}_{vg}$ mit geeigneten $\bar{t}_{vg} \in \hat{B}$, $g = 1, \dots, r$. Die Anwendung von (AE) auf

$$F_g - \sum_v b_v T_{vg} = 0 \quad , \quad g = 1, \dots, r$$

liefert die Behauptung.

Da jeder Ring aus $\underline{\underline{H}}$ Restklassenring eines regulären lokalen Ringes aus $\underline{\underline{H}}$, nämlich einer über R freien (bezüglich $\underline{\underline{H}}$) R-Algebra ist, genügt es, Satz 4.3. für freie Algebren $B = R\{X_1, \dots, X_n\}$ zu beweisen; das wird durch vollständige Induktion über n geschehen.

5.2. Lemma: Es sei $B = R\{X_1, \dots, X_n\} \in \underline{\underline{H}}$, $T = \{T_1, \dots, T_N\}$ und $B_T \longrightarrow \hat{B}$, $T_i \longmapsto \bar{t}_i$ ein B-Homomorphismus mit Kern I. Ist $F_1, \dots, F_m \in I$ eine Minimalbasis von IP in der Lokalisierung $P = (B_T)_I$, so ist $\Delta_m(F_1, \dots, F_m; \bar{t}) \neq 0$ ($\Delta_m(F_1, \dots, F_m; \bar{t})$ bezeichnet wieder das von den $(m \times m)$-Minoren von $(\frac{\partial F_i}{\partial T_j}(\bar{t}))$ erzeugte Ideal).

Beweis: Es sei K der Quotientenkörper von B und $L =: P/IP \subseteq Q(\hat{B}) =: \hat{K}$ der Restklassenkörper von P; P ist eine lokale K-Algebra mit Restklassenkörper L. Da $Q(\hat{B})$ separabel über K ist, ist L separabel über K.

Wir können den Homomorphismus $B_T \longrightarrow \hat{B}$ zu einem Homomorphismus $\hat{B}[[T]]$, $T_i \mapsto \bar{t}_i$ fortsetzen, dessen Kern H wird durch $T_1-\bar{t}_1,\dots,T_n-\bar{t}_n$ erzeugt, und ist Q die Lokalisierung von $\hat{B}[[T]]$ in H, so ist Q eine formal glatte lokale P-Algebra (da $\operatorname{Spec}(\hat{B}[[T]]) \longrightarrow \operatorname{Spec}(B_T)$ formal glatt ist), mit dem Restklassenkörper $\hat{K}$ und $m_Q \cap P = m_P$.

Ist $\Phi : m_P \longrightarrow m_Q$ die Inklusion, so ist $t_\Phi : \operatorname{Hom}_Q(m_Q,\hat{K}) \longrightarrow \operatorname{Hom}_P(m_P,\hat{K})$ eine K-lineare Abbildung mit der Jacobischen Matrix $\left(\frac{\partial F_i}{\partial T_j}(\bar{t})\right)$ also Matrixdarstellung bzgl. der Basis $(u_1,\dots,u_n)$, $u_i : T_j-\bar{t}_j \mapsto \delta_{ij}$, von $\operatorname{Hom}_Q(m_Q,\hat{K})$ und der Basis $(\vartheta_1,\dots,\vartheta_m)$, $\vartheta_i : F_j \mapsto \delta_{ij}$; von $\operatorname{Hom}_P(m_P,\hat{K})$, da $F_i \equiv \sum_{j=1}^{n} \frac{\partial F_i}{\partial T_j}(\bar{t})\,(T_j-\bar{t}) \mod m_Q^{\,2}$.

Es ist also zu zeigen, daß t_Φ surjektiv ist. Wegen des kanonischen kommutativen Diagramms

$$\begin{array}{ccc} \operatorname{Der}_K(Q,\hat{K}) & \longrightarrow & \operatorname{Hom}_Q(m_Q,\hat{K}) \\ \downarrow{\scriptstyle \varphi} & & \downarrow{\scriptstyle t_\Phi} \\ \operatorname{Der}_K(P,\hat{K}) & \xrightarrow{\ \sigma\ } & \operatorname{Hom}_P(m_P,\hat{K}) \end{array}$$

(die Abbildungen sind jeweils die Einschränkungen) genügt es zu zeigen, daß φ und σ surjektiv sind. Da $L = P/m_p$ separabel über K ist, läßt sich nach I.S. COHEN die Einbettung $K \subset P/m_p^2 =_{def} \bar{P}$ zu einem Koeffizientenkörper $L' \cong L$ von $\bar{P}$ fortsetzen, man erhält L' wie folgt: Im Falle der Charakteristik 0 nehme man für L' einen beliebigen in $\bar{P}$ enthaltenen maximalen Erweiterungskörper von K, im Falle der Charakteristik $p > 0$ wähle man eine p-Basis $(\bar{x}_\alpha)$ von L über L^pK, Repräsentanten x_α von $\bar{x}_\alpha$ in $\bar{P}$ und $L' = \bar{P}^p L[(x_\alpha)] \subset \bar{P}$ ($\bar{P}^p$ ist ein zu L^p isomorpher Teilkörper von $\bar{P}$, da aus $x \equiv x' \mod m_p\bar{P}$ folgt $x^p = x'^p$, also sind die x^p, $x \in \bar{P}$, eindeutig bestimmte Repräsentanten von $(\bar{x})^p \in L^p$).

Dann ist also $\bar{P} = L' \oplus m_p/m_p^2$, und jede Abbildung $v \in \operatorname{Hom}(m_p,\hat{K}) = \operatorname{Hom}(m_p/m_p^2,\hat{K})$ ist Einschränkung der Derivation $\theta_v : x'+y \mapsto v(y)$ $(x' \in L',\ y \in m_p/m_p^2)$, also ist σ surjektiv.

Daß die Abbildung ς surjektiv ist, folgt daraus, daß Q formal glatt über P ist. Da der Beweis dafür z.B. in [EGA IV, § 22] unter einer Fülle von "general nonsense" vergraben ist, wollen wir ihn hier direkt angeben.

Es sei also $\Theta : P \longrightarrow \hat{K}$ eine K-Derivation, gesucht wird eine Fortsetzung $\tilde{\Theta} : Q \longrightarrow \hat{K}$ von Θ.

Dazu betrachten wir den Ring

$$E = Q[Y] / (Y^2, Ym_Q) = Q \oplus y\hat{K}$$

und definieren darauf eine P-Algebrastruktur durch $p(q+ay) = pq + (pa + \Theta(p)q)y$, dann ist $E \longrightarrow E/yE = Q$ ein P-Algebrahomomorphismus. Da Q formal glatt ist, läßt sich die identische Abbildung von Q zu einem P-Homomorphismus ψ liften

$$\begin{array}{ccc} P & \longrightarrow & E \\ \downarrow & \overset{\psi}{\nearrow} & \downarrow \\ Q & = & Q \end{array}$$

(zunächst zu $\hat{\psi} : Q \longrightarrow \hat{E} = \hat{Q} \oplus y\hat{K}$, da aber $\hat{\psi}(q) \bmod y\hat{K} \in Q$, liegt $\hat{\psi}(Q)$ in E).

Die Abbildung ψ hat die Form $\psi(q) = q + y\tilde{\Theta}(q)$, und man verifiziert unmittelbar, daß $\tilde{\Theta} : Q \longrightarrow \hat{K}$ eine Derivation ist, die auf P mit Θ übereinstimmt, q.e.d.

Wir kommen jetzt auf den Beweis der Approximationseigenschaft zurück, wir übernehmen dabei die zuvor eingeführten Bezeichnungen.

Wenn $\Delta_m(F_1,\ldots,F_m,\bar{t})$ nicht durch ein Primelement π von R teilbar ist ($B = R\{X_1,\ldots,X_n\}$), so kann man $X_1,\ldots,X_{n-1}$ so wählen (evtl. nach einer linearen Transformation), daß

$\hat{B}/(\pi, X_1,\ldots,X_{n-1}, \Delta_m(F_1,\ldots,F_m,\bar{t}))$ Artinsch ist,

ist dann $A = R\{X_1,\ldots,X_{n-1}\}$, so ist also

$\hat{B}/\Delta_m(F_1,\ldots,F_m,\bar{t})$ endlich über $\hat{A}$.

Wenn also R ein Körper ist, so ist damit (durch Induktion nach n) nach den Bemerkungen im Anschluß an den Beweis von 4.2. die Approximationseigenschaft bewiesen.
Wenn R diskreter Bewertungsring und n = 0, so ist $\Delta_m(F_1,\dots,F_m,\bar{t}) = \pi^d R$ für ein gewisses $d \geq 0$. Wenn $t' \in R^N$ und $t' \equiv \bar{t} \bmod \pi^{d+1}R$, so ist $\Delta_m(F_1,\dots,F_m t') = \pi^d R$; und wenn $t' \equiv \bar{t} \bmod \pi^{2d+c}R$, so ist $F_1(t') \equiv \dots \equiv F_m(t') \equiv 0 \bmod \Delta_m(F_1,\dots,F_m,t')^2\, \pi^c$, nach dem Newtonschen Lemma gibt es daher eine Lösung $t \equiv t' \bmod \Delta_m(F_1,\dots,F_m,t')\pi^c$ des Gleichungssystems. Also ist auch in diesem Falle die Approximationseigenschaft bewiesen. Es bleibt also noch der Fall übrig, daß R ein Bewertungsring ist, $n > 0$ und $\Delta_m(F_1,\dots,F_m,\bar{t})$ durch π teilbar.
Dieser Fall wird durch NERONs Desingularisierungsprozeß auf den Fall, daß $\Delta_m(F_1,\dots,F_m,\bar{t})$ nicht durch π teilbar ist, zurückgeführt.
Anschaulich handelt es sich darum, daß ein Schema über einem diskreten Bewertungsring R gegeben ist, dessen allgemeine Faser glatt ist auf einer offenen dichten Teilmenge, während die spezielle Faser nicht notwendig diese Eigenschaft hat. Dabei sei ein allgemeiner Punkt des Schemas und eine Spezialisierung dieses allgemeinen Phnktes über dem speziellen Punkt von Spec(R) vorgegeben. Indem man den Ort W dieser Spezialisierung in dem Schema aufbläst und in der Aufblasung den offenen Teil nimmt, auf dem das Primelement   eine lokale Gleichung für den aufgeblasenen Ort W ist, gelangt man zu einem neuen Schema über R, dessen s pezielle Faser "weniger singulär" ist. In unserem Kontext wird das wie folgt formal ausgeführt.
Es sei $B = R_X$ ($X = \{X_1,\dots,X_n\}$), $T = \{T_1,\dots,T_N\}$ und ein B-Homomorphismus $B_T \longrightarrow \hat{B}$, $T_i \longmapsto \bar{t}_i$ gegeben, dessen Kern I die Höhe m habe.
Ferner sei $Q \supset I$ das Urbild von $\pi\hat{B}$ in B_T und $\pi, G_1,\dots,G_s \in Q$ eine Minimalbasis von $Q(B_T)_Q$ (s+1 = Höhe von Q), so daß $G_i(\bar{t}) = \pi \bar{Z}_i$ und o.B.d.A. $\bar{Z}_i$ keine Einheit in B ist (sonst ersetze man G_i durch $G_i - \pi r_i$

mit geeignetem $r_i \in R$). In der obigen Vorbetrachtung entspricht die Nullstellenmenge von I dem gegebenen Schema über R und die Nullstellenmenge von Q dem Ort W. Es sei $Z = \{Z_1,\dots,Z_s\}$ und $B_{T,Z} \longrightarrow \hat{B}$ die Fortsetzung von $B_T \longrightarrow B$ durch $Z_i \mapsto \overline{z_i} \in \hat{B}$, I' sei der Kern dieses Homomorphismus. Die Nullstellenmenge von I' entspricht also anschaulich der Aufblasung.

Da $B_T/I \subseteq B_{T,Z}/I'$ Ringe aus $\underline{H}$ sind, ist $\dim (B_{T,Z}/I') \geq \dim(B_T/I)$, also

$$\text{Höhe } (I') \leq m + s .$$

Das gilt aufgrund von

<u>Lemma 5.3. Ist $\underline{H}$ eine WI-Kategorie lokaler Noetherscher R-Algebren über einen Körper oder einem diskreten Bewertungsring R, alle mit dem gleichen Restklassenkörper k, so gilt für C, C' $\in \underline{H}$:</u>

<u>Wenn</u> $C \subset C'$, <u>so ist</u>

$$\dim C \leq \dim C' \leq \dim C + \dim_k T_o^* (C'/C)$$

(<u>wobei</u> $T_o^*(C'/C)$ <u>den Kotangentialraum von</u> C' über C, $m_{C'}/m_{C'}^2 + m_C C'$, <u>bezeichnet</u>).

Man beweist dies durch Induktion nach $\dim_k T_o^* (C'/C)$. Dies kann man leicht auf den Beweis des folgenden Spezialfalles reduzieren:

$C = R_X$ mit $X = \{X_1,\dots,X_n\}$, C' homomorphes Bild von C_Y (Y eine Unbestimmte).

Wenn $C_Y \longrightarrow C'$ injektiv ist, so ist $\dim C' = \dim C + 1$; andernfalls wähle man ein $F \neq 0$ aus dem Kern von $C_Y \longrightarrow C'$, das nicht durch π teilbar ist, nach einen R-Automorphismus von C_Y der Form $X_i \mapsto X_i + Y^{m_i}$ $Y \mapsto Y$ kann man annehmen, daß F Y-allgemein ist (d.h. $F(0,\dots,0,Y) = Y^s \cdot$Einheit) (nach altbekannter Schlußweise, siehe z.B. [Z.S., vol II, Chap VII, § 1]) (Man muß dann $C = R_X$ durch $X_i \mapsto X_i + y^{m_i}$ in C' einbetten.) Dann ist also $C'/m_C C'$ endlich über C und damit C' endlich über C, dim C' = dim C q.e.d.

Wir kehren jetzt zu NERONs Desingularisierung zurück. Mit den oben eingeführten Bezeichnungen werden wir sehen, daß Höhe (I') = m + s, und daß die spezielle Faser der Nullstellenmenge von I' "weniger singulär" ist als die der Nullstellenmenge von I.

Es sei $F_1,\dots,F_m$ I eine Minimalbasis von $I(B_T)_I$ und $l(\bar{t})$ = = $\mathrm{ord}_\pi(\Delta_m(F_1,\dots,F_m;\bar{t}))$, wobei wir $F_1,\dots,F_m$ noch so wählen, daß diese Zahl möglichst klein ist.

Analog definieren wir $l(\bar{t},\bar{z})$, wobei wir von m + s Elementen aus I' ausgehen und die (m + s) $\times$ (m + s) - Minoren betrachten.

Die Zahl $l(\bar{t})$ mißt die Singularität der speziellen Faser (im allgemeinen Punkt).

Wir werden zeigen:

Satz 5.4. (NERONs Desingularisierung) mit den oben eingeführten Bezeichnungen gilt: Wenn $l(\bar{t}) > 0$, so ist $l(\bar{t},\bar{z}) < l(\bar{t})$.

(Eine Verschärfung wird in Kap. 2 gegeben).

Insbesondere ist also $l(\bar{t},\bar{z}) \neq \infty$, und daher m + s die genaue Höhe von I'.

Nachdem man also diesen Prozeß höchstens $l(\bar{t})$ mal durchgeführt hat, gelangt man zu einem neuen Gleichungssystem über B, das die alten Gleichungen umfaßt, und zu einer Fortsetzung der formalen Lösung $\bar{t}$, so daß ein geeigneter Minor der zugehörigen Jacobischen Matrix nicht durch π teilbar ist, und damit also der Induktionsschritt durchgeführt werden kann.

Beweis von 5.4.: Der Wert $l(\bar{t})$ ändert sich nicht, wenn wir bei der Berechnung erstens die Derivationen $f \mapsto \frac{\partial f}{\partial T_v}(\bar{t})$ durch beliebige Derivationen $\theta_1,\dots,\theta_N : B_T \longrightarrow C$ mit der Eigenschaft, daß $\det(\theta_v(T_\mu))$ nicht durch π teilbar ist, ersetzen, und zweitens $(F_1,\dots,F_m)$ durch eine lineare Transformation $(F_1,\dots,F_m)\cdot A$, $A = (a_{v\mu})$ Matrix über B_T, so daß $\det(A)(\bar{t})$ nicht durch π teilbar ist (weil sich in beiden Fällen $\Delta_m(F,\bar{t})$ lediglich um Faktoren ändert, die nicht durch π teilbar sind).

Nach 5.2. können wir annehmen, daß für die Minimalbasis π, $G_1,\dots,G_s \in Q$ von $Q(B_T)_Q$ gilt: $\det\left(\frac{\partial G_v}{\partial T_\mu}(\bar{t})\right)_{\mu\leq s} = \delta(\bar{t})$ ist nicht durch π teilbar. Wir können dann N Derivationen $\theta_v : B_T \to C$, $\theta_v = \sum_\mu \lambda_{v\mu}\frac{\partial}{\partial T_\mu}\Big|_{\bar{t}}$ bestimmen, so daß $\theta_v(G_\mu) = \delta(\bar{t})\delta_{v\mu}$ ($\delta_{v\mu}$ Kronecker-symbol)

und $\theta_v(T_\mu) = \delta(\bar{t})\,\delta_{v\mu}$ für $\mu = s+1,\dots,N$ gilt und

$\det(\theta_v(T_\mu)) = \delta(\bar{t})^{N-s}$. (Für jedes v führt der Ansatz

$\theta_v = \sum_{\mu=1}^{s}\lambda_{v\mu}\frac{\partial}{\partial T_\mu}$ für $v \leq s$ bzw. $\theta_v = \sum_{\mu=1}^{s}\lambda_{v\mu}\frac{\partial}{\partial T_\mu} + \delta(\bar{t})\frac{\partial}{\partial T_v}$

für $v > s$ zu einem Gleichungssystem zur Bestimmung der s Größen $\lambda_{v\mu}$.)

Außerdem können wir annehmen (indem wir die F_v einer geeigneten linearen Transformation unterwerfen).

$$(1)\quad \begin{aligned} F_\rho &= \pi F_{\rho o} + G_\rho + \sum_{i,j} F_{ij}\, G_iG_j \quad \text{für } \rho = 1,\dots,r \leq m \\ F_\mu &= \pi(F_{\mu o}\pi + \sum_j F_{\mu j}\, G_j) + \sum_{i,j} F_{\mu ij}\, G_iG_j \quad \text{für } \mu = r+1,\dots,m \end{aligned}$$

mit $F_{vo}, F_{vij} \in B_T$

Die F_ρ repräsentieren dabei eine Basis von

$(I(B_T)_Q + \pi(B_T)_Q + Q^2(B_T)_Q)/(\pi(B_T)_Q + Q^2(B_T)_Q + I^{(2)}(B_T)_Q)$, $\rho = 1,\dots,r$;

die F_μ sind aus $I \cap (\pi(B_T)_Q + Q^2(B_T)_Q)$; aus $F_\mu(\bar{t}) = 0$ folgt aber sofort, daß $F_\mu \in Q^2(B_T)_Q$, da Q^2 in $\pi^2\hat{B}$ abgebildet wird.

Es sei

$$(2)\quad \begin{cases} \tilde{F}_\rho \underset{\text{def.}}{=} F_{\rho o} + Z_\rho + \sum_{i,j} F_{\rho ij}\, Z_iZ_j, & \rho = 1,\dots,r \\ \tilde{F}_\mu \underset{\text{def.}}{=} F_{\mu o} + \sum_j F_{\mu j}\, Z_j + \sum_{i,j} F_{\mu ij}\, Z_iZ_j, & \mu = r+1,\dots,m \\ \tilde{F}_{\varkappa+m} \underset{\text{def.}}{=} \pi Z_\varkappa - G_\varkappa & \varkappa = 1,\dots,s \end{cases}$$

dann sind die $\tilde{F}_v \in I'$, $v=1,\dots,m+s$, wie man sich unmittelbar durch Einsetzen von $\bar{t}$ in die F_v unter Beachtung von $G_i(\bar{t}) = \pi\overline{z}_i$ überzeugt.

Aus (1) und (2) folgt für $v \leq s$:

$$\Theta_v(F_\varrho) = (\pi\tilde{\Theta}_v + \delta(\bar{t})\,\frac{\partial}{\partial Z_v}\Big|_{\bar{t},\bar{z}})(\tilde{F}_\varrho)\,,\quad \varrho = 1,\dots,r$$

$$\Theta_v(F_\mu) = (\pi^2\tilde{\Theta}_v + \pi\,\delta(\bar{t})\,\frac{\partial}{\partial Z_v}\Big|_{\bar{t},\bar{z}})(\tilde{F}_\mu)\,,\quad \mu = r+1,\dots,m$$

und für $v > s$

$$\Theta_v(F_\varrho) = \pi\,\tilde{\Theta}_v(\tilde{F}_\varrho) \quad \text{bzw.} \quad \Theta_v(F_\mu) = \pi^2\,\tilde{\Theta}_v(\tilde{F}_\mu)$$

wobei wir mit $\tilde{\Theta}_v$ die Fortsetzung von Θ_v auf $B_{T,Z}$ durch $Z_j \mapsto 0$ bezeichnen.

Da $\frac{\partial \tilde{F}_\varrho}{\partial Z_v}(\bar{t}) \equiv \delta_{v\varrho} \bmod \mathfrak{m}_{\hat{B}}$, so folgt aus $l(\bar{t}) > 0$, daß $r < m$ gelten muß, hieraus folgt dann sofort durch Betrachtung der Matrix, daß

$$l(\Delta_{m+s}(\tilde{F}_1,\dots,\tilde{F}_{m+s};\bar{t},\bar{z})) < l(\bar{t}),$$

also $l(\bar{t},\bar{z}) < l(\bar{t})$ gilt, q.e.d.

6. Ein Satz von R. Elkik

Ein Spezialfall des Newtonschen Lemmas ist die folgende Aussage: Wenn $F = (F_1,\dots,F_q)$ ein Gleichungssystem aus $A[T]$ ist, $T = (T_1,\dots,T_N)$ und $N \geq q$, so gilt für jedes Paar (r,c) natürlicher Zahlen und $t^o \in A^N$:

Wenn (1) $F(t^o) \equiv 0 \mod J^{\max(2r+1,r+c)}$ und

(2) $C_q(F,t^o) \supseteq J^r$,

so gibt es ein $t \in A^N$, $t \equiv t^o \mod J^c$, $F(t) = 0$.

Von diesem Spezialfall gibt es eine sehr schöne Verallgemeinerung, die auf R. Elkik zurückgeht ([10]). Die Einschränkung $N \geq q$ kann man fallen lassen, und $C_q(F,T)$ kann durch ein beliebiges Ideal $H \subseteq A[T]$ ersetzt werden, so daß $V(H)$ den kritischen Ort von $V(F)$ über A umfaßt ($V(H)$, bzw. $V(F)$ bezeichnen das Nullstellenschema von H, bzw. F in $\mathrm{Spec}(A) \times \mathbb{A}^N$). Dann gilt

6.1. <u>Satz</u> (<u>R. Elkik</u>): <u>Es sei</u> (A,J) <u>ein Noethersches Henselsches Paar</u>, $F = (F_1,\dots,F_q)$ <u>ein Polynomgleichungssystem in</u> $T = (T_1,\dots,T_N)$ <u>über</u> A <u>und</u> $H \subset A[T]$, <u>so daß</u> $V(H) \supseteq V(F)^{sing}$. <u>Dann gibt es eine Funktion</u> $d: \mathbb{N} \times \mathbb{N} \longrightarrow \mathbb{N}$, $d(r,c) \geq c$, <u>mit der Eigenschaft</u>:

<u>Ist</u> $t^o \in A^N$ <u>und</u> (1) $F(t^o) \equiv 0 \mod J^{d(r,c)}$

(2) $H(t^o) \supseteq J^r$,

<u>so gibt es ein</u> $t \in A^N$, $t \equiv t^o \mod J^c$ <u>und</u> $F(t) = 0$.

6.1.1. <u>Bemerkung</u>: <u>Für jedes</u> p-<u>Tupel</u> $(f_1,\dots,f_p)$ <u>mit</u> $f_i \in I(F)$ <u>sei</u> $E_o(f)$ <u>das Ideal</u> $\Delta_p(f_1,\dots,f_p)[I(f):I(F)]$, <u>und es sei</u> $E(F)$ <u>das Ideal</u> $\sum_f E_o(f)+I(F)$, <u>wobei über alle endlichen Folgen</u> f <u>mit</u> $f_i \in I(F)$ <u>summiert wird. Die Nullstellenmenge von</u> $E(F)$ <u>ist der singuläre Ort des Nullstellenschemas</u> $V(F)$ <u>von</u> F. <u>Die Funktion</u>

d(r,c) <u>ist für gegebenes</u> (A,J) <u>durch die Zahl</u> a <u>mit</u> $H^a \subseteq E(F)$ <u>bestimmt</u>.

Wir beweisen 6.1. in mehreren Schritten; 6.1.1. wird sich aus dem Beweis ergeben:

<u>Schritt 1</u>

Zunächst wird der Beweis darauf zurückgeführt, daß $V(F) \longrightarrow \mathrm{Spec}(A)$ auf jeder offenen Teilmenge $U \subset V(I) - V(H)$, U affin, ein <u>vollständiger Durchschnitt von</u> N-d <u>Hyperflächen in</u> $\mathbb{A}^N \times \mathrm{Spec}(A)$ ist. Um dies zu erreichen, ersetze man V = V(F) durch sein Normalenbündel W in $\mathbb{A}^N_A = \mathbb{A}^N \times \mathrm{Spec}(A)$; wenn $I = I(F) = (F_1,\ldots,F_q)A[T]$, $B = A[T]/I$, C die symmetrische Algebra über B des B-Moduls I/I^2 ist, so ist W = Spec(C), und $W \longrightarrow V$ wird durch die Einbettung $B \subset C$ induziert. Da I/I^2 durch q Elemente erzeugt wird, ist $W \subset \mathbb{A}^{N+q}_A \subset \mathbb{A}^{2N+q}_A$, wobei $\mathbb{A}^{2n+q}$ mit dem Tangentialbündel von $\mathbb{A}^{N+q}_A$ über $\mathbb{A}^q_A$ identifiziert wird und $\mathbb{A}^{N+q}_A \subset \mathbb{A}^{2n+q}_A$ die Einbettung durch den Nullschnitt ist. Wenn $T = (T_1,\ldots,T_N)$ ist, $T' = (T'_1,\ldots,T'_N)$, $Z = (Z_1,\ldots,Z_q)$ für die entsprechenden Koordinaten, so wird W definiert durch

$$F_1(T) = \ldots = F_q(T) = T'_1 = \ldots = T'_N = 0$$

und gewisse in Z lineare und homogene Polynome

$$G_1(T,Z) = \ldots = G_p(T,Z) = 0 ,$$

die die Relationen zwischen den F_i mod I^2 erzeugen. Es sei H' das von H, $T'_1,\ldots,T'_N$ und $G_1,\ldots,G_p$ erzeugte Polynomideal in $A[T,T',Z]$. Wenn $F(t^o) \equiv 0 \bmod J^n$, $z^o_i = F_i(t^o)$, $t'^o = 0$ ist, so ist $G(t^o,z^o) \equiv 0 \bmod J^{2n}$, $T'(t'^o) \equiv 0 \bmod J^n$. Ist $H(t^o) \supseteq J^r$, so gilt $H'(t^o,t'^o,z^o) \supseteq J^r$. Wir können also $V \subset \mathbb{A}^N$ durch $W \subset \mathbb{A}^{2N+q}_A$ ersetzen, und es zeigt sich, daß W über jeder offenen affinen

Teilmenge vollständiger Durchschnitt von N+q Hyperflächen ist. Wenn nämlich $W \subset \mathbb{A}_A^{2N+q}$ durch das Ideal I' definiert wird, so gibt es für jede affine offene Menge $U \subseteq W - V(H')$ einen (nicht kanonischen) Isomorphismus

$$(*) \qquad (I'/I'^2)|U \simeq (\Omega^1_{\mathbb{A}^{N+q}/A} \otimes_{A[T,Z]} C)|U ,$$

so daß also (I'/I'^2) auf U frei vom Rang N+q ist, d.h. aber, daß es in $\mathbb{A}_A^{2N+q}$ eine offene Menge $\tilde{U}$ gibt mit $U = W \cap \tilde{U}$ und $W \cap \tilde{U}$ wird in $\tilde{U}$ durch n+q Gleichungen definiert und hat die relative Dimension N über A. Einen Isomorphismus (*) erhält man so: Das Bild von U in V liegt in $V - V(H) \subseteq V - V^{sing}$. Wir bezeichnen zur Abkürzung $Spec(A) = S$, $\mathbb{A}_A^N = Y$, $\mathbb{A}_A^{2N} = T$ (Tangentialbündel von Y über A), $\mathbb{A}_A^q = Z$ und $\pi: W \longrightarrow V \subset Y$ die Projektion. Die zu I'/I'^2 assoziierte Garbe ist die Kotangentialgarbe $N^*_{W/T \times Z}$; da über $V - V^{sing}$ alle Schemata glatt sind, sind die folgenden Sequenzen auf U exakt:

$$(1) \qquad 0 \longrightarrow N^*_{Y\times Z/T\times Z} \otimes \underline{O}_W \longrightarrow N^*_{W/T\times Z} \longrightarrow N^*_{W/Y\times Z} \longrightarrow 0$$

$$N^*_{Y\times Z/T\times Z} \cong \pi^*\Omega^1_{Y/S}$$

$$(2) \qquad 0 \longrightarrow N^*_{W/Y\times Z} \longrightarrow \Omega^1_{Y\times Z/S} \otimes \underline{O}_W \longrightarrow \Omega^1_{W/S} \longrightarrow 0$$

$$(3) \qquad 0 \longrightarrow \pi^*(\Omega^1_{V/S}) \longrightarrow \Omega^1_{W/S} \longrightarrow \Omega^1_{W/V} \longrightarrow 0$$

$$(4) \qquad 0 \longrightarrow \pi^* N^*_{V/Y} \longrightarrow \pi^*(\Omega^1_{Y/S}) \longrightarrow \pi^*\Omega_{V/S} \longrightarrow 0 \quad .$$

$$\pi^* N^*_{V/Y} \cong \Omega^1_{W/S}$$

Da U affin ist und alle Garben lokal frei, zerfallen diese Sequenzen über U, und wir erhalten

$$N^*_{W/T\times Z}|U \simeq (N^*_{W/Y\times Z} \oplus \pi^*(\Omega^1_{Y/S}))|U \qquad \text{nach (1)},$$

$$\pi^*(\Omega^1_{Y/S})|U = (\pi^*(\Omega^1_{V/S}) \oplus \Omega^1_{W/V})|U \qquad \text{nach (4)},$$

$$\simeq \Omega^1_{W/S}|U \qquad \text{nach (3)},$$

also $$N^*_{W/T\times Z}|U \simeq N^*_{W/Y\times Z} \oplus (\Omega^1_{W/S})|U$$

$$\simeq (\Omega^1_{Y\times Z/S} \otimes \underline{O}_W)|U \qquad \text{nach (2)}.$$

Schritt 2 (Noethersche Induktion)

Es sei also jetzt $V \subset A^N_A$ auf jeder affinen offenen Teilmenge $U \subset V - V(H)$ vollständiger Durchschnitt von n-d Hyperflächen. Wir nehmen an, daß für jedes von 0 verschiedene Ideal $N \subset A$ für das modulo N reduzierte Gleichungssystem und das Ideal $H(A/N)[T]$ eine Funktion $d_N(r,c)$ entsprechend 2.10 existiert. Wenn J nilpotent ist, so ist der Satz trivial, also können wir annehmen, daß es in J ein nichtnilpotentes Element x gibt. Wir bezeichnen mit $d_s(r,c)$ die zu dem modulo (x^sA) reduzierten Gleichungssystem gehörige Funktion. Nach dem Lemma von Artin-Rees gibt es zu jedem s eine Konstante c(s), so daß $J^{c+c(s)} \cap x^sA = J^c(J^{c(s)} \cap x^sA) \subseteq$ $\subseteq J^c x^s$ ist. Wir setzen $c(r,s) = \max(c(s), r+1)$. Wenn $t^o \in A^N$ und $F(t^o) \equiv 0 \mod J^{ds(r,c+c(s))}$, $H(t^o) \supseteq J^r$, so gibt es nach Induktionsannahme ein $t^1 \equiv t^o \mod J^{c+c(r)s}$ mit $F(t^1) \equiv 0 \mod x^sA$, also $F(t^1) \equiv 0 \mod x^sJ$. Aus $J^r \subseteq H(t^o)$, $t^o \equiv t^1 \mod J^{c+c(r,s)}$ folgt $J^r \subseteq H(t^1)$, also $x^r \in H(t^1)$; wir werden zeigen

6.2. Lemma: Es sei A ein Noetherscher Ring, $I \subseteq A$ ein Ideal, $x \in A$ und $k \in \mathbb{N}$, so daß $0:x^k = 0:x^{k+1}$ ist. Es sei $F \in A[T]^q$, E(F) wie in 6.1.1. und $H \subseteq A[T]$ ein Ideal mit $H^a \subseteq E(F)$.
Ist $s = \max(2ar, ar+k) + 1$ und $t^1 \in A^N$ mit $F(t^1) \equiv 0 \mod x^sI$, $x^r \in H(t^1)$, so gibt es für alle natürlichen Zahlen n ein $t^{(n)} \in A^N$ mit $t^{(n)} \equiv t^1 \mod x^{ar+1}I$ und $F(t^{(n)}) \equiv 0 \mod x^nI$.

Hieraus folgt 6.1.: Wir definieren $d(r,c) = d_s(r,c+c(r,s))$ mit $s = \max(2ar, ar+k)+1$. Zu dem vorgegebenen t^o bestimmen wir t^1 wie oben. Es sei $h_1 \in H$, so daß $x^r = h_1(t^1)$ (es ist $x^r \in H(t^1)$). Die offene Menge $V_{h_1} = \{P \in V, h_1(P) \neq 0\}$ ist nach Voraussetzung Schnitt von N-d Hyperflächen, d.h. es gibt Polynome $f_1,\ldots,f_{N-d} \in I(F)$, eine natürliche Zahl $v \geq 1$ und ein $f \in I(F)$, so daß

$$(h_1^v + f)I(F) \subseteq \sum_{v=1}^{N-d} A[T]f_v$$

ist. Da V_{h_1} nichtsingulär ist, ist eine gewisse Potenz von h_1 modulo $I(F)$ in $\Delta_{N-d}(f_1,\ldots,f_{N-d})$ (dem Ideal der $(N-d)\times(N-d)$-Minoren der Jacobischen Matrix) enthalten, d.h. es gibt ein $\mu \geq 1$ und

$$(h_1^v + f)^\mu \in \Delta_{N-d}(f_1,\ldots,f_{N-d}) + I(F).$$

Wir setzen $h = (h_1^v + f)$. Wir wollen das Newtonsche Lemma anwenden: Dazu wählen wir $n \geq 2\mu vr + 1$ und bestimmen $t^{(n)}$ wie in Lemma 6.2. mit $I = J^c$. Aus $F(t^{(n)}) \equiv x^{2\mu vr+1}J^c$, $h_1(t^1) = x^r$ und $t^{(n)} \equiv t^1 \mod x^{ar+1}J^c$ folgt $h(t^{(n)}) = x^{v\mu r}\varepsilon$, ε eine Einheit in A. Dann gilt

$$f_i(t^{(n)}) \equiv x^{2\mu vr+1}J^c \quad , \; i = 1,\ldots,N-q \, ,$$

$$x^{\mu vr}A = h(t^{(n)})A \subseteq \Delta_{N-d}(f_1,\ldots,f_{N-d};t^{(n)}) + \sum_{i=1}^{N-q} Af_i(t^{(n)}),$$

also sind die Voraussetzungen des Newtonschen Lemmas erfüllt und es gibt ein $t \equiv t^{(n)} \mod x^{\mu vr+1}J^c$ mit $f_i(t) = 0$. Hieraus folgt $h(t) = x^{v\mu r}\varepsilon_1$, ε_1 Einheit in A, und $h(t)F(t) = 0$, also $F(t) \equiv 0 \mod (0:x^{v\mu r}) \cap x^nJ^c$. Es gilt aber

$$(0:x^{v\mu r}) \cap x^nJ^c \subseteq (0:x^k) \cap x^nA = (0:x^k)x^n = 0 \, ,$$

sofern $n \geq k$, was wir von vornherein wählen können.

Aus $t \equiv t^{(n)} \bmod x^{\nu\mu r+1}J^c$, $t^{(n)} \equiv t^1 \bmod x^{ar+1}J^c$ und $t^o \equiv t^1 \bmod J^c$ folgt $t \equiv t^o \bmod J^c$.

Schritt 3 (Beweis von 6.2.)

Es sei $f = (f_1,\ldots,f_p) = (MF^t)^t$ mit einer $p \times q$-Matrix M über $A[T]$, $g \in A[T]$, so daß $gF^t = M_1 f^t$ mit einer $q \times p$-Matrix M_1 über $A[T]$, und es sei

$$\delta = \det\left(\frac{\partial f}{\partial T_{i_1}}, \ldots, \frac{\partial f}{\partial T_{i_p}}\right).$$

Wir bezeichnen mit $J(F,t^1)$ die Matrix mit den Spalten

$$\frac{\partial F}{\partial T_1}(t^1), \ldots \frac{\partial F}{\partial T_N}(t^1) \quad ;$$

$J(f,t^s)$ sei entsprechend definiert. Zunächst zeigen wir, wenn $F(t^1) \equiv 0 \bmod x^n I$ ist, daß es einen Vektor $z \in A^N$, $z \equiv 0 \bmod x^n I$ gibt mit

$$g(t^1)\delta(t^1)F(t^1) \equiv J(F,t^1)z \mod x^{2n}I .$$

Es gibt eine $(N \times p)$-Matrix M_2 über A mit $J(f,t^1)M_2 = \delta(t^1)E_p$ wegen $\delta = \det\left(\frac{\partial f}{\partial T_{i_1}}, \ldots, \frac{\partial f}{\partial T_{i_p}}\right)$. Ist $u = J(F,t^1)M_2 f(t^1)$, so gilt wegen der Kongruenz $g(t^1)J(F,t^1) \equiv M_1(t^1)J(f,t^1) \bmod x^n I$ (die aus $gF = M_1 f$ folgt)

$$g(t^1)u \equiv M_1(t^1)J(f,t^1)M_2 f(t^1) \mod x^{2n}I$$

(wegen $f(t^1) \equiv 0 \bmod x^n I$), also

$$g(t^1)u \equiv \delta(t^1)M_1(t^1)f(t^1) \bmod x^{2n}I \equiv \delta(t^1)g(t^1)F(t^1) \mod x^{2n}I$$

wegen $gF = M_1 f$. Also ist $z = g(t^1)u$ ein gesuchter Vektor.

Wir kommen nun zur Situation des Hilfssatzes.

Da $V(H) \supseteq V(F)^{sing}$, gibt es eine Potenz $H^a \subseteq E(F)$. Es sei $s = \max(2ar, ar+k) + 1$; wir zeigen, daß ein Vektor $y \equiv 0 \bmod x^{s-ar}I$

existiert mit $F(t^1+y) \equiv 0 \mod x^{2(s-ar)}I$. Da $s-ar \geq ar+1$, folgt durch Fortsetzung dieses Prozesses die Existenz der $t^{(n)}$. Es ist $F(t^1+y) \equiv F(t^1) + J(F,t^1)y \mod \sum_{i,j} y_i y_j A$. Es genügt also, y zu bestimmen, so daß

$$J(F,t^1)y \equiv -F(t^1) \mod x^{2(s-ar)}I$$

gilt. Das Ideal H^a wird durch $I(F)$ und Elemente der Form δg erzeugt, $\delta = \det\left(\frac{\partial f}{\partial T_{i_1}}, \dots, \frac{\partial f}{\partial T_{i_p}}\right)$ und g wie oben (d.h. $gI(F) \subseteq \sum_{i=1}^{p} f_i A[T]$). Aus $x^{ar} \in H(t^1)^r$ folgt daher nach der vorangehenden Betrachtung, daß es einen Vektor $v \equiv 0 \mod x^s I$ gibt mit $x^{ar}F(t^1) \equiv J(F,t^1)v \mod x^{2s}I$. Der Vektor v hat die Form $v = -x^{s-ar}y$, $y \equiv 0 \mod x^{s-ar}I$, also ist

$$x^{ar}(F(t^1) + J(F,t^1)y) \equiv 0 \mod x^{2s}I.$$

Aus $(0:x^{ar}) \cap x^{s-ar}A = 0$ (wegen $s-ar > k$) folgt dann $F(t^1) + J(F,t^1)y \equiv 0 \mod x^{2s-ar}I$, q.e.d.

6.3. Korollar: Es sei (A,J) ein Noethersches Henselsches Paar und X ein quasiprojektives A-Schema, $W \subset X$ ein abgeschlossenes Unterschema, so daß $X-W \longrightarrow \mathrm{Spec}(A)$ glatt ist. Dann gibt es eine Funktion $d: N \times N \longrightarrow N$, $d(r,c) \geq \max(r,c)$, so daß gilt: Zu jedem A-Morphismus

$$\varepsilon^o: \mathrm{Spec}(A/J^{d(r,c)}) \longrightarrow X \quad \text{mit } (\varepsilon^o)^{-1}(W) \subseteq \mathrm{Spec}(A/J^r)$$

gibt es einen Schnitt $\varepsilon: \mathrm{Spec}(A) \longrightarrow X$, der auf $\mathrm{Spec}(A/J^c)$ mit ε^o übereinstimmt.

(Beweis analog zu 2.4.).

Anhang:

Eine Eliminationstheorie für Potenzreihenringe

In diesem Abschnitt wollen wir, aufbauend auf die Resultate von P. J. Cohen, eine Eliminationstheorie für die Potenzreihenringe $k[[X]]$, $k\langle X\rangle$ (k ein algebraisch abgeschlossener Körper, $X = (X_1,\ldots,X_n)$)entwickeln. Damit kann der Artinsche Approximationssatz für eine größere Klasse von "Formeln" bewiesen werden.

Wir wollen zur Abkürzung für diese Ringe kurz A_X schreiben, wenn gewisse Betrachtungen für beide gleichzeitig gemacht werden. Weiterhin setzen wir $X' = (X_1,\ldots,X_{n-1})$, $X'' = (X_1,\ldots,X_{n-2})$, ..., $X^{(l)} = (X_1,\ldots,X_{n-l})$. Die Relation $u \in A_X(l)$ ist in üblicher Weise definiert, d.h. sie gilt genau dann, wenn u nur von $X_1,\ldots,X_l$ abhängt. Es sei $u \in A_X$, dann wollen wir mit v(u) die Ordnung von u bezeichnen und vereinbaren, , daß für u = 0 das Symbol v(u) nicht definiert sei.

Wir beschreiben nun die atomaren Formeln, aus denen sich unter Benutzung der logischen Operationen $\&$, $\vee$, $\sim$, $\Rightarrow$ und der Quantifikatoren $\forall$, $\exists$ die uns interessierenden "Elementarformeln" herleiten lassen:

(1) $u_1 + u_2 = u_3$, $u_1 \cdot u_2 = u_3$ — für A_X-Variable u_1,u_2,u_3

(2) $v(u) = k$ — für A_X-Variable u und Z-Variable k

(3) $k_1 + k_2 = k_3$, $k_1 \leq k_2$ — für Z-Variable k_1,k_2,k_3

(4) $B_{i_1,\ldots,i_n}(u) = u_{i_1,\ldots,i_n}$ — für A_X-Variable u, $u_{i_1,\ldots i_n}$

wenn char k = t > 0 ist und $u \in A_X$,

$$u = \sum_{i_k < t} u_{i_1,\ldots,i_n} X_1^{i_1} \cdot \ldots \cdot X_n^{i_n} \text{ mit } u_{i_1,\ldots,i_n} \in k[[X^t]].$$

Unter (2) wird überdies noch vereinbart, daß einer derartigen Formel stets eine andere vorangestellt sein wird, aus der hervorgeht, daß $u \neq 0$ ist.

Wir wollen mit C die Klasse der elementaren Formeln bezeichnen, die wir durch Zusammensetzen dieser atomaren Formeln unter Benutzung der logischen Operationen $\&$, $\vee$, $\sim$, $\Rightarrow$ und der Quantifikatoren $\forall$, $\exists$ erhalten.

1. Bemerkung: Unter einer gebundenen Variablen verstehen wir wie üblich eine solche, die unter einem Quantifikator vorkommt; die übrigen nennen wir freie Variable. Eine Aussage ist eine Formel ohne freie Variable.

2. Definition: Es sei $f(x_1,\ldots,x_r)$ eine Funktion mit Werten in A_X oder Z, wobei die x_i A_X-Variable, bzw. Z-Variable sein können. f heißt effektiv, wenn ein Algorithmus existiert, der jeder Formel $\Phi(y_0,\ldots,y_s)$ eine Formel $\Psi(x_1,\ldots,x_r,y_1,\ldots,y_s)$ zuordnet, so daß

(1) $\Phi(f(x_1,\ldots,x_r),y_1,\ldots,y_s) \Leftrightarrow \Psi(x_1,\ldots,x_r,y_1,\ldots,y_s)$ gilt,

(2) Ψ dieselben freien A_X-Variablen und Z-Variablen hat wie Φ.

Den Begriff "Algorithmus" wollen wir hier nicht näher präzisieren, sondern auf die einschlägigen Lehrbücher verweisen.

Die Definition wollen wir an einem Beispiel veranschaulichen: Wenn wir für reell abgeschlossene Körper von analogen Atomformeln ausgehen, kann der Wert der Funktion $f(x) = \sqrt{x}$ nicht "berechnet" werden, da diese Operation in der Klasse C nicht gestattet ist. Aber jede Aussage über $f(x)$ kann auf elementare Aussagen zurückgeführt werden (z.B.: $a > \sqrt{3} \Leftrightarrow a > 0$ und $a^2 > 3$).

Um nun unseren Hauptsatz formulieren zu können, benötigen wir den Begriff der "Weierstraß-Daten":

Es sei $u \in A_X$, $v(u) = k \geq 1$ und $u(0,X_n) = X_n^k \cdot \varphi(X_n)$ mit $\varphi(0) \neq 0$. Ist $w \in A_X$ beliebig vorgegeben, dann gibt es eine eindeutige Darstellung

$$w = q \cdot u + \sum_{i=0}^{k-1} a_i(X')X_n^i .$$

Die Potenzreihen $a_0(X'),\dots,a_{k-1}(X')$ wollen wir Weierstraß-Daten des Paares (w,u) nennen. Eine besondere Rolle spielen die Weierstraß-Daten des Paares $(-X^k,u)$, die wir auch kurz als Weierstraßdaten von u bezeichnen wollen. Ein Koordinatensystem $(X_1,\dots,X_n)$ wollen wir regulär bezüglich u nennen, falls $u(0,X_n) \neq 0$ ist. Wenn ein Koordinatensystem bezüglich u nicht regulär ist, so sagen wir, die Weierstraßdaten des Paares (w,u) seien nicht definiert. Weiter vereinbaren wir: Wenn für ein $u \in A_X$, $u = \sum_{i=0}^{\infty} u_i X_n^i$ gilt $v(u) = 0$ oder $u = u_0$ (d.h. u hängt nicht von X_n ab), dann ist das zugrundeliegende Koordinatensystem regulär bezüglich u_0 und u_0 ist das Weierstraßdatum von u.

Ausgehend von den Weierstraßdaten eines Paares können wir sukzessiv neue Weierstraßdaten produzieren:

Es seien $u_1,\ldots,u_m \in A_X$, $f_s(U_1,\ldots,U_m)$, $g_t(U_1,\ldots,U_m)$ $\in Z[U_1,\ldots,U_m]$, $s,t = 1,\ldots,l$. Wir setzen voraus, daß für alle s das Koordinatensystem $(X_1,\ldots,X_n)$ regulär bezüglich $f_s(u_1,\ldots,u_m)$ ist. Dann betrachten wir die Weierstraßdaten $b_i^s(X')$ der Paare $(g_s(u_1,\ldots,u_m), f_s(u_1,\ldots,u_m))$. Solche Daten wollen wir "Weierstraßdaten 1. Ordnung" von $u_1,\ldots,u_m$ nennen. Analog kann man Weierstraßdaten k-ter Ordnung, $k \leq n$, definieren: Es seien $c_o(X^{(k-1)}),\ldots,c_r(X^{(k-1)})$ Weierstraßdaten der Ordnung k-1 von $u_1,\ldots,u_m$ und $h_s(C_o,\ldots,C_r)$, $e_t(C_o,\ldots,C_r)$ Polynome aus $Z[C_o,\ldots,C_r]$; $s,t = 1,\ldots,q$. Wir setzen voraus, das Koordinatensystem $(X_1,\ldots,X_{n-k+1})$ sei für alle s regulär bezüglich $h_s(c_o,\ldots,c_r)$. Die Weierstraßdaten der Paare

$$(e_s(c_o(X^{(k-1)}),\ldots,c_r(X^{(k-1)}), h_s(c_o(X^{(k-1)}),\ldots,c_r(X^{(k-1)}))$$

heißen dann "Weierstraßdaten k-ter Ordnung" von $u_1,\ldots,u_m$. Im allgemeinen werden wir die Polynome g_t, f_s, e_t, h_s nicht weiter auszeichnen, sondern kurz von einer "Folge sukzessiver Weierstraßdaten von $u_1,\ldots,u_m$" sprechen.

Wir wollen jetzt die Klasse $\underline{C}$ durch Atomformeln mit den Weierstraßdaten erweitern, indem wir zulassen, eine Formel $\Phi \in \underline{C}$ folgendermaßen zu interpretieren:

(5) Es sei $\Phi(u^{(o)},v^{(1)},\ldots,v^{(r)},w^{(1)},\ldots,w^{(s)},\ldots) \in \underline{C}$,

$$u^{(o)} = (u_1,\ldots,u_m)\ ,\ u_i \in A_X\ ,$$
$$v^{(j)} = (v_1^{(j)},\ldots,v_{s_j}^{(j)}),\ v_i^{(j)} \in A_X,$$
$$w^{(j)} = (w_1^{(j)},\ldots,w_{t_j}^{(j)}),\ w_i^{(j)} \in A_X\ ,\ \ldots\ \text{usw.}$$

Wir werden Φ so interpretieren:
$v^{(1)},\dots,v^{(t)}$ sind Weierstraßdaten erster Ordnung von $u_1,\dots,u_m$ für ein $t \leq r$.
$w^{(1)},\dots,w^{(l)}$ sind Weierstraßdaten erster Ordnung von $v^{(1)},\dots,v^{(r)}$ für ein $l \leq s$, usw. ...
Wir sagen, Φ sei falsch, wenn einige der Weierstraßdaten nicht definiert sind. Die Klasse aller Formeln, die wir auf diese Weise erhalten, wollen wir mit $\underline{C}_W$ bezeichnen. Um mit dieser Klasse gut arbeiten zu können, müssen wir genügend viele lineare Koordinatentransformationen zulassen, damit gewährleistet wird, daß die Folgen sukzessiver Weierstraßdaten stets definiert sind.
Es sei $S = (a_{ij})$, $a_{ij} \in k$, eine umkehrbare Matrix, dann schreiben wir für $X_i \longmapsto \sum_{j=1}^{n} a_{ij}X_j$ kurz $S\cdot X$. Um unser Resultat einfacher formulieren zu können, sagen wir noch

3. <u>Definition</u>: <u>Es sei $\Phi(u_1,\dots,u_m) \in \underline{C}_W$ eine Formel. Wir schreiben</u>

$$\exists_\lambda\ u_1\ \Phi(u_1,\dots,u_m) \quad ,$$

<u>wenn folgendes gilt</u>:

(1) <u>Für gegebene</u> $u_2,\dots,u_m \in A_X$ <u>existiert ein</u> $u_1 \in A_X$, <u>so daß</u> $\Phi(u_1,\dots,u_m)$ <u>richtig ist</u>.

(2) <u>Ist</u> $a \neq 0$ <u>ein Weierstraßdatum, das in</u> Φ <u>vorkommt und von</u> u_1 <u>abhängt, dann ist</u> $v(a) \leq \lambda$.

4. <u>Satz</u>: <u>Es sei</u> $\Phi(u_1,\dots,u_m) \in \underline{C}_W$. <u>Dann gibt es für fast alle linearen Koordinatentransformationen</u> S <u>und jedes</u> $\lambda \in N$ <u>eine Formel</u> $\Psi_{S,\lambda} \in \underline{C}_W$, <u>so daß</u>

$$\exists_{\lambda} u_1 \Phi(u_1,\ldots,u_m) \Leftrightarrow \Psi_{S,\lambda}(u_2(S),\ldots,u_m(S))$$

gilt, wobei $u_i(S) = u_i(S\cdot X)$ ist.

Dem Beweis von Satz 4 wollen wir einige Hilfssätze voranstellen.

5. Lemma: Es sei $F(U) = a_0 + a_1U + \ldots + a_mU^m$ ein Polynom aus $A_X[U]$. Dann existiert ein l mit folgender Eigenschaft:

Es seien $u_1, u_2 \in A_X$ mit

$$F(u_1) = F(u_2) = 0 \quad ,$$

$$J_l(u_1) = J_l(u_2) \quad ,$$

so ist $u_1 = u_2$; l ist eine effektive Funktion der Koeffizienten $a_0,\ldots,a_m$, d.h. es gibt einen Algorithmus zur Bestimmung der Funktion $l(a_0,\ldots,a_m)$.

($J_l(u)$ bezeichnet die Summe aller Terme der Reihe u bis zur Ordnung l, d.h. $u = J_l(u) + u'$ mit u' von der Ordnung $l+1$ oder einer größeren Ordnung.)

Beweis:

1. Fall: F sei ein separables Polynom

Ist δ die Diskriminante von F, $\delta \neq 0$, dann gibt es Polynome H und G, so daß

$$H\cdot F + G\cdot F' = \delta$$

gilt. Ist $u_1 \neq u_2$, dann ist $v(\delta) \geq v(F'(u_1)) \geq v(u_1 - u_2)$. In diesem Fall setzen wir $l = v(\delta) + 1$.

2. Fall: F ist nicht separabel

Ist char k = t > 0 und F' = 0, so betrachten wir $F = G(U^{\alpha t})$, wobei $G \notin A_X[U^t]$ ist. Wir können also o.B.d.A. $F' \neq 0$ voraussetzen.

Mit Hilfe der klassischen Eliminationstheorie können wir uns nun auf den Fall beschränken, daß F und F' keine gemeinsamen Teiler haben. Damit ist das Problem auf den 1. Fall reduziert.

3. Fall: $F = F_1^{l_1} \cdot \ldots \cdot F_r^{l_r}$, $(F,F') = D$, $aF = D \cdot F_1$

Diesen Fall reduzieren wir durch Induktion nach dem Grad auf die beiden ersten.

Erfüllt l die Eigenschaft aus dem Lemma 5., so sagen wir, die Wurzel u der Gleichung F(u) = 0 sei durch ihren l-Jet bestimmt.

6. Lemma: Es sei u Nullstelle der Gleichung F(U) = 0, wobei

$$F(U) = a_o + \ldots + a_m U^m \in A_X[U]$$

sei. Wir setzen voraus, die Wurzel u von F sei durch ihren l-Jet bestimmt. Dann gilt:

(1) Wir können explizit, d.h. durch einen Algorithmus, ein reguläres Koordinatensystem für u finden. Ist $g \in A_X[U]$ ein Polynom, dann können wir die Bewertungen v(g(u)) und (im Fall positiver Charakteristik) $v(B_{i_1,\ldots,i_n}(u))$ sowie eine beliebige Zahl der Koeffizienten der Potenzreihenentwicklung von g(u) und $B_{i_1,\ldots,i_n}(u)$ explizit bestimmen.

(2) Es sei w Nullstelle der Gleichung $G(W)=b_o+\ldots+b_r W^r \in A_X[W]$

<u>und</u> w <u>bestimmt durch</u> $J_k(w)$. <u>Die Bewertungen der Weierstraßdaten des Paares</u> (w,u) <u>und der</u> $B_{i_1 \ldots i_n}$ <u>der Weierstraßdaten können explizit in einem für</u> u <u>und alle</u> a_i <u>regulären Koordinatensystem bestimmt werden und eine beliebige Zahl der Koeffizienten ihrer Entwicklung als Potenzreihen (d.h. die Nullstelle</u> u <u>und die Weierstraßdaten von</u> (w,u) <u>sind effektive Funktionen von</u> $a_0, \ldots, a_m$, $b_0, \ldots, b_r, l, k$).

<u>Beweis</u>: Die erste Behauptung ist klar: Wenn $a_0 \neq 0$ ist (was wir o.B.d.A. annehmen wollen), dann ist $J_s(a_0) \neq 0$ für $s = v(a_0)$. Damit ist $J_s(u) \neq 0$ und $v(u) \leq s$. Da wir $J_r(u)$ für jedes r berechnen können, können wir ein Koordinatensystem $(X_1', \ldots, X_n')$ finden, so daß $J_{v(u)}(u)(0, \ldots, 0, X_n') \neq 0$ ist, d.h. das regulär für u ist. Auf dieselbe Weise können wir ein Koordinatensystem finden, das auch bezüglich der a_i regulär ist. $v(g(u))$ und $v(B_{i_1 \ldots i_n}(u))$ bestimmt man analog zum entsprechenden Beweis in 1.; das gilt auch für die Potenzreihenentwicklungen von g(u) und $B_{i_1 \ldots i_n}(u)$. Es sei nun o.B.d.A. $(X_1, \ldots, X_n)$ regulär bezüglich u und $a_0, \ldots, a_m$. Daß eine beliebige Anzahl der Koeffizienten in der Entwicklung der Weierstraßdaten von (w,u) und der $B_{i_1 \ldots i_n}$ dieser Weierstraßdaten als Potenzreihen effektiv konstruiert werden können, folgt aus dem Beweis des Weierstraßschen Vorbereitungssatzes. Wir müssen zeigen, wie wir ihre Bewertungen und die Bewertungen der $B_{i_1 \ldots i_n}$ dieser Weierstraßdaten explizit berechnen können.

Es sei $K' = K_{X'}$ der Quotientenkörper von $A_{X'}$; $\overline{K'}$ sei der algebraische Abschluß von $K_{X'}$. Wir werden folgendermaßen vorgehen:

(1) Wir beschränken uns auf den Fall von Weierstraßdaten 1. Ordnung von u (der allgemeine Fall läßt sich mittels der Eliminations-

theorie analog behandeln).

(2) Es sei $u = \text{Einheit} \cdot (X_n^k + \sum_{i<k} u_i X_n^i)$, d.h. $u_0, \ldots, u_{k-1}$ sind die Weierstraßdaten erster Ordnung von u, dann sind die u_i elementarsymmetrische Funktionen der Wurzeln der Gleichung

$$(u) \qquad T^k + \sum_{i<k} u_i(X')T^i = 0$$

(betrachtet in $\overline{K'}$).

Die Wurzeln dieser Gleichung sind (wegen $F(u) = 0$) auch Wurzeln der Gleichung $a_0(X_n) = 0$. Wir werden zeigen, wie man explizit entscheiden kann, welche der Wurzeln von $a_0(X_n) = 0$ auch Wurzel von (u) ist.

(3) Damit kann jede Aussage über die Bewertung eines Polynoms in den Wurzeln von (u) (insbesondere jedes Polynoms von den $u_i(X')$) ersetzt werden durch eine Aussage über die Wurzeln von $a_0(X_n) = 0$ und damit durch eine Aussage über die Weierstraßdaten von a_0.

Es sei zunächst Char k = 0. Wir müssen, um das Lemma zu beweisen, (2) untersuchen, d.h. untersuchen, wann eine Nullstelle von $a_0(X_n) = 0$ auch eine Nullstelle von (u) ist. Es sei nun

$$a_i = \text{Einheit}\cdot(X_n^{k_i} + \sum_{s<k_i} \alpha_{is}(X')X_n^s \quad := \text{Einheit}\cdot P_i(X';X_n).$$

Wir betrachten die Gleichungen

$$(a_i) \qquad T^{k_i} + \sum_{s<k_i} \alpha_{is}T^s = 0 .$$

Es sei $\overline{K''}$ der algebraische Abschluß des Quotientenkörpers von $A_{X''}$. die Elemente $\alpha_{is}(X')$, $u_i(X')$ betrachten wir in $\overline{K''}((X_{n-1}))$.

Damit sind die Gleichungen (u) und (a_i) über $\overline{K''}((X_{n-1}))$ definiert; aus der Theorie der Puiseuxreihen folgt, daß alle Wurzeln der Gleichungen (u) und (a_i) von der Form

$$\bar{t} = \varphi(X_{n-1}^{1/r})$$

sind, wobei φ eine Laurentreihe mit Koeffizienten in $\overline{K''}$ ist (wir können r beschränken durch das Produkt $k \cdot k_o \cdot \ldots \cdot k_m$). Wir werden nun ein Kriterium dafür angeben, wann **eine** Wurzel $\bar{t}$ von (a_o) auch Wurzel von (u) ist. Es sei $\bar{t}$ eine solche Wurzel.

1. Fall: Wir nehmen an, $\bar{t}$ sei nicht Wurzel aller (a_j). Es sei j die kleinste Zahl, für die $\bar{t}$ nicht Nullstelle von (a_j) ist. Wenn $\bar{t}$ keine Nullstelle von (u) ist, gilt jedoch

$$a_j(X';\bar{t}) + \ldots + a_p(X';\bar{t})u^{p-j}(X';\bar{t}) = 0$$

für ein $p > j$. Es ist klar, daß diese Gleichung nicht erfüllt sein kann, wenn

$$v_{X_{n-1}} [u(X';\bar{t})] > \max_{s > j} \left\{ \frac{1}{s-j} (v_{X_{n-1}} [a_j(X';\bar{t})] - v_{X_{n-1}} [a_s(X';\bar{t})]) \right\}$$

ist (für $f \in A_X$ bezeichnet $v_{X_{n-1}}(f)$ die Ordnung von f bezüglich X_{n-1}; $v_{X_{n-1}}$ kann mit Hilfe der Weierstraßdaten und der Ordnung v berechnet werden: Es sei v(f) = r und a_o Weierstraßdatum von (f,X_{n-1}), dann ist $v_{X_{n-1}}(f) \leq \max (v(f), v(f-a_o))$).

Um herauszufinden, ob $\bar{t}$ eine Wurzel von (u) ist, genügt es also, eine Schranke M der Bewertungen von $a_s(X';\bar{t})$ für alle s zu finden und M+1 Terme der Entwicklung von $u(X';\bar{t})$ zu berechnen. Zu diesem Zweck betrachten wir die zu a_o und a_s gehörigen Weierstraßpolynome $P_o(X';X_n)$ und $P_s(X';X_n)$. Wir setzen zunächst voraus, daß P_o und P_s keine gemeinsamen Wurzeln haben. In diesem Fall verschwindet ihre Diskriminante $\delta_s \in A_{X'}$ nicht und es existieren A, B $\in A_{X'}[X_n]$ mit

$$AP_o + BP_s = \delta \quad .$$

Dann ist $B(\bar{t})P_s(\bar{t}) = \delta$. Da $\bar{t}^{k_o} + \sum_{s < k_o} \alpha_{os}\bar{t}^s = 0$ ist, folgt

$$v_{X_{n-1}}(\bar{t}) \leq \max\left(\frac{v_{X_{n-1}}(\alpha_{or}) - v_{X_{n-1}}(\alpha_{os})}{s-r},\ s>r;\ \frac{v_{X_{n-1}}(\alpha_{os})}{k_o-s}\ ;\ s \right)$$

und $v_{X_{n-1}}(\bar{t}) \geq 0$.

Da δ nicht von X_n abhängt, liefert uns das eine Schranke für $P_s(\bar{t})$, d.h. für $a_s(\bar{t})$.

Im allgemeinen Fall können wir unter Benutzung des Euklidischen Algorithmus Zerlegungen

$$P_o = P'_o \cdot P''_o \qquad\qquad P_s = P'_s \cdot P''_s$$

finden, so daß P''_o und P''_s keine gemeinsamen Wurzeln haben und P'_o und P''_s keine gemeinsamen Wurzeln haben. In unseren Betrachtungen interessieren uns nur diejenigen $\bar{t}$, die Wurzeln von P''_o sind. Mit der vorigen Methode finden wir analog Schranken für die Bewertungen von $P'_o(\bar{t})$, $P''_s(\bar{t})$ und somit für $P_s(\bar{t})$.

2. Fall: $\bar{t}$ ist Nullstelle aller (a_j).

In diesem Fall berechnen wir zunächst mit Hilfe des Euklidischen Algorithmus den größten gemeinsamen Teiler P der Weierstraßpolynome $P_o,\ldots,P_m$ von $a_o,\ldots,a_m$. Da die P_i normiert sind und $A_{X'}$ faktoriell ist, erhalten wir aus dem Euklidischen Algorithmus ein normiertes Polynom P aus $A_{X'}[X_n]$. Da die P_i Weierstraßpolynome sind, ist auch P Weierstraßpolynom. Nach Voraussetzung ist $P(\bar{t}) = 0$. Weiter gilt: Ist $P_i = h_i \cdot P$, dann ist $h_i(\bar{t}) \neq 0$ für ein i. Die Gleichung

$$(\tilde{u}) \qquad \tilde{a}_o + \tilde{a}_1 u + \ldots + \tilde{a}_m u^m = 0$$

mit $\tilde{a}_i = \frac{a_i}{P}$ erfüllt also Fall 1. Leider ist (u) aus F(u) nicht effektiv konstruiert. Das Kriterium, ob $\bar{t}$ Nullstelle von u ist, erweist sich jedoch auch hier als effektiv. Wir gehen so vor:

$P_o = h_o \cdot P$, und h_o erhält man durch Division des Polynoms P durch das Polynom P_o (also effektiv). Wenn $\bar{t}$ keine Nullstelle von h_o ist, so ist $\bar{t}$ keine Nullstelle von u.

Ist $\bar{t}$ Nullstelle von h_o ist und j die kleinste Zahl, für die $\bar{t}$ nicht Nullstelle von h_j ist, so sehen wir wie im Fall 1, daß es darauf ankommt, eine Schranke für die Bewertungen $v_{X_{n-1}}(a_s(\bar{t}))$ zu konstruieren. Diese kann man aber durch die $v_{X_{n-1}}(h_s(\bar{t}))$ ausdrücken und damit analog zum Fall 1 verfahren.

Es sei nun Char k = t > 0. Hier können wir nicht mehr in der gewöhnlichen Weise mit Puiseux-Reihen arbeiten. Es gilt aber analog zur Charakteristik 0 der folgende Satz:

<u>Es sei</u> k <u>ein algebraisch abgeschlossener Körper der Charakteristik</u> $t > 0$, $f \in k[[T]][Y]$ <u>ein irreduzibles normiertes Polynom. Dann läßt sich jede Lösung von</u> $f(Y) = 0$ <u>in der Form</u>

$$\bar{y} = c_1 T^{\gamma_1} + c_2 T^{\gamma_1+\gamma_2} + \dots + c_n T^{\gamma_1+\dots+\gamma_n} + \dots$$

<u>mit</u> $\gamma_i > 0$ <u>für</u> $i \geq 2$

$$\gamma_i = \frac{\alpha_i}{m+\lambda_i}, \quad \alpha_i, m, \lambda_i \in Z \quad \text{und} \quad \lambda_i \leq \lambda_{i+1}$$

<u>schreiben</u>.

Im Gegensatz zum Fall der Charakteristik 0 kann also der Nenner der Exponenten von T durch Potenzen der Charakteristik wachsen. Das stört uns hier jedoch nicht, und wir können den Beweis analog führen. Wir müssen noch zeigen, wie sich die Bewertungen $v(B_{i_1 \dots i_n}(u_j))$ und die Potenzreihenentwicklungen der $B_{i_1 \dots i_n}(u_j)$ berechnen lassen ($u_o, \dots, u_{k-1}$ seien Weierstraßdaten von u).

Diese Berechnung führen wir auf den Fall 1 des Lemmas zurück: Dazu betrachten wir noch einmal die Wurzeln τ_j des zu u assoziierten Weierstraßpolynoms. Die Weierstraßdaten von u sind elementarsymmetrische Funktionen der τ_j. Die τ_j sind auch Wurzeln von a_o (und eventuell von $a_1,\ldots,a_r$ für ein r). Nach dem bisher Bewiesenen können wir effektiv entscheiden, welche der Wurzeln von a_o gerade die τ_j sind. Mit Hilfe der Eliminationstheorie können wir, ausgehend von den Weierstraßdaten von a_o (und eventuell $a_1,\ldots,a_r$) Gleichungen konstruieren, denen die τ_j genügen. Auf diese Weise erhalten wir Gleichungen für die Weierstraßdaten u_j von u, deren Koeffizienten Polynome in den Weierstraßdaten von $a_o,\ldots,a_r$ sind. Damit haben wir die Berechnung der $v(B_{i_1\ldots i_n}(u_j))$ und der Potenzreihenentwicklung der $B_{i_1\ldots i_n}(u_j)$ auf Fall 1 zurückgeführt. Lemma 6. ist damit bewiesen.

Durch Zusammenfassen der Resultate erhalten wir

7. <u>Lemma:</u> <u>Es seien</u> $u_i \in A_X$ <u>gegeben durch die Gleichungen</u> $F_i(u_i) = 0$ <u>und</u> $J_{l_i}(u_i)$, <u>wobei</u> $F_i(U) = a_{io} + \ldots + a_{im_i}U^{m_i} \in A_X[U]$ <u>für</u> i = 1,...,N. <u>Dann existiert ein Algorithmus, der es gestattet, die Bewertungen und eine beliebige Anzahl der Koeffizienten der Potenzreihenentwicklungen beliebiger durch</u> $u_1,\ldots,u_N$ <u>gegebener Weierstraßdaten in einem geeigneten Koordinatensystem zu berechnen.</u> <u>Die Weierstraßdaten</u> i-<u>ter Ordnung sind effektive Funktionen der</u> $a_{io},\ldots,a_{im_i}$, e_i.

Wir beweisen den Satz 4. durch Induktion nach der Anzahl der X_i. Der Fall n = 0 ist trivial. Es sei nun der Satz für n-1 Unbestimmte bewiesen. Daraus folgern wir zunächst einen Spezialfall:

8. <u>Lemma</u>: <u>Es sei</u> $F(U) = a_o + a_1U + \ldots + a_mU^m \in A_X[U]$.
<u>Dann existiert eine Formel</u> $\Psi_{S,\lambda}$ <u>aus</u> $\underline{C_W}$ <u>für jedes</u> $\lambda \in N$ <u>und</u>
<u>fast alle Koordinatensysteme</u> S, <u>so daß</u> $\exists_\lambda u\ F(u)=0 \Leftrightarrow \Psi_{S,\lambda}(a_o,\ldots,a_m)$.
(D.h. $\Psi_{S,\lambda}$ hängt nur von den Koeffizienten und deren Weierstraßdaten ab).

<u>Beweis</u>: Zunächst können wir uns im Falle der Charakteristik $t>0$ darauf beschränken, daß F separabel ist. Es sei nämlich $F(U)=G(U^t)$, und nehmen wir an, wir hätten für G(z) ein Koordinatensystem S, ein λ und eine Formel $\Psi_{S,\lambda}$ gefunden, so daß $\exists_\lambda z\ G(z)=0 \Leftrightarrow \Psi_{S,\lambda}(a_o,\ldots,a_m)$ gilt, dann müssen wir zu dieser Formel eine Bedingung hinzufügen, die es uns gestattet zu entscheiden, ob ein solches z mit $G(z)=0$ t-te Potenz ist oder nicht. Eine solche Bedingung erhalten wir durch die Gleichung $z = B_{o,\ldots,o}(z)$. Weiterhin können wir uns im separablen Fall darauf beschränken, daß F reduziert ist, indem wir anderenfalls mit Hilfe des euklidischen Algorithmus den GGT von F und F' berechnen. Weiter können wir annehmen, daß F normiert ist. Es sei nämlich

$$a_m^{m-1}F(U) = a_oa_m^{m-1} + a_1a_m^{m-2}(a_mU) + \ldots +(a_mU)^m = H(a_mU).$$

Dann ist H normiertes Polynom. Die Aussage $\exists_\lambda uF(u)$ ist damit äquivalent zur Aussage $\exists z\ H(z) = 0$ & die Weierstraßdaten von (z,a_m) sind gleich 0 (wobei wir natürlich zunächst ein bezüglich a_m reguläres Koordinatensystem wählen müssen). Wenn $\exists_\lambda z\ H(z)=0$ eine Formel in $\underline{C_W}$ ist, so ist nach Lemma 7. auch die Bedingung des Verschwindens der Weierstraßdaten von (z,a_m) eine Formel in $\underline{C_W}$. Es sei also o.B.d.A. $F = a_o + a_1U + \ldots + a_{m-1}U^{m-1} + U^m$ ein separables, normiertes und reduziertes Polynom in $A_X[U]$. Es sei δ die Diskriminante von F. Wir wählen ein bezüglich δ reguläres Koordinatensystem. So sei o.B.d.A. δ regulär bezüglich X_n von der Ordnung p. $X_n^p + \sum \lambda_i X_n^i =: P(X',X_n)$ sei das assoziierte Weierstraßpolynom von δ. Da δ ein Polynom in $a_0,\dots,a_m$ ist, sind die λ_i Weierstraßdaten erster Ordnung von $a_0,\dots,a_m$. Nun ist

$$\exists\, u\ F(u) = 0$$

äquivalent zu der Aussage

$$\exists\, u\ F(u) \equiv 0 \mod \delta^2(X_1,\dots,X_n)$$

(Newtons Lemma). Es seien die Weierstraßdaten der Paare (a_i,δ^2) mit $a_j^{(i)}$ bezeichnet, dann ist die Aussage

$$\exists\, u\ F(u) \equiv 0 \mod \delta^2(X_1,\dots,X_n)$$

äquivalent zu der Aussage

$$\exists\, u_0,\dots,u_{p-1} \in A_{X'} \text{ und } b_0,\dots,b_n \in A_{X'}, \text{ so daß}$$

$$a_0^{(0)}+a_1^{(0)}X_n+\dots+a_{2p-1}^{(0)}+(a_0^{(1)}+a_1^{(1)}X_n+\dots+a_{2p-1}^{(1)}X_n^{2p-1})(u_0+u_1X_n+\dots+$$
$$+u_{2p-1}X_n^{2p-1})+\ \dots\ +(u_0+u_1X_n+\dots+u_{2p-1}X_n^{2p-1})^m =$$
$$= (b_0+b_1X_n+\dots+b_mX_n^m)P(X',X_n)^2 \quad .$$

Dies liefert uns ein Gleichungssystem über $A_{X'}$, sagen wir

$$H_1,\dots,H_t \in A_{X'}[U_0,\dots,U_{p-1},B_0,\dots,B_m] .$$

Nach Induktionsvoraussetzung gilt: Für fast alle linearen Koordinatentransformationen und jedes $\lambda \in N$ existiert eine Formel $\Psi_{S,\lambda} \in \underline{C}_W$, so daß $\exists_\lambda\, u_0,\dots,u_{p-1},b_0,\dots,b_m\ H_1(u_0,\dots,b_m)=\dots=H_t(u_0,\dots,b_m)=0 \Leftrightarrow \Psi_{S,\lambda}$ gilt ($\Psi_{S,\lambda}$ hängt nur von den Koeffizienten der H_i und deren Weierstraßdaten ab, d.h. letztendlich von den Koeffizienten von F). Damit gilt $\exists_\lambda u \; F(u) = 0 \Leftrightarrow \Psi_{S,\lambda}$, q.e.d.

Der allgemeine Fall:

1. Fall: u_1 ist in einigen Gleichungen enthalten. Dies seien

$$F_1(u_1) = 0 \;, \ldots , \; F_s(u_1) = 0.$$

Weiter kann Φ noch Bedingungen über die Weierstraßdaten von u_1 enthalten. Wir wollen das Problem auf den Fall reduzieren, daß u_1 nur in einer Gleichung enthalten ist. Es sei $r_i = \deg_{u_1} F_i$ und $r = \min (r_i)$; o.B.d.A. $r = r_1$. Es sei $a \in A_X$ der Koeffizient von u_1^r in $F_1(U)$. Mit Hilfe des Euklidischen Algorithmus erhalten wir

$$a^{l_i} F_i = q_i F_1 + \tilde{F}_i \quad ,$$

wobei $l_i = \deg F_i - r$ ist und q_i und $\tilde{F}_i$ Polynome mit $\deg \tilde{F}_i < \deg F_1$. Falls $\tilde{F}_i(U) = 0$ gilt für alle i, so sind die Gleichungen $F_i(u_1) = 0$ eine Konsequenz der Gleichung $F_1(u_1) = 0$. Falls ein $F_i \neq 0$ ist, dann genügt u_1 einer Gleichung vom Grad $< r$, und wir verfahren so weiter. Wir können also o.B.d.A. annehmen, daß u_1 in Φ in genau einer Gleichung $F_1(u_1) = 0$ vorkommt. Wir haben zu untersuchen, wann ein u_1 existiert mit $F_1(u_1) = 0$, so daß die Weierstraßdaten von u_1 die in Φ gegebenen Bedingungen erfüllen. Jetzt wenden wir Lemma 8. an. Danach ist die Existenz einer Lösung der Gleichung $F_1(U) = 0$ äquivalent zu einer Formel in C_W. Wenn $r = \deg F_1$ ist, gibt es höchstens r Lösungen. Nach Lemma 7. können wir nun entscheiden, ob einige dieser Lösungen Weierstraßdaten haben, die die in Φ geforderten Bedingungen erfüllen. Nach 7. ist die Existenz solcher lösungen wieder eine Formel in C_W.

2. Fall: u_1 ist nicht in einer Gleichung enthalten, aber Φ enthält Bedingungen über die Weierstraßdaten von u_1.

Es genügt, folgendes zu beweisen:

Es seien $G_1(U), \ldots, G_s(U) \in A_X[U]$,

$P_1(X_n)=X_n^{q_1} + \sum \xi_{1,i}X_n^i, \ldots, P_s(X_n)=X_n^{q_s}+\sum \xi_{s,i}X_n^i$

Weierstraßpolynome aus $A_{X'}[X_n]$,

$Q_1(X_n)=\sum_{i=0}^{q_1-1} \mu_{1,i}X_n^i, \ldots, Q_s(X_n)=\sum_{i=0}^{q_s-1} \mu_{s,i}X_n^i$

Polynome aus $A_{X'}[X_n]$. Dann gibt es für fast jedes Koordinatensystem eine Formel Φ in C_W, die von den λ_{ij}, μ_{ij} und den Koeffizienten der G_i abhängt, so daß

$$\exists u \in A_X \quad \& \quad \left.\begin{matrix} G_1(u) = h_1 \cdot P_1 + Q_1 \\ \vdots \\ G_s(u) = h_s \cdot P_s + Q_s \end{matrix}\right\} \Longleftrightarrow \Phi$$

gilt.

Es genügt, die Existenz eines solchen u in der Klasse der Polynome in X_n vom Grad $< q_1 \cdot \ldots \cdot q_s$ zu untersuchen (wenn nämlich ein u die obige Bedingung erfüllt, dann erfüllt auch der Rest bei Division durch $P_1 \ldots P_s$ diese Bedingung). Wir machen den Ansatz

$$U = \sum_{k=0}^{N} U_k X_n^k \quad , \quad N = q_1 \cdots q_s$$

und wollen untersuchen, wann ein solches u die obige Bedingung erfüllt. Weiter können wir die $\tilde{G}_j$ durch $G_j \in A_{X'}[X_n, U]$ ersetzen, indem wir die Koeffizienten der G_j durch P_j mit Rest dividieren (diese Koeffizienten haben dann einen Grad $< q_j$ in X_n), ohne die obige Bedingung zu verändern. Dann ist wegen

$$U = \sum U_k X_n^k$$

$\tilde{G}_j$ ein Polynom in X_n, dessen Koeffizienten Polynome aus

$A_{X'}[U_o,\ldots,U_N]$ sind. Mit Hilfe des Euklidischen Algorithmus können wir $\tilde{G}_j(U)$ durch P_j dividieren. Als Rest soll $\sum \mu_{ji} X_n^i$ auftreten. Das liefert uns ein Gleichungssystem für die $U_o,\ldots,U_N$. Nun sind die Koeffizienten dieses Gleichungssystems aus $A_{X'}$, die Lösungen werden in $A_{X'}$ gesucht. Damit sind wir nach Induktionsvoraussetzung fertig.

3. Fall: Φ enthält nur die $B_{i_1 \ldots i_n}(u_1)$. Diesen Fall führt man auf die bereits behandelten zurück.

Damit ist der Satz bewiesen.

9. Korollar (Approximationssatz): Es sei $\Phi(U_1,\ldots,U_m) \in C_W$ eine Formel ohne Quantifikatoren. Es seien $\bar{u}_1,\ldots,\bar{u}_m \in k[[X]]$ gegeben, die Φ erfüllen. Dann können wir die $\bar{u}_i$ durch algebraische Potenzreihen approximieren, die Φ erfüllen, d.h. für eine vorgegebene natürliche Zahl c existieren $u_i^{(c)} \in k\langle X\rangle$, $u_i^{(c)} \equiv \bar{u}_i \bmod X^c$ und $\Phi(u_1^{(c)},\ldots,u_m^{(c)})$ ist richtig.

Beweis: Wir führen den Beweis durch Induktion über m. Dazu betrachten wir die Formel Φ über $k\langle X\rangle$. Aus dem Satz für $k\langle X\rangle$ folgt, daß für fast alle Koordinatensysteme S und alle natürlichen Zahlen λ ein $\Psi_{S,\lambda} \in C_W$ existiert, so daß $\exists_\lambda u_1 \Phi(u_1,\ldots,u_m) \Longleftrightarrow \Psi_{S,\lambda}(u_2,\ldots,u_m)$ gilt. Es ist klar, daß $\Psi_{S,\lambda}$ auch eine Formel ist, so daß

$$\exists_\lambda u_1 \Phi(u_1,\ldots,u_m) \Leftrightarrow \Psi_{S,\lambda}(u_2,\ldots,u_m)$$

für $u_i \in k[[X]]$ gilt,

da die Konstruktion im Beweis von 2. für $k\langle X\rangle$ und $k[[X]]$ dieselbe war.

Es seien nun

$$\overline{u}_1, \ldots, \overline{u}_m \in k[[X]]$$

gegeben, so daß

$$\Phi(\overline{u}_1, \ldots, \overline{u}_m)$$

gilt. Es gilt also

$$\Psi_{S,\lambda}(\overline{u}_2, \ldots, \overline{u}_m).$$

Nach Induktionsvoraussetzung können die $\overline{u}_i$, $i \geq 2$ für jedes $c \geq 0$ durch $\overline{u}_i^{(c)} \in k\langle X\rangle$ approximiert werden ($\overline{u}_i \equiv u_i^{(c)} \bmod X^c$), so daß

$$\Psi_{S,\lambda}(u_2^{(c)}, \ldots, u_m^{(c)})$$

erfüllt ist. Es existieren also $u_1^{(c)} \in k\langle X\rangle$, so daß

$$\Phi(u_1^{(c)}, \ldots, u_m^{(c)})$$

richtig ist. Wir müssen zeigen, daß die $u_1^{(c)}$ so gewählt werden können, daß sie gegen die $\overline{u}_1 \in k[[X]]$ konvergieren. Wenn u_1 in Φ in einer Gleichung

$$F_{U_2, \ldots, U_m}(U_1) = 0$$

vorkommt, so können wir ein l (als effektive Funktion von $U_2, \ldots, U_m$) finden, das durch seinen l-Jet eindeutig bestimmt ist. Wenn die $u_1^{(c)}$ nicht gegen $\overline{u}_1$ konvergieren, ändern wir die Formel $\Psi_{S,\lambda}$ etwas ab, so daß

$$\exists_\lambda u_1 \Phi(u_1, \ldots, u_m) \mathbin{\&} J_l(u_1) = J_l(\overline{u}_1) \Leftrightarrow \Psi_{1\,S,\lambda}(u_2, \ldots, u_m)$$

gilt. Nach dem zuvor benutzten ist $\Psi_{1\,S,\lambda}(\overline{u}_2, \ldots, \overline{u}_m)$ erfüllt. Nach Induktionsvoraussetzung existieren $\tilde{u}_i^{(c)} \in k\langle X\rangle$, $i \geq 2$ mit $u_i^{(c)} \equiv \overline{u}_i \bmod X^c$ und $\Psi_1(u_2^{(c)}, \ldots, u_m^{(c)})$. Es existieren also $\tilde{u}_1^{(c)}$ aus $k\langle X\rangle$, so daß

$$J_l(u_1^{(c)}) = J_l(u_1) \quad \text{und} \quad \Phi(\tilde{u}_1^{(c)}, \ldots, \tilde{u}_m^{(c)}) \text{ gilt.}$$

Da $F_{\tilde{u}_2^{(c)},\dots,\tilde{u}_m^{(c)}}(\tilde{u}_1^{(c)}) = 0$ ist und $\tilde{u}_i^{(c)} \equiv \bar{u}_i \mod X^c$ für $i \geq 2$,

folgt $F_{\bar{u}_2,\dots,\bar{u}_m}(\tilde{u}_1^{(c)}) \equiv 0 \mod X^c$.

Daraus folgt, daß die $\tilde{u}_1^{(c)}$ gegen die Lösungen von $F_{\bar{u}_2,\dots,\bar{u}_m}(U_1)=0$ konvergieren. Aus der Definition von l folgt, daß sie gegen $\bar{u}_1$ konvergieren. Damit ist das Lemma für den Fall, daß U_1 in einer Gleichung vorkommt, bewiesen.

Wenn u_1 in Φ nicht direkt in einer Gleichung enthalten ist, dann können Weierstraßdaten von u_1, bzw. deren $B_{i_1\dots i_n}$ in Φ enthalten sein und Φ kann Bedingungen über die Ordnung einiger dieser Reihen enthalten. Bedingungen über die Ordnung lassen sich natürlich approximieren. Wenn U_1 nur durch die $B_{i_1\dots i_n}$ in Φ vorkommt, können wir analog zum Beweis von Lemma 2.1.2. zu einer zu Φ äquivalenten Formel übergehen, in der U_1 in einer Gleichung oder durch die Weierstraßdaten vorkommt.

Wir müssen also noch überlegen, wie man die $\bar{u}_i$ in Φ approximieren kann, wenn nur Weierstraßdaten von $\bar{u}_1$ in Φ vorkommen. Zunächst können wir uns durch Induktion über n auf Weierstraßdaten erster Ordnung beschränken, d.h. U_1 ist in Φ durch

$$F_i(U_1) \equiv \sum_{j < p_i} \xi_{ij}(X')X_n^j \mod \Big(X_n^{M} + \sum_{j < p_i} a_{ij}(X')X_n^j\Big),$$

$i = 1,\dots,N$, enthalten. Da $\Phi(\bar{u}_1,\dots,\bar{u}_m)$ gilt, gibt es Potenzreihen $\bar{a}_{ij}$, $\bar{\xi}_{ij} \in k[[X']]$, so daß

$$F_i(\bar{u}_1) \equiv \sum_{j < p_i} \bar{\xi}_{ij}(X')X_n^j \mod \Big(X_n^{p_i} + \sum_{j<p_i} \bar{a}_{ij}(X')X_n^j\Big)$$

ist. Es sei nun

$$\bar{u}_1 = \sum_{i=0}^{p_1\cdot\ldots\cdot p_N^{-1}-1} \bar{w}_i(X')X_n^i + \bar{q}\prod_{i=1}^{N} (X_n^{p_i} + \sum \bar{a}_{ij}(X')X_n^j)$$

mit $\bar{q} \in k[[X]]_-$ und $\bar{w}_i \in k[[X']]$; damit ist $\bar{u}_1$ in $\bar{\Phi}$ durch die $\bar{w}_i$, $\bar{a}_{ij}$ und ξ_{ij} aus $k[[X']]$ enthalten. Also gilt

$$\exists\, \bar{u}_1\, \bar{\Phi}(\bar{u}_1,\ldots,\bar{u}_m) \Leftrightarrow \exists\, \bar{w}_i\, \exists\, \bar{a}_{ij}\, \exists\, \xi_{ij}\; \bar{u}_1 = \ldots\ \&\ \bar{\Phi}(\bar{u}_1,\ldots,\bar{u}_m).$$

Wir können jetzt induktiv über n schließen, indem wir annehmen, daß Reihen in X', die in $\bar{\Phi}$ vorkommen, approximiert werden können: Nun galt über $k\langle X\rangle$ $\exists_\lambda u_1\, \bar{\Phi}(u_1) \Leftrightarrow \Psi_{S,\lambda}$ und $\Psi_{S,\lambda}(\bar{u}_2,\ldots,\bar{u}_m)$. Induktiv über die Anzahl m der u_i haben wir $u_2^{(c)},\ldots,u_m^{(c)}$ gefunden, die $\bar{u}_i$ approximieren und $\Psi_{S,\lambda}(u_2^{(c)},\ldots,u_m^{(c)})$ erfüllen, d.h. es gilt $\exists_\lambda u_1^{(c)} \in k\langle X\rangle$ und $\bar{\Phi}(u_1^{(c)},\ldots,u_m^{(c)})$ gilt. Damit können wir nach Induktionsvoraussetzung annehmen, daß die $w_i^{(c)}$ und die $a_{ij}^{(c)}$, durch die $u_1^{(c)}$ in $\bar{\Phi}$ vorkommt, so gewählt werden können, daß sie die $\bar{w}_i$, die ξ_{ij} und $\bar{a}_{ij}$ mod X'^c approximieren. Nun setzen wir

$$u_1^{(c)} = q^{(c)} \prod (X_n^{p_i} + \sum a_{ij}^{(c)}(X')X_n^j) + \sum w_i^{(c)}(X')X_n^i ,$$

wobei $q^{(c)} = J_c(\bar{q})$ ist. Damit erhalten wir eine algebraische Potenzreihe $u_1^{(c)}$, so daß $\bar{\Phi}(u_1^{(c)},\ldots,u_m^{(c)})$ gilt und $u_1^{(c)} \equiv \bar{u}_1$ mod X^c ist. Damit ist Korollar 9. bewiesen.

Kapitel II

Die strenge Approximationseigenschaft lokaler Ringe

1. Problemstellung

Sei A ein lokaler noetherscher Ring, $\underline{m}$ das Maximalideal von A und $\hat{A}$ die Komplettierung von A. In diesem Kapitel folgen wir einer Idee von M. Artin, die er auf dem internationalen Mathematikkongreß 1970 in Nice vorgetragen hat, Ringe mit folgender Eigenschaft zu untersuchen:

1.1. Definition: A ist ein Ring mit strenger Approximationseigenschaft, wenn folgendes gilt:

Seien $Y = (Y_1,\ldots,Y_N)$ einige Variable, $f = (f_1,\ldots,f_m)$ ein System von Polynomen aus $A[Y]$. Dann gibt es eine Funktion $\mathcal{V}: \mathbb{N} \to \mathbb{N}$ ($\mathbb{N}$ bezeichnet die Menge der natürlichen Zahlen) mit der folgenden Eigenschaft:

Wenn für ein $\bar{y} = (\bar{y}_1,\ldots,\bar{y}_N)$ aus A^N und ein $c \in \mathbb{N}$

$$f(\bar{y}) \equiv 0 \mod \underline{m}^{\mathcal{V}(c)}$$

ist, dann existiert ein $y = (y_1,\ldots,y_N)$ aus A^N mit

$$f(y) = 0 \quad \text{und} \quad y \equiv \bar{y} \mod \underline{m}^c .$$

Wenn A ein Ring mit strenger Approximationseigenschaft ist, wollen wir kurz $A \in$ SAE schreiben, bzw. A einen SAE-Ring nennen.

M. Artin konnte in [7] zeigen, daß die Henselisierung eines Polynomenringes über einem Körper in einem Maximalideal ein SAE-Ring ist. Wenn A ein henselscher exzellenter diskreter Bewertungsring ist, folgt aus Resultaten von M. Greenberg [14],

daß A $\in$ SAE ist. Darauf begründete sich die Vermutung von M. Artin (vgl. Construction techniques for algebraic spaces, Actes Congrès intern. math. 419-423 (1970)), daß die Henselisierung eines Polynomenringes über einem exzellenten diskreten Bewertungsring in einem Maximalideal ein SAE-Ring ist. Dieses Problem konnte von einem der Autoren gelöst werden (vgl. [34]).
Diese Resultate zeigten, daß viele der bekannten Beispiele für Ringe mit Approximationseigenschaft (vgl. Kapitel I) auch Ringe mit strenger Approximationseigenschaft sind, und gaben Anlaß zu der Vermutung

$$A \in AE \ \underline{\text{genau dann, wenn}} \ A \in SAE .$$

Diese Vermutung wollen wir in diesem Kapitel beweisen. Aus der Definition der Approximationseigenschaft (vgl. Kapitel I) folgt sofort, daß eine Richtung trivial ist: Ein lokaler Ring mit strenger Approximationseigenschaft hat stets die Approximationseigenschaft.
Durch die Äquivalenz von AE und SAE erhalten wir eine große Klasse von Beispielen von Ringen mit SAE:

- komplette lokale Ringe
- Henselisierungen von Ringen von endlichem Typ über einem Körper oder exzellenten diskreten Bewertungsring in einem Maximalideal
- analytische Algebren über einem bewerteten Körper der Charakteristik 0 oder einem vollständig bewerteten Körper der Charakteristik t mit $[K:K^t] < \infty$

Alle diese Ringe sind WI-Ringe und haben deshalb die Approxima-

tionseigenschaft (Kapitel I).
Wir wollen nun zunächst zeigen, daß die strenge Approximationseigenschaft mit der Restklassenbildung nach einem Ideal verträglich ist, und damit das Problem auf die Untersuchung regulärer lokaler Ringe reduzieren.

1.2. <u>Satz</u>: <u>Sei</u> $A \in$ SAE <u>und sei</u> B <u>eine lokale endliche</u> A-<u>Algebra</u>, <u>dann ist</u> $B \in$ SAE.

<u>Bemerkung</u>: Aus diesem Satz folgt insbesondere, daß jeder Restklassenring eines SAE-Ringes ein SAE-Ring ist.

<u>Beweis von Satz 1.2.</u>:
Sei $w_1,\ldots,w_s$ ein Erzeugendensystem für den A-Modul B und sei $z_1,\ldots,z_t$ ein Erzeugendensystem für den Modul der Relationen zwischen $w_1,\ldots,w_s$ ($z_i \in A^s$, d.h. wir betrachten den freien Modul A^s als Spaltenmodul und die folgende Abbildung $A^s \longrightarrow B$

$$\begin{pmatrix} 0 \\ \vdots \\ 1 \\ \vdots \\ 0 \end{pmatrix} \text{i-te Zeile} \longmapsto w_i$$, und die $z_1,\ldots,z_t$ erzeugen den Kern dieser Abbildung). Sei l eine natürliche Zahl mit $\mathfrak{m}_B^l \subseteq \mathfrak{m}_A B \subseteq \mathfrak{m}_B$.
Wenn nun $f = (f_1,\ldots,f_m)$ ein System von Polynomen aus $B[Y_1,\ldots,Y_N]$ ist, führen wir, um nach A absteigen zu können, neue Variable ein:
$(Y_{ij})_{\substack{i=1,\ldots,N \\ j=1,\ldots,s}}$, $(L_{ik})_{\substack{i=1,\ldots,n \\ k=1,\ldots,t}}$; wir setzen

$Y_i = Y_{i1}w_1 + \ldots + Y_{is}w_s$ und erhalten

$$f_i(Y_1,\ldots,Y_N) = f_{i1}(Y_{11},\ldots,Y_{Ns})w_1 + \ldots + f_{is}(Y_{11},\ldots,Y_{Ns})w_s$$

mit $f_{ij} \in A[Y_{11},\ldots,Y_{Ns}]$. Nun betrachten wir über A das folgende System von Polynomen:

$$\begin{pmatrix} f_{i1} \\ \vdots \\ f_{is} \end{pmatrix} - L_{i1}z_1 - \dots - L_{it}z_t =: G_i \ , \ G_i \in A[(Y_{ij}),(L_{ij})]^s \ .$$

Sei ϑ_o die diesem System wegen der SAE-Eigenschaft zugeordnete Funktion, dann ist $\vartheta = 1 \cdot \vartheta_o$ die gesuchte Funktion für f .
Sei nämlich $f(\bar{y}) \equiv 0 \bmod \underline{m}_B^{\vartheta(c)}$ für ein $\bar{y} \in B^N$, $\bar{y} = (\bar{y}_1,\dots,\bar{y}_N)$.
Nach Definition von ϑ und 1 ist dann $f(\bar{y}) \equiv 0 \bmod \underline{m}_A^{\vartheta_o(c)} B$.
Somit ist, wenn $\bar{y}_i = \bar{y}_{i1}w_1 + \dots + \bar{y}_{is}w_s$ ist,
$f_i(\bar{y}) = f_{i1}((\bar{y}_{ij}))w_1 + \dots + f_{is}((\bar{y}_{ij}))w_s = m_{i1}w_1 + \dots + m_{is}w_s$
mit $m_{ij} \in \underline{m}_A^{\vartheta_o(c)}$. Damit ist aber für geeignete $(\bar{l}_{ij})$
$G_k((\bar{y}_{ij}),(\bar{l}_{ij})) \equiv 0 \bmod \underline{m}_A^{\vartheta_o(c)}$. Aus der SAE-Eigenschaft von A (Wahl von ϑ_o) folgt, daß (y_{ij}) und (l_{ij}) aus A existieren mit

$G_k((y_{ij}),(l_{ij})) = 0$ für alle k und $y_{ij} \equiv \bar{y}_{ij} \bmod \underline{m}_A^c$.
Wir setzen $y_i = y_{i1}w_1 + \dots + y_{is}w_s$ und $y = (y_1,\dots,y_N)$.
Dann ist $f(y) = 0$. Das folgt unmittelbar aus der Wahl der z_i als Erzeugende des Moduls der Relationen zwischen den w_i und der Tatsache, daß

$$\begin{pmatrix} f_{i1} \\ \vdots \\ f_{is} \end{pmatrix}((y_{ij})) = l_{i1}z_1 + \dots + l_{it}z_t \quad \text{ist.}$$

Damit ist Satz 1.2. bewiesen.

1.3. Korollar: Wenn jeder komplette reguläre lokale Ring der Charakteristik 0 die strenge Approximationseigenschaft hat, dann gilt:
Ein lokaler Ring A hat die Approximationseigenschaft genau dann, wenn A die strenge Approximationseigenschaft hat.

<u>Beweis</u>: Sei $A \in AE$; um zu zeigen, daß $A \in SAE$ ist, genügt es offenbar zu zeigen, daß die Komplettierung $\hat{A}$ von A ein SAE-Ring ist. Nun ist nach dem Struktursatz von Cohen für komplette lokale Ringe (vgl. [15] IV,1) $\hat{A}$ Quotient eines Ringes der Form $R[[T_1,\ldots,T_n]]$, R ein kompletter diskreter Bewertungsring der Charakteristik 0. Nach Voraussetzung ist $R[[T_1,\ldots,T_n]] \in SAE$. Damit ist nach Satz 1.2. $\hat{A} \in SAE$ und somit A ein SAE-Ring. Damit ist das Korollar bewiesen.

Wir haben also gesehen, daß es für den Beweis der Äquivalenz von AE und SAE genügt zu zeigen, daß für jeden kompletten diskreten Bewertungsring der Charakteristik 0 der Ring $R[[T_1,\ldots,T_n]] \in SAE$ ist. Dazu beweisen wir allgemeiner das folgende Theorem:

1.4. <u>Theorem: Sei</u> R <u>ein kompletter diskreter Bewertungsring der Charakteristik 0 und dem Primelement</u> p. <u>Seien</u> $T = (T_1,\ldots,T_n)$ <u>einige Unbestimmte</u>, $Y = (Y_1,\ldots,Y_N)$, $X = (X_1,\ldots,X_{N'})$ <u>einige Variable und sei</u> $\underline{m}$ <u>das von</u> p <u>und</u> $T_1,\ldots,T_n$ <u>in</u> $R[[T]]$ <u>erzeugte Maximalideal</u>.

<u>Dann gibt es für jedes Ideal</u> $\underline{a} \subseteq R[[T,Y]][X]$ <u>eine Funktion</u> $\vartheta: \mathbb{N} \longrightarrow \mathbb{N}$ <u>mit den folgenden Eigenschaften</u>:

(1) ϑ <u>ist monoton steigend und es ist</u> $\vartheta(n) \geq n$ <u>für alle</u> $n \in \mathbb{N}$;

(2) <u>wenn für ein</u> $\bar{y} \in \underline{m}R[[T]]^N$, $\bar{x} \in R[[T]]^{N'}$ <u>und ein</u> $c \in \mathbb{N}$ $\underline{a}(\bar{y},\bar{x}) \equiv 0 \bmod \underline{m}^{\vartheta(c)}$ <u>ist, dann existieren</u> $y \in \underline{m}R[[T]]^N$, $x \in R[[T]]^{N'}$, <u>so daß</u> $\underline{a}(y,x) = 0$ <u>ist und</u> $y \equiv \bar{y} \bmod \underline{m}^c$, $x \equiv \bar{x} \bmod \underline{m}^c$. [1])

1.5. Definition: Mit den Bezeichnungen von 1.4. sei $\underline{a} \subseteq R[[T,Y]][X]$ ein Ideal. Eine Funktion $\vartheta: \mathbb{N} \longrightarrow \mathbb{N}$ mit den Eigenschaften (1) und (2) von 1.4. wollen wir eine SAE-Funktion von $\underline{a}$ nennen.

Der Beweis dieses Theorems folgt einer Idee von M. Artin (vgl. [7]) unter Benutzung einer Verallgemeinerung von Neron's "p-Desingularisierung" (vgl. [34]) und wurde in [25] publiziert. Wir haben diesen Beweis überarbeitet und vereinfacht.
Für den Fall kompletter lokaler Ringe gleicher Charakteristik wurde mit etwas anderen Mitteln von M. van der Put (vgl. [40]) das gleiche Resultat erzielt. J.J. Wavrik hat in [49] unabhängig davon gezeigt, daß komplette lokale Ringe über dem Körper der komplexen Zahlen SAE-Ringe sind.

==

[1]) Unter $\underline{a}(\bar{y},\bar{x}) \equiv 0 \mod \underline{m}^c$ verstehen wir hier üblicherweise, daß für jedes $f(Y,X) \in \underline{a}$ $f(\bar{y},\bar{x}) \in \underline{m}^c$ ist.
$\underline{m}R[[T]]^N$ ist das N-fache direkte Produkt von $\underline{m}R[[T]]$.
$y \equiv \bar{y} \mod \underline{m}^c$ bedeutet, daß die einzelnen Komponenten kongruent sind.

2. Beweis von Theorem 1.4.

Es sei R ein kompletter diskreter Bewertungsring der Charakteristik 0, $p \in R$ ein Primelement und $A_n = R[[T_1,\dots,T_n]]$. Mit $(SAE)_n$ bezeichnen wir die Aussage von Theorem 1.4. für Gleichungen über dem Ring $A = A_n$. Ferner bezeichne I_n bzw. II_n die Gültigkeit der folgenden Sätze 2.1. bzw. 2.2. für den Ring $A = A_n$.

2.1. Satz: Zu jeder Folge $f = (f_1,\dots,f_r)$ von Potenzreihen aus $A[[Y]][X]$ mit $r \leq N + N'$ (N Anzahl der Y, N' Anzahl der X) und jedem $(r \times r)$-Minor M der Jacobischen Matrix $(\partial f_i/\partial Y_j, \partial f_i/\partial X_k)$ gibt es eine Funktion $\mu: \mathbb{N} \times \mathbb{N} \to \mathbb{N}$ mit folgenden Eigenschaften:

(1) $\mu(c,d) \geq \max(c,d)$ und μ ist in beiden Variablen monoton steigend;

(2) wenn $(\bar{y},\bar{x}) \in \underline{m}A^N \times A^{N'}$, so daß $f(\bar{y},\bar{x}) \equiv 0 \bmod (T^{\mu(c,\delta)})$ ist und $M(\bar{y},\bar{x}) \not\equiv 0 \bmod (p,T^{\delta})$, so gibt es ein Tupel $(y,x) \in \underline{m}A^N \times A^{N'}$, so daß $f(y,x) = 0$ ist und $(y,x) \equiv (\bar{y},\bar{x}) \bmod \underline{m}^c$.

2.2. Satz: Zu jeder Folge $f = (f_1,\dots,f_m)$ von Potenzreihen aus $A[[Y]][X]$ und jeder Potenzreihe $g \in A[[Y]][X]$ gibt es eine Funktion $\sigma: \mathbb{N} \times \mathbb{N} \to \mathbb{N}$ mit folgenden Eigenschaften:

(1) $\sigma(c,d) \geq c \cdot d$ und σ ist monoton steigend;

(2) wenn $(\bar{y},\bar{x}) \in \underline{m}A^N \times A^{N'}$, so daß $f(\bar{y},\bar{x}) \equiv 0 \bmod (g(\bar{y},\bar{x}), T^{\sigma(c,d)})$ ist und $g(\bar{y},\bar{x}) \not\equiv 0 \bmod (p,T^d)$, so gibt es ein Tupel $(y,x) \in \underline{m}A^N \times A^{N'}$ mit $f(y,x) \equiv 0 \bmod (g(y,x))$ und $(y,x) \equiv (\bar{y},\bar{x}) \bmod \underline{m}^c$.

Der Beweis von Theorem 1.4. geschieht durch Induktion nach folgendem Schema:

$(SAE)_{n-1} \Rightarrow II_n \Rightarrow I_n \Rightarrow (SAE)_n$

1. <u>Schritt</u>: <u>Vorbereitungen</u>

Wir zeigen, daß es genügt, SAE-Funktionen für Primideale $\underline{a} \subset A[[Y]][X]$ mit $\underline{a} \cap A[[Y]] = 0$ zu konstruieren, so daß für jedes größere Ideal bereits SAE-Funktionen existieren.

Wenn $\underline{a} \cap A[[Y]] = 0$ ist, dann sagen wir, $\underline{a}$ sei <u>polynomial definiert</u>.

Wir verwenden die Bezeichnungen von 1.4. und wollen abweichend von 1.4. für diesen Teilabschnitt zulassen, daß R ein Körper oder ein kompletter diskreter Bewertungsring mit Primelement p ist.

2.3. <u>Lemma</u>: <u>Sei $\underline{a} \subseteq A[[Y]][X]$ ein Ideal, ϑ eine SAE-Funktion für $\underline{a}$. Sei weiterhin φ ein R-Automorphismus von $A[[Y]][X]$ mit folgenden Eigenschaften</u>:

(1) $\varphi(A[[Y]]) = A[[Y]]$,

(2) $\varphi|A[[Y]] \equiv id_{A[[Y]]} \mod (\underline{m},Y)^2$.

<u>Dann ist ϑ auch eine SAE-Funktion für $\varphi(\underline{a})$</u> .

<u>Beweis</u>: Sei ϑ eine SAE-Funktion für $\underline{a}$. Seien $\bar{y} \in \underline{m}A^N$, $\bar{x} \in A^{N'}$ gegeben mit $\varphi(\underline{a})(\bar{y},\bar{x}) \equiv 0 \mod \underline{m}^{\vartheta(c)}$ für ein $c \in \mathbb{N}$. Wenn wir mit $\delta: A[[Y]][X] \to A$ den durch $\delta(Y_i) = \bar{y}_i$, $\delta(X_i) = \bar{x}_i$ definierten A-Homomorphismus bezeichnen (die $\bar{x}_i$ bzw. $\bar{y}_i$ sind dabei die Komponennten von $\bar{x}$ bzw. $\bar{y}$), dann wird $\underline{a}$ durch $\delta \circ \varphi$ in $\underline{m}^{\vartheta(c)}$ abgebildet. $\delta \circ \varphi$ ist aber im allgemeinen kein A-Homomorphismus. Aus den Voraussetzungen (1) und (2) über folgt jedoch, daß $\delta \circ \varphi|A$ ein R-Automorphismus von A ist. Sei ψ

der zu $\delta\circ\varphi|A$ inverse R-Automorphismus von A. Dann ist $\psi\circ\delta\circ\varphi$ ein A-Homomorphismus von $A[[Y]][X]$ in A, der $\underline{a}$ in $\underline{m}^{\vartheta(c)}$ abbildet, d.h. für $\bar{\bar{y}}_i = \psi\circ\delta\circ\varphi(Y_i)$ und $\bar{\bar{x}}_i = \psi\circ\delta\circ\varphi(X_i)$ und $\bar{\bar{x}} = (\bar{\bar{x}}_1,\dots,\bar{\bar{x}}_{N'})$, $\bar{\bar{y}} = (\bar{\bar{y}}_1,\dots,\bar{\bar{y}}_N)$ ist $\underline{a}(\bar{\bar{y}},\bar{\bar{x}}) \equiv 0 \bmod \underline{m}^{\vartheta(c)}$.
Nach Voraussetzung ist aber ϑ eine SAE-Funktion für $\underline{a}$. Es existieren also $\tilde{y} \in \underline{m}A^N$, $\tilde{x} \in A^{N'}$, so daß $\underline{a}(\tilde{y},\tilde{x}) = 0$ ist und $\tilde{y} \equiv \bar{\bar{y}} \bmod \underline{m}^c$, $\tilde{x} \equiv \bar{\bar{x}} \bmod \underline{m}^c$.
Wir schließen nun analog zurück.
Sei $\delta': A[[Y]][X] \longrightarrow A$ der durch $\delta'(Y_i) = \tilde{y}_i$, $\delta'(X_i) = \tilde{x}_i$ definierte A-Homomorphismus ($\tilde{x}_i$ bzw. $\tilde{y}_i$ sind dabei die Komponenten von $\tilde{x}$ bzw. $\tilde{y}$). Dann ist $\underline{a} \subseteq \operatorname{Kern} \delta'$. Damit ist $\varphi(\underline{a}) \subseteq \operatorname{Kern} \delta'\circ\varphi^{-1}$. $\delta'\circ\varphi^{-1}$ ist aber im allgemeinen kein A-Homomorphismus. Aus den Voraussetzungen (1) und (2) über φ folgt jedoch, daß $\delta'\circ\varphi^{-1}|A$ ein R-Automorphismus von A ist.
Sei ψ' der zu $\delta'\circ\varphi^{-1}|A$ inverse R-Automorphismus. Dann ist $\psi'\circ\delta'\circ\varphi^{-1}$ ein A-Homorphismus und $\varphi(\underline{a}) \subseteq \operatorname{Kern} \psi'\circ\delta'\circ\varphi^{-1}$, d.h. für $y_i = \psi'\circ\delta'\circ\varphi^{-1}(Y_i)$, $y = (y_1,\dots,y_N)$ und $x_i = \psi'\circ\delta'\circ\varphi^{-1}(X_i)$, $x = (x_1,\dots,x_{N'})$ ist $\varphi(\underline{a})(y,x) = 0$.
Wir müssen nun noch zeigen, daß $y_i \equiv \bar{y}_i \bmod \underline{m}^c$ und $x_i \equiv \bar{x}_i \bmod \underline{m}^c$ ist.
Nun $\operatorname{Im}(\delta' - \psi\circ\delta\circ\varphi) \subseteq \underline{m}^c$, denn δ' und $\psi\circ\delta\circ\varphi$ sind A- Homomorphismen und es gilt:

- $\delta'(Y_i) = \tilde{y}_i$, $\tilde{y}_i \equiv \bar{\bar{y}}_i \bmod \underline{m}^c$, $\bar{\bar{y}}_i = \psi\circ\delta\circ\varphi(Y_i)$
- $\delta'(X_i) = \tilde{x}_i$, $\tilde{x}_i \equiv \bar{\bar{x}}_i \bmod \underline{m}^c$, $\bar{\bar{x}}_i = \psi\circ\delta\circ\varphi(X_i)$

für alle i.
Daraus folgt, daß $\psi'\circ\delta'\circ\varphi^{-1}(Y_i) \equiv \psi'\circ\psi\circ\delta(Y_i) \bmod \underline{m}^c$ ist für alle i, d.h. nach Definition von y_i ist $y_i \equiv \psi'\circ\psi(\bar{y}_i) \bmod \underline{m}^c$.
Analog folgert man, daß $x_i \equiv \psi'\circ\psi(\bar{x}_i) \bmod \underline{m}^c$ ist.

Es bleibt noch zu zeigen, daß $\psi'\circ\psi \equiv id_A$ mod $\underline{m}^c$ ist.
Nun ist aber nach Definition $\psi'^{-1} = \delta'\circ\varphi^{-1}|A$. Oben haben wir gezeigt, daß $\delta' \equiv \psi\circ\delta\circ\varphi$ mod $\underline{m}^c$ ist. Daraus folgt jetzt, daß $\psi'^{-1} \equiv \psi\circ\delta|A$ mod $\underline{m}^c$ ist. Da δ ein A-Homomorphismus ist, erhalten wir schließlich $\psi'^{-1} \equiv \psi$ mod $\underline{m}^c$.
Daraus folgt, daß $x \equiv \bar{x}$ mod $\underline{m}^c$ und $y \equiv \bar{y}$ mod $\underline{m}^c$ ist.
Das Lemma 2.3. ist damit bewiesen.

2.4. Lemma: Sei $\underline{a} \subseteq A[[Y]][X]$ ein Ideal mit $\underline{a} \cap A[[Y]] \neq 0$.
Wenn R ein diskreter Bewertungsring ist, setzen wir zusätzlich voraus, daß $\underline{a}$ ein Primideal ist mit $\underline{a} \cap R = 0$.
Dann gibt es einen R-Automorphismus φ von $A[[Y]][X]$ mit folgenden Eigenschaften:

(1) $\varphi(X_i) = X_i$ für alle i, $\varphi(Y_N) = Y_N$,

(2) $\varphi(Y_i) = Y_i + Y_N^{e_i}$, $e_i \geq 2$, für alle $i < N$,

(3) $\varphi(T_i) = T_i + Y_N^{b_i}$, $b_i \geq 2$, für alle i ,

(4) $\varphi(\underline{a})$ hat ein Erzeugendensystem aus $A[[Y_1,\ldots,Y_{N-1}]][Y_N,X]$,

(5) $ht(\varphi(\underline{a}) \cap A[[Y_1,\ldots,Y_{N-1}]]) = ht(\underline{a}) - 1$.

Beweis: Wir wählen ein von Null verschiedenes Element $g \in \underline{a} \cap A[[Y]]$, das im Falle eines diskreten Bewertungsringes R nicht durch p teilbar ist (ein solches Element existiert, da in diesem Fall $\underline{a}$ ein Primideal ist mit $\underline{a} \cap R = 0$). Wenn g nicht Y_N-allgemein ist, d.h. $g(0,\ldots,0,Y_N) = 0$, kann man natürliche Zahlen $e_1,\ldots,e_{N-1}$, $b_1,\ldots,b_n$ finden, $e_i \geq 2$ und $b_j \geq 2$ für alle i,j , so daß der durch $Y_i \longmapsto Y_i + Y_N^{e_i}$ für $i = 1,\ldots,N-1$, $Y_N \longmapsto Y_N$ und $T_i \longmapsto T_i + Y_N^{b_i}$ für $i = 1,\ldots,n$ definierte R-Automorphismus φ_o von $A[[Y]]$ das Element g in ein Y_N-allgemeines Element überführt, d.h. $\varphi_o(g)(0,\dots,0,Y_N) \neq 0$ (vgl. O. Zariski, P. Samuel, Commutative Algebra II, New York 1960).

Aus dem Weierstraßschen Vorbereitungssatz folgt nun, daß $\varphi_o(g) = \bar{h}\cdot(Y_N^r + g_{r-1}Y_N^{r-1} + \dots + g_o)$ ist, wobei $\bar{h} \in A[[Y]]$ eine Einheit ist und die $g_i \in A[[Y_1,\dots,Y_{N-1}]]$ Nichteinheiten, d.h. $A[[Y]]/\varphi_o(g)$ ist ganz und endlich über $A[[Y_1,\dots,Y_{N-1}]]$.
Wir definieren nun $\varphi : A[[Y]][X] \longrightarrow A[[Y]][X]$ durch
$\varphi|A[[Y]] = \varphi_o$ und $\varphi(X_i) = X_i$.
Mit Hilfe des Weierstraßschen Vorbereitungssatzes kann man nun ein gegebenes Erzeugendensystem von $\varphi(\underline{a})$ durch $\bar{h}^{-1}\varphi(g)$ so abändern, daß man ein Erzeugendensystem für $\varphi(\underline{a})$ aus $A[[Y_1,\dots,Y_{N-1}]][Y_N,X]$ erhält.
(5) gilt, da $A[[Y]]/\varphi(g)$ ganz und endlich über $A[[Y_1,\dots,Y_{N-1}]]$ ist (vgl. [22]). Damit ist der Hilfssatz bewiesen.

2.5. Lemma: Sind $\underline{a}$, $\underline{b}$, $\underline{c} \subseteq A[[Y]][X]$ Ideale und $\underline{b}\cdot\underline{c} \subseteq \underline{a} \subseteq \underline{b} \cap \underline{c}$, so gilt:
Sind ϑ_1, ϑ_2 SAE-Funktionen für $\underline{b}$ bzw. $\underline{c}$, so ist $\vartheta = \vartheta_1 + \vartheta_2$ eine SAE-Funktion für $\underline{a}$.

Beweis: Wenn $\underline{a}(\bar{y},\bar{x}) \equiv 0 \bmod \underline{m}^{\vartheta_1(c)+\vartheta_2(c)}$ ist, ist $\underline{b}(\bar{y},\bar{x}) \equiv 0 \bmod \underline{m}^{\vartheta_1(c)}$ oder $\underline{c}(\bar{y},\bar{x}) \equiv 0 \bmod \underline{m}^{\vartheta_2(c)}$, also gibt es Tupel (y,x) mit $(\underline{b} \cap \underline{c})(y,x) = 0$ und $(y,x) \equiv (\bar{y},\bar{x}) \bmod \underline{m}^c$; damit ist $\underline{a}(y,x) = 0$.

2.6. Lemma: Ist $\underline{a} \subseteq A[[Y]][X]$ ein Ideal und $0 \neq f \in A \cap \underline{a}$, $\vartheta(c) = \max(c, \mathrm{ord}(f) + 1)$, dann ist ϑ eine SAE-Funktion für $\underline{a}$.

Beweis: Es ist $\underline{a}(\bar{y},\bar{x}) \not\equiv 0 \bmod \underline{m}^{\mathrm{ord}(f)+1}$ für alle Tupel $(\bar{y},\bar{x})$ aus $\underline{m}A^N \times A^{N'}$.

Falls nun $(SAE)_n$ nicht richtig ist, so gibt es einen Ring $A[[Y]][X]$ (mit $A = A_n$) und ein Ideal $\underline{b} \subset A[[Y]][X]$, für das keine SAE-Funktion existiert. Wir können ein größtes Ideal mit dieser Eigenschaft wählen, sagen wir $\underline{a}$.
Nach 2.5. ist $\underline{a}$ ein Primideal und nach 2.6. ist $\underline{a} \cap A = 0$.
Außerdem folgt nach 2.3. und wiederholter Anwendung von 2.4., daß man annehmen kann, daß es ein $s \leq N$ gibt, so daß $\underline{a} \cap A[[Y_1,\ldots,Y_s]] = 0$ ist und $\underline{a}$ durch Elemente aus $A[[Y_1,\ldots,Y_s]][Y_{s+1},\ldots,Y_N,X]$ erzeugt wird.

Wir haben damit gezeigt, daß <u>es genügt, den Satz 1.4. für Primideale</u> $\underline{a} \subset A[[Y]][X]$ <u>mit</u> $\underline{a} \cap A[[Y]] = 0$ <u>(d.h. polynomial definierte Primideale) zu beweisen.</u>

Später benötigen wir noch folgenden Hilfssatz

2.7. <u>Lemma</u>: <u>Ist</u> B <u>ein regulärer noetherscher Ring</u>, $\underline{q} \subset B$ <u>ein Primideal</u>, $f_1,\ldots,f_r \in \underline{q}$ <u>und sind</u> $D_1,\ldots,D_r$ <u>Derivationen von</u> B, <u>so daß</u> $M =: \det(D_i f_j) \notin \underline{q}$ <u>ist, dann ist der lokale Ring</u> $B_{\underline{q}}/(f_1,\ldots,f_r)B_{\underline{q}}$ <u>regulär von der Dimension</u> $ht(\underline{q}) - r$.

<u>Beweis (nach Matsusaka)</u>: Ist $k = k(\underline{q})$ der Restklassenkörper in $\underline{q}$, so induziert die Abbildung $f \mapsto (D_1 f,\ldots,D_r f) \bmod \underline{q}$ eine k-lineare Abbildung $(f_1,\ldots,f_r)B_{\underline{q}} + \underline{q}^2 B_{\underline{q}}/\underline{q}^2 B_{\underline{q}} \longrightarrow k^r$, die wegen $M \notin \underline{q}$ injektiv ist. Daher gehören $f_1,\ldots,f_r$ einem regulären Parametersystem von $B_{\underline{q}}$ an, q.e.d.

2.8. <u>Korollar</u>: <u>Mit den Bezeichnungen von 2.7. gilt</u>:
<u>Wenn</u> $ht(\underline{q}) = r$, <u>so gibt es eine natürliche Zahl</u> d <u>mit</u> $M^d \in \underline{q} + (f_1,\ldots,f_r):\underline{q}^v$ <u>für alle genügend große</u> $v \in \mathbb{N}$.

Beweis: Es sei $(f_1,\dots,f_r) =: \underline{a}$ und $\underline{b} := \underline{a}:\underline{q}^v = \underline{a}:\underline{q}^{v+1} = \dots$ für ein genügend großes v. Ist $\underline{p}$ ein Primideal und $\underline{q}+\underline{b} \subseteq \underline{p}$, so müssen wir zeigen, daß $M \in \underline{p}$ ist. Wäre $M \notin \underline{p}$, so wäre $\underline{a}B_{\underline{p}} = \underline{q}B_{\underline{p}}$, also $\underline{b}B_{\underline{p}} = B_{\underline{p}}$, d.h. $\underline{b} \not\subseteq \underline{p}$. Das ist ein Widerspruch und damit ist das Korollar bewiesen.

2. Schritt: Beweis von $(SAE)_0$

Dieser Fall geht für Polynomengleichungssysteme auf Greenberg (vgl. [11]) zurück.

Es sei $\underline{a} \subseteq R[[Y]][X]$ ein Primideal und $\underline{a} \cap R[[Y]] = 0$; für jedes größere Ideal gebe es eine SAE-Funktion.

Sei $ht(\underline{a}) = r$. Da $Q(R[[Y]])$ die Charakteristik 0 hat, gibt es Elemente $g_1,\dots,g_r \in \underline{a}$ und einen $(r \times r)$-Minor M der Jacobischen Matrix $\partial(g_1,\dots,g_r)/\partial(X)$ mit $M \notin \underline{a}$.

Es sei ϑ_1 eine SAE-Funktion für das Ideal $\underline{a} + (M)$ und $d \geq 1$ eine natürliche Zahl, so daß $M^d \in \underline{a} + (g_1,\dots,g_r):\underline{a}^v$ ist (Korollar 2.8.).

Wir setzen $\vartheta(c) = (2 + d)\,\vartheta_1(c)$ und zeigen, daß ϑ eine SAE-Funktion für $\underline{a}$ ist.

Es sei $(\bar{y},\bar{x}) \in pR^N \times R^{N'}$ und $\underline{a}(\bar{y},\bar{x}) \equiv 0 \mod p^{\vartheta(c)}$.

Dann können zwei Fälle eintreten:

(A) $M(\bar{y},\bar{x}) \equiv 0 \mod p^{\vartheta_1(c)}$

In diesem Fall ist dann $(\underline{a} + (M))(\bar{y},\bar{x}) \equiv 0 \mod p^{\vartheta_1(c)}$ und nach Definition von ϑ_1 sind wir fertig.

(B) $M(\bar{y},\bar{x}) \not\equiv 0 \mod p^{\vartheta_1(c)}$

Nun ist $a(\bar{y},\bar{x}) \equiv 0 \mod M^2(\bar{y},\bar{x})p^{d\,\vartheta_1(c)}$ und aus dem Newtonschen Lemma (vgl. Kapitel I), angewendet auf den Spaltenvektor g mit den Komponenten g_i folgt:

Es gibt Tupel $(y,x) \in pR^N \times R^{N'}$ mit $g(y,x) = 0$ und
$(y,x) \equiv (\bar{y},\bar{x}) \bmod p^{d\,\vartheta_1(c)}$.
Wir werden zeigen, daß daraus $\underline{a}(y,x) = 0$ folgt.
Aus $M^d \in \underline{a} + (g_1,\dots,g_r):\underline{a}^v$ folgt $M^d = M_1 + M_2$, $M_1 \in \underline{a}$,
$M_2\underline{a}^v \subseteq (g_1,\dots,g_r)$.
Nun ist $M_1(y,x) \equiv M_1(\bar{y},\bar{x}) \bmod p^{d\,\vartheta_1(c)}$ und somit, da
$M_2(y,x) \equiv M(y,x) \bmod p^{\vartheta_1(c)}$ ist, $M_2(y,x) \not\equiv 0 \bmod p^{\vartheta_1(c)}$.
Insbesondere ist $M_2(y,x) \neq 0$. Aus $M_2(y,x)\underline{a}^v(y,x) = 0$ folgt
damit $\underline{a}(y,x) = 0$, q.e.d.

3. Schritt: Beweis von $I_n \Rightarrow (SAE)_n$

Wir haben bereits gesehen, daß es genügt zu zeigen, daß für
jedes polynomial definierte Primideal $\underline{a}$ aus $A_n[[Y]][X]$ eine
SAE-Funktion existiert, sofern dies für jedes echte Oberideal
von $\underline{a}$ der Fall ist .

Wir werden nun analog zum Fall " n = 0 " vorgehen:
Idee: Wir betrachten einen $ht(\underline{a}) \times ht(\underline{a})$ - Minor M einer Jacobischen Matrix von $\underline{a}$. Nach Induktionsvoraussetzung existiert für $\underline{a} + (M)$ eine SAE-Funktion $\vartheta_{\underline{a}+(M)}$. Diese Funktion wird wesentlich in die Definition einer SAE-Funktion $\vartheta_{\underline{a}}$ für $\underline{a}$ eingehen. Im Fall "n = 0" war $\vartheta_{\underline{a}}$ ein geeignetes Vielfaches von $\vartheta_{\underline{a}+(M)}$, so daß für den Fall "$M(\bar{y},\bar{x}) \not\equiv 0 \bmod p^{\vartheta_{\underline{a}+(M)}(c)}$"

die Voraussetzungen des Newtonschen Lemmas erfüllt waren, und auf diese Weise die Existenz einer Lösung nachgewiesen werden konnte. Die Rolle des Newtonschen Lemmas wird in diesem Fall von Lemma 2.1. übernommen. Wir können es jedoch nicht direkt anwenden, weil in der Voraussetzung gefordert wird, daß eine Lösung $\bar{y}, \bar{x}$, die modulo einer genügend hohen Potenz von T vorliegt, modulo p "regulär" ist, d.h. $M(\bar{y},\bar{x}) \not\equiv 0 \mod p$.
Wir benötigen deshalb zwei Hilfssätze (p-Desingularisierungssatz, Hilfssatz zur Reduktion auf den Fall "$\underline{a}(\bar{y},\bar{x}) \equiv 0 \mod T^d$"), die dafür sorgen, daß wir stets die Voraussetzungen von Lemma 2.1. erfüllen können:

2.9. Lemma: Sei $\underline{a} \subseteq A[[Y]][X]$ ein Ideal. Dann existiert eine Funktion $\varepsilon: \mathbb{N} \times \mathbb{N} \longrightarrow \mathbb{N}$ mit folgenden Eigenschaften:

(1) $\varepsilon(c,u) \geq c + u$,

(2) Für alle $\bar{y} \in \underline{m}A^N$, $\bar{x} \in A^{N'}$ mit $\underline{a}(\bar{y},\bar{x}) \equiv 0 \mod \underline{m}^{\varepsilon(c,u)}$ existieren $y \in \underline{m}A^N$, $x \in A^{N'}$, so daß $\underline{a}(y,x) \equiv 0 \mod T^u$ ist und $y \equiv \bar{y} \mod p^c$, $x \equiv \bar{x} \mod p^c$.

Beweis: Sei $\underline{a} = (f_1,\dots,f_m)$. Wir führen neue Variable $Z_{j,k_1,\dots,k_n}$ ein, $j = 1,\dots,N$, $k_1,\dots,k_n \geq 0$.
Dann machen wir die Substitution

$$Y_j^+ = \sum_{k_1,\dots,k_n \geq 0} Z_{j,k_1,\dots,k_n} T_1^{k_1} \cdots T_n^{k_n}$$

für die Y_j in die Potenzreihen f_i. Analog substituieren wir X^+ für X vermittels $Z'_{j,k_1,\dots,k_n}$. Sei $Z = (Z_{j,k_1,\dots,k_n})$ und $Z' = (Z'_{j,k_1,\dots,k_n})$, dann erhalten wir nach der Substitution

$$f_j(Y^+,X^+) = \sum_{r_1,\dots,r_n \geq 0} G_{j,r_1,\dots,r_n}(Z,Z') T_1^{r_1} \cdots T_n^{r_n} .$$

Dabei sind die $G_{j,r_1,\dots,r_n}(Z,Z')$ aus

$$R\,[[(Z_{i,k_1,\dots,k_n})_{\substack{i=1,\dots,N\\ k_i\le r_i}}]],[(Z'_{i,k_1,\dots,k_n})_{\substack{i=1,\dots,N'\\ k_i\le r_i}}] \,.$$

Wir definieren nun ε wie folgt:

$\varepsilon(c,u) - u$ sei eine SAE-Funktion für das von den $G_{j,r_1,\dots,r_n}$ mit $j = 1,\dots,m$ und $r_1 + \dots + r_n \le u$ erzeugte Ideal (dieses Ideal besitzt eine SAE-Funktion, da wir Theorem 1.4. für den Fall "n = 0" schon bewiesen haben).

Wir müssen zeigen, daß die so definierte Funktion ε die Bedingungen des Lemmas erfüllt.

Sei also für gewisse $\bar{y} \in \underline{m}A^N$, $\bar{x} \in A^{N'}$ $\underline{a}(\bar{y},\bar{x}) \equiv 0 \bmod \underline{m}^{\varepsilon(c,u)}$.

Dann ist $\underline{a}(\bar{y},\bar{x}) \equiv 0 \bmod (p^{\varepsilon(c,u)-u}, T^u)$, weil $\underline{m}^{\varepsilon(c,u)} \subseteq (p^{\varepsilon(c,u)-u}, T^u)$ ist.

Nun können wir die $\bar{y}_j$ in der Form

$$\bar{y}_j = \sum \bar{z}_{j,k_1,\dots,k_n} T_1^{k_1} \cdots T_n^{k_n}$$

schreiben mit $\bar{z}_{j,k_1,\dots,k_n} \in R$. Wir setzen $\bar{z} = (\bar{z}_{j,k_1,\dots,k_n})$, für $j = 1,\dots,N$ und $k_1 + \dots + k_n \le u$.

Analog verfahren wir mit $\bar{x}$, definieren analog $\bar{z}'$.

Nun überlegt man sich sofort, daß $G_{j,r_1,\dots,r_n}(\bar{z},\bar{z}')\ 0 \bmod p^{\varepsilon(c,u)-u}$ ist für alle j und r_i mit $r_1 + \dots + r_n \le u$.

Nun ist $\varepsilon(c,u) - u$ eine SAE-Funktion für dieses von den $G_{j,r_1,\dots,r_n}$ erzeugte Ideal. Es existieren also z, z' aus R,

$$z = (z_{j,k_1,\dots,k_n})_{\substack{j=1,\dots,N\\ k_1+\dots+k_n\le u}}, \quad z' = (z'_{j,k_1,\dots,k_n})_{\substack{j=1,\dots,N'\\ k_1+\dots+k_n\le u}},$$

so daß $G_{j,r_1,\dots,r_n}(z,z') = 0$ ist für alle j und r_i mit $r_1 + \dots + r_n \le u$ und $z \equiv \bar{z} \bmod p^c$, $z' \equiv \bar{z}' \bmod p^c$.

Nun setzen wir für $k_1 + \ldots + k_n > u$

$$z_{j,k_1,\ldots,k_n} = \bar{z}_{j,k_1,\ldots,k_n} \quad \text{und} \quad z'_{j,k_1,\ldots,k_n} = \bar{z}'_{j,k_1,\ldots,k_n},$$

dann definieren wir

$$y_j = \sum_{k_1,\ldots,k_n \geq 0} z_{j,k_1,\ldots,k_n} T_1^{k_1} \cdots T_n^{k_n}$$

und

$$x_j = \sum_{k_1,\ldots,k_n \geq 0} z'_{j,k_1,\ldots,k_n} T_1^{k_1} \cdots T_n^{k_n} \quad .$$

Mit dieser Definition ist klar, daß $\underline{a}(y,x) \equiv 0 \bmod T^u$ ist und $y \equiv \bar{y} \bmod p^c$, $x \equiv \bar{x} \bmod p^c$ für $y = (y_1,\ldots,y_N)$ und $x = (x_1,\ldots,x_{N'})$.
Damit ist das Lemma bewiesen.

Als zweites müssen wir nun dafür sorgen, daß "Regularität mod p " vorliegt. Diesen Begriff wollen wir jetzt präzisieren und einen Desingularisierungssatz angeben, der es uns gestattet stets zum "p-regulären Fall" überzugehen.

Nach den bisherigen Betrachtungen (vgl. Seite 18) können wir von folgender Situation ausgehen:

$\underline{a} \subseteq A[[Y]][X]$ ist ein polynomial definiertes Primideal der Höhe r mit einem Erzeugendensystem $f_1,\ldots,f_m$ aus $A[[Y]][X]$, so daß $\underline{a} \cap A[[Y]] = 0$ ist.

Sei $\Delta_{\underline{a}}$ das von den $(r \times r)$-Minoren der Jacobischen Matrix $\partial(f_1,\ldots,f_m)/\partial(Y,X)$ erzeugte Ideal.

Sei φ ein Schnitt mod T^w der Abbildung $A \longrightarrow A[[Y]][X]/\underline{a}$,
d.h. für $\varphi(Y) = \bar{y}$, $\varphi(X) = \bar{x}$ ist $\underline{a}(\bar{y},\bar{x}) \equiv 0 \bmod T^w$.
Dann sagen wir, $\underline{a}$ hat eine p-Singularität in φ, wenn
$\Delta_{\underline{a}}(\bar{y},\bar{x}) \equiv 0 \bmod (p,T^w)$ ist.
Um eine solche p-Singularität aufzulösen, müssen wir ein Maß für ihre Kompliziertheit einführen.

2.10. Definition: $\underline{a}$ hat eine p-Singularität in $\bar{y},\bar{x}$ der Ordnung $l = l(w,\underline{a},\bar{y},\bar{x})$, wenn

$$\Delta_{\underline{a}}(\bar{y},\bar{x}) \equiv 0 \bmod (p^l,T^w),$$
$$\Delta_{\underline{a}}(\bar{y},\bar{x}) \not\equiv 0 \bmod (p^{l+1},T^w)$$

und $\quad \underline{a}(\bar{y},\bar{x}) \equiv 0 \bmod T^w \quad$ ist.

Man kann sich leicht davon überzeugen, daß die Definition von l nicht von der Auswahl der Erzeugenden von $\underline{a}$ abhängt.

Die Auflösung der p-Singularitäten ist komplizierter als im "klassischen" Fall (vgl. Kapitel I), da man zur Verkleinerung von l gleichzeitig die Ordnung des Schnittes w vergrößern muß. Für die Anwendung muß w jedoch in Abhängigkeit von $\underline{a}$, $\bar{y},\bar{x}$ beschränkt sein.
Wir benötigen folgenden Desingularisierungssatz:

2.11. Satz: Sei $\underline{a} \subseteq A[[Y]][X]$ ein polynomial definiertes Primideal, $Z_1,\dots,Z_{N+N'}$ seien Unbestimmte.
Dann gibt es in $A[[Y]][X,Z_1,\dots,Z_{N+N'}]$ ein Ideal $\underline{h} \supseteq \underline{a}$ mit $ht(\underline{q}) = ht(\underline{a}) + N + N'$ für alle zu $\underline{h}$ assoziierten Primideale $\underline{q}$ mit folgender Eigenschaft:
Zu jeder monoton steigenden Funktion $\varphi: \mathbb{N} \to \mathbb{N}$ mit $\varphi(n) \geq n$ für alle $n \in \mathbb{N}$ existiert eine monoton steigende Funktion $\beta: \mathbb{N} \longrightarrow \mathbb{N}$, so daß für alle $c \in \mathbb{N}$, $(\bar{y},\bar{x}) \in \underline{m}A^N \times A^{N'}$ mit

$\underline{a}(\bar{y},\bar{x}) \equiv 0 \mod T^{\beta(c)}$ und $0 < l(c,\underline{a},\bar{y},\bar{x}) < \infty$ gilt:
Es gibt ein zu $\underline{h}$ assoziiertes Primideal $\underline{q}$, eine natürliche Zahl $d \geq c$ und ein $\bar{z} \in A^{N+N'}$ mit

$$\underline{q}(\bar{y},\bar{x},\bar{z}) \equiv 0 \mod T^{\varphi(d)}$$

und

$$l(d,\underline{q},\bar{y},\bar{x},\bar{z}) < l(c,\underline{a},\bar{y},\bar{x}).$$

Wir werden diesen p-Desingularisierungssatz später im 3. Abschnitt beweisen. Zunächst wollen wir eine Folgerung ziehen, die es uns gestatten wird, die für $\underline{a}$ gesuchte SAE-Funktion direkt zu konstruieren:

2.12. Korollar: Sei $\underline{a} \subseteq A[[Y]][X]$ ein polynomial definiertes Primideal der Höhe r. Dann existiert eine Funktion $\lambda : \mathbb{N} \times \mathbb{N} \times \mathbb{N} \longrightarrow \mathbb{N}$ mit folgenden Eigenschaften:

(1) λ ist monoton steigend und $\lambda(t,c,s) \geq \max\{t,c,s\}$;

(2) Sei $(\bar{y},\bar{x})$ $\underline{m}A^N \times A^{N'}$ mit $\underline{a}(\bar{y},\bar{x}) \equiv 0 \mod T^{\lambda(t,c,d)}$ und $l(d,\underline{a},\bar{y},\bar{x}) \leq t$, dann existieren $(y,x) \in \underline{m}A^N \times A^{N'}$ und $(y,x) \equiv (\bar{y},\bar{x}) \mod \underline{m}^c$, so daß $\underline{a}(y,x) = 0$ ist.

Beweis: Wir konstruieren λ induktiv nach der ersten Variablen.

(A) Der Fall $\lambda(0,c,s)$

Sei $f_1,\ldots,f_m$ ein Erzeugendensystem von $\underline{a}$.
Aus dem Jacobischem Kriterium folgt, daß ein $(r \times r)$-Minor M der Jacobischen Matrix $\partial(f_1,\ldots,f_m)/\partial(X)$ existiert, der nicht in $\underline{a}$ liegt (da $Q(A[[Y]])$ die Charakteristik 0 hat); das gilt also erst recht für die Jacobische Matrix $\partial(f_1,\ldots,f_m)/\partial(X,Y)$.
Sei H die Menge aller r+1-Tupel $(f_{i_1},\ldots,f_{i_r},M)$, wobei

M ein durch $f_{i_1},\dots,f_{i_r}$ definierter $r \times r$-Minor der Jacobischen Matrix von $f_1,\dots,f_m$ ist mit $M \notin \underline{a}$. H ist eine nichtleere endliche Menge. Wir wählen eine natürliche Zahl $d \geq 1$ mit der folgenden Eigenschaft:

Sei $(f_{i_1},\dots,f_{i_r},M) \in H$ und $M^d \in \underline{a} + (f_{i_1},\dots,f_{i_r}):\underline{a}^v$ für ein genügend großes v (eine solche Zahl $d \geq 1$ existiert nach Korollar 2.8.).

Um jetzt $\lambda(0,c,s)$ zu definieren benutzen wir Lemma 2.1. :
Sei für $(f_{i_1},\dots,f_{i_r},M) \in H$ $\mu_{f_{i_1},\dots f_{i_r},M}$ eine Funktion, so daß mit dieser Funktion und $f_{i_1},\dots,f_{i_r}$, M Lemma 2.1. gilt.
Dann setzen wir

$$\lambda(0,c,s) = \max\{\mu_{f_{i_1},\dots,f_{i_r},M}(c\cdot d\cdot s,s)\ ,\ (f_{i_1},\dots,f_{i_r},M)\in H\}.$$

Wir müssen nun zeigen, daß die so definierte Funktion den Bedingungen des Korollars genügt.
Seien $\bar{y} \in \underline{m}A^N$, $\bar{x} \in A^{N'}$ gegeben mit $\underline{a}(\bar{y},\bar{x}) \equiv 0 \bmod T^{\lambda(0,c,s)}$ und $l(s,\underline{a},\bar{y},\bar{x}) = 0$.
Dann existiert ein $r \times r$-Minor der Jacobischen Matrix von $f_1,\dots,f_m$ definiert durch $f_{i_1},\dots,f_{i_r}$, so daß $M(\bar{y},\bar{x}) \not\equiv 0 \bmod (p,T^s)$ ist (Definition von $l(s,\underline{a},\bar{y},\bar{x})$).
Nach Definition von λ folgt aus Lemma 2.1. , daß $y \in \underline{m}A^N$, $x \in A^{N'}$ existieren mit $f_{i_j}(y,x) = 0$ für $j = 1,\dots,r$ und $y \equiv \bar{y} \bmod \underline{m}^{c\cdot d\cdot s}$, $x \equiv \bar{x} \bmod \underline{m}^{c\cdot d\cdot s}$.
Analog zum Fall "n = 0" (vgl. Seite 16) kann man nun zeigen, daß dann auch $\underline{a}(y,x) = 0$ ist.
Damit haben wir die Funktion $\lambda(0,c,s)$ konstruiert.

(B) Der Induktionsschritt

Wir nehmen an, wir hätten für alle Primideale $\underline{q} \subseteq A[[\tilde{Y}]][\tilde{X}]$ mit $\dim A[[\tilde{Y}]][\tilde{X}]/\underline{q} \leq \dim A\ [[Y]]\ [X]/\underline{a}$ und für eine beliebige Anzahl von Variablen $\tilde{Y}$, $\tilde{X}$ die Funktionen $\lambda(t-1,c,s)$ definiert. Jetzt wenden wir den p-Desingularisierungssatz 2.11. auf das Primideal $\underline{a}$ an:

Sei $\underline{h} \subseteq A\ [[Y]]\ [X,Z]$ das nach 2.11. zu $\underline{a}$ assoziierte Ideal. Sei $\lambda_{\underline{h}}(t-1,\_,\_) : \mathbb{N} \times \mathbb{N} \longrightarrow N$ eine Funktion mit der Korollar 2.12. für alle zu $\underline{h}$ assoziierten Primideale gilt ($\lambda_{\underline{h}}$ existiert nach Induktionsvoraussetzung). Nach 2.11. gibt es zu $\underline{a}$ und $\lambda_{\underline{h}}(t-1,c,\_)$ eine Funktion β mit der Eigenschaft (2) von 2.11.

Wir definieren $\lambda(t,c,s) = \beta(s) + \lambda(0,c,s)$

Sei nun für gewisse $\bar{y} \in \underline{m}A^N$, $\bar{x} \in A^{N'}$

$\underline{a}(\bar{y},\bar{x}) \equiv 0 \bmod T^{\lambda(t,c,s)}$ und $l(s,\underline{a},\bar{y},\bar{x}) \leq t$.

Wenn $l(s,\underline{a},\bar{y},\bar{x}) = 0$ ist, sind wir nach Definition von λ und (A) fertig. Wenn $l(s,\underline{a},\bar{y},\bar{x}) \neq 0$ ist, folgt aus der Definition von und 2.11. , daß ein zu $\underline{h}$ assoziiertes Primideal $\underline{q} \subseteq A[[Y]][X,Z]$ existiert, ein $\bar{z} \in A^{N+N'}$ und eine natürliche Zahl $d \geq s$ existieren, so daß

$$\underline{q}(\bar{y},\bar{x},\bar{z}) \equiv 0 \bmod T^{\lambda_{\underline{h}}(t-1,c,d)} \quad \text{ist und}$$

$$l(d,\underline{q},\bar{y},\bar{x},\bar{z}) < l(s,\underline{a},\bar{y},\bar{x}) \leq t \ .$$

Nach Definition von $\lambda_{\underline{h}}$ folgt aus der Induktionsvoraussetzung, daß $y \in \underline{m}A^N$, $x \in A^{N'}$, $z \in A^{N+N'}$ existieren mit $\underline{q}(y,x,z) = 0$, d.h. insbesondere ist $\underline{a}(y,x) = 0$, und $y \equiv \bar{y} \bmod \underline{m}^c$, $x \equiv \bar{x} \bmod \underline{m}^c$.

Damit ist das Korollar bewiesen.

Mit Hilfe des Korollars sind wir nun in der Lage, für $\underline{a}$ die gesuchte SAE-Funktion zu konstruieren.

Wir befinden uns in folgender Situation (vgl. Seite 12):

Theorem 1.4. ist für n-1 Unbestimmte T bewiesen und gilt für n Unbestimmte T und eine beliebige Anzahl N (bzw. N') von Variablen Y (bzw. X) und alle Ideale $\underline{b} \subseteq A[[Y]][X]$ mit $\underline{b} \supsetneqq \underline{a}$ (Induktionsvoraussetzung).

$\underline{a} \subseteq A[[Y]][X]$ ist ein polynomial definiertes Primideal mit $\dim A[[Y]][X]/\underline{a} = s$. Wir müssen eine SAE-Funktion für $\underline{a}$ angeben.

Sei $f_1,\ldots,f_m$ ein Erzeugendensystem von $\underline{a}$, dann folgt aus dem Jacobischen Kriterium, daß ein $ht(\underline{a}) \times ht(\underline{a})$-Minor M der Jacobischen Matrix $\partial(f_1,\ldots,f_m)/\partial(Y,X)$ existiert, der nicht in $\underline{a}$ liegt.

Sei $\vartheta_{\underline{a}+(M)}$ eine SAE-Funktion für $\underline{a}+(M)$ (Induktionsvoraussetzung).

Sei λ eine Funktion, mit der Korollar 2.12. für $\underline{a}$ gilt.

Sei $\mathcal{E}$ eine Funktion, mit der Lemma 2.9. für $\underline{a}$ gilt.

Dann definieren wir für $\underline{a}$ eine SAE-Funktion ϑ wie folgt:

$$\vartheta(c) = \mathcal{E}(c,\lambda(\vartheta_{\underline{a}+(M)}(c),c,\vartheta_{\underline{a}+(M)}(c))) .$$

Sei nun für ein $\bar{y} \in \underline{m}A^N$, $\bar{x} \in A^{N'}$ $\underline{a}(\bar{y},\bar{x}) \equiv 0 \bmod \underline{m}^{\vartheta(c)}$. Nach Definition von $\mathcal{E}$ existieren $\tilde{y} \in \underline{m}A^N$, $\tilde{x} \in A^{N'}$ mit $\tilde{y} \equiv \bar{y} \bmod \underline{m}^c$, $\tilde{x} \equiv \bar{x} \bmod \underline{m}^c$ und $\underline{a}(\tilde{y},\tilde{x}) \equiv 0 \bmod T^{\lambda(\vartheta_{\underline{a}+(M)}(c),c,\vartheta_{\underline{a}+(M)}(c))}$.

Wenn nun $M(\tilde{y},\tilde{x}) \equiv 0 \bmod (p^{\vartheta_{\underline{a}+(M)}(c)+1}, T^{\vartheta_{\underline{a}+(M)}(c)})$ ist, existieren nach Definition von $\vartheta_{\underline{a}+(M)}$ $y \in \underline{m}A^N$, $x \in A^{N'}$ mit $y \equiv \tilde{y} \bmod \underline{m}^c$, $x \equiv \tilde{x} \bmod \underline{m}^c$ und $\underline{a}(y,x) = 0$.

Wenn nun $M(\tilde{y},\tilde{x}) \not\equiv 0 \bmod (p^{\vartheta_{\underline{a}} + (M)^{(c)+1}}, T^{\vartheta_{\underline{a}} + (M)^{(c)}})$ ist, folgt $l(\vartheta_{\underline{a}} + (M)^{(c)},\tilde{y},\tilde{x}) \leq \vartheta_{\underline{a}} + (M)^{(c)}$ und wir können Korollar 2.12 anwenden:

Es existieren $(y,x) \in \underline{m}A^N \times A^{N'}$, mit $(y,x) \equiv (\tilde{y},\tilde{x}) \bmod \underline{m}^c$ und $\underline{a}(y,x) = 0$.

Damit ist gezeigt, daß ϑ eine SAE-Funktion für $\underline{a}$ ist.

4. Schritt: $II_n \Rightarrow I_n$

Wir setzen in diesem Schritt voraus, daß Theorem 1.4. für n-1 Variable T bewiesen ist.

Wir werden I_n mit Hilfe des Newtonschen Lemmas auf II_n zurückführen.

Sei $A = A_n$ und σ die zu $f_1,\ldots,f_r$ und $g = M^2$ in Satz 2.2. gehörige Funktion (mit den Bezeichnungen von Satz 2.1.). Sei

$\mu(c,d) = \sigma(c+2d,2d)$ für alle $c,d \in \mathbb{N}$.

Wenn nun für ein $\bar{y} \in \underline{m}A^N$, $\bar{x} \in A^{N'}$ $f(\bar{y},\bar{x}) \equiv 0 \bmod T^{\mu(c,d)}$ ist und $M(\bar{y},\bar{x}) \not\equiv 0 \bmod (p,T^d)$, dann existieren nach Satz 2.2 $\tilde{y} \in \underline{m}A^N$, $\tilde{x} \in A^{N'}$ mit $f(\tilde{y},\tilde{x}) \equiv 0 \bmod M^2(y,x)$ und $\tilde{y} \equiv \bar{y} \bmod \underline{m}^{c+2d}$, $\tilde{x} \equiv \bar{x} \bmod \underline{m}^{c+2d}$. Es existieren also $h_i \in A$, so daß $f_i(\tilde{y},\tilde{x}) = M^2(\tilde{y},\tilde{x})h_i$ ist für alle i. Weil nun $f_i(\tilde{y},\tilde{x}) \equiv f_i(\bar{y},\bar{x}) \bmod \underline{m}^{c+2d}$ ist und $f(\bar{y},\bar{x}) \equiv 0 \bmod T^{c+2d}$, folgt $h_i \equiv 0 \bmod \underline{m}^c$. Folglich ist

$f(\tilde{y},\tilde{x}) \equiv 0 \bmod M^2(\tilde{y},\tilde{x})\underline{m}^c$. Jetzt sind die Voraussetzungen des Newtonschen Lemmas erfüllt. Deshalb existieren $y \in \underline{m}A^N$, $x \in A^{N'}$ mit $f(y,x) = 0$ und $y \equiv \tilde{y} \equiv \bar{y} \bmod \underline{m}^c$, $x \equiv \tilde{x} \equiv \bar{x} \bmod \underline{m}^c$.

Damit ist gezeigt, daß aus II_n I_n folgt.

5. Schritt: $(SAE)_{n-1} \Rightarrow II_n$

Zunächst wollen wir uns überlegen, daß es genügt, Satz 2.2. für den Fall zu beweisen, daß man (2) durch

(2') Wenn $(\bar{y},\bar{x}) \in \underline{m}A^N \times A^{N'}$, so daß
$f(\bar{y},\bar{x}) \equiv 0 \bmod (g(\bar{y},\bar{x}) + (T^{\sigma(c,d)})$ und
$g(\bar{y},\bar{x}) \not\equiv 0 \bmod (p,T_n^d)$, so gibt es ein Tupel
$(y,x) \in \underline{m}A^N \times A^{N'}$ mit $f(y,x) \equiv 0 \bmod (g(y,x))$
und $(y,x) \equiv (\bar{y},\bar{x}) \bmod \underline{m}^c$.

ersetzt. Wir wollen diesen Satz mit Satz 2.2! bezeichnen. Diese Überlegung ist notwendig, weil wir später den Weierstraß'schen Vorbereitungssatz anwenden wollen; dazu benötigen wir, daß $g(\bar{y},\bar{x})$ T_n-allgemein ist, d.h. $g(\bar{y},\bar{x})(0,\ldots,0,T_n)$ ist von Null verschieden.

Wenn der Restklassenkörper $k = R/(p)$ von R unendlich ist, ist das trivial. In diesem Fall kann man durch die Anwendung eines geeigneten linearen Automorphismus von A der Art $T_i \longmapsto T_i + a_iT_n$, $T_n \longmapsto T_n$, $a_i \in R$, stets erreichen, daß $g(\bar{y},\bar{x})$ in eine T_n-allgemeine Potenzreihe übergeht. Da ein solcher Automorphismus die Bedingungen des Satzes 2.2. nicht ändert, genügt es 2.2' zu beweisen.

Wenn k endlich ist, benötigen wir folgenden Hilfssatz:

Es gibt eine von R abhängige monoton steigende Funktion $\varphi: \mathbb{N} \to \mathbb{N}$ und für jede natürliche Zahl γ gibt es eine endliche Menge S_γ von lokalen R-Automorphismen von A mit der folgenden Eigenschaft:

Für jede Potenzreihe $f \in A$ mit $f \not\equiv 0 \bmod (p,T^\gamma)$ existiert ein Automorphismus $\sigma \in S_\gamma$, so daß $\sigma(f)(0,\ldots,0,T_n) \not\equiv 0 \bmod (p,T_n^{\varphi(\gamma)})$ ist.

Wenn wir diesen Hilfssatz und Satz 2.2' bewiesen haben, erhalten wir Satz 2.2., indem wir

$\sigma(c,d) = \max\{\sigma_\tau(c, \varphi(d)), \tau \in S_d\}$ setzen, wobei

σ_τ eine Funktion ist, mit der Satz 2.2' für $\tau(f)$ und $\tau(g)$ gilt (τ wird hierbei durch $\tau(X) = X$ und $\tau(Y)=Y$ kanonisch auf $A[[Y]][X]$ fortgesetzt verstanden).

<u>Beweis des Hilfssatzes:</u> Sei $\bar{S}$ die Menge aller k-Automorphismen der Form $T_i \mapsto T_i + T_n^{a_i}$, $T_n \mapsto T_n$, a_i natürliche Zahlen, die größer als 1 sind. Sei $a_\sigma = \max\{a_1,\ldots,a_{n-1}\}$ für $\sigma \in \bar{S}$. Sei weiterhin für jedes $f \in k[[T]]$ mit $f \not\equiv 0 \bmod T^d$

$e_f = \min\{a_\sigma, \sigma \in \bar{S}, \sigma(f)(0,\ldots,0,T_n) \neq 0\}$.

Nun ist k endlich und damit

$e^{(d)} = \max\{e_f, f \in k[[T]], f \not\equiv 0 \bmod T^d\} < \infty$.

Sei weiterhin für jedes $f \in k[[T]]$ mit $f \not\equiv 0 \bmod T^d$

$h_f = \min\{h$, so daß für ein $\sigma \in \bar{S}$ mit $a_\sigma \leq e^{(d)}$

$\sigma(f)(0,\ldots,0,T_n) \not\equiv 0 \bmod T_n^h$ ist$\}$.

Da k endlich ist, ist

$h^{(d)} = \max\{h_f, f \in k[[T]], f \not\equiv 0 \bmod T^d\} < \infty$.

Jetzt sind wir in der Lage, φ zu definieren:

$$\varphi(d) = \max\{d, h^{(d)}\} .$$

Wir müssen noch S_d definieren.

Wenn die Ordnung von k kleiner oder gleich d ist, sei S_d die Menge aller R-Automorphismen von A der Form $T_i \mapsto T_i + T_n^{a_i}$, $T_n \mapsto T_n$ mit $a_i \leq e^{(d)}$ für alle i.

Es ist klar, daß S_d endlich ist.

Wenn k mehr als d Elemente hat, sei $I \subset R$ eine Menge, die aus d Elementen von R besteht, deren Reste mod p paarweise verschieden sind. In diesem Fall sei S_d die Menge der R-Automorphismen von $R[[T]]$ der Form $T_i \mapsto T_i + a_i T_n$, $T_n \mapsto T_n$ mit $a_i \in I$.

Nun ist klar, daß die so definierten φ und S_d den Bedingungen des Lemmas genügen.

Wir können uns also jetzt darauf beschränken, den Satz 2.2' zu beweisen.

Jetzt machen wir die Substitution

$$Y_k^r = U_k \quad , \; k = 1,\ldots,N \qquad ^{1)}$$

in die Potenzreihen $f = (f_1,\ldots,f_m)$, g, wobei $U = (U_1,\ldots,U_N)$ neue Variable sind. Auf diese Weise erhalten wir Potenzreihen

$$\tilde{f} = (\tilde{f}_1,\ldots,\tilde{f}_m) \; , \; \tilde{g} \text{ aus } A[[U]][Y,X]$$

(wir ersetzen in jedem Term die Potenzen Y_j^a mit $a \geqslant r$ durch das Produkt $U_j^b Y_j^c$ mit $c = a - (r+1)b$, $c < r$; in $\tilde{f}$ und $\tilde{g}$ sind die Exponenten von Y_k alle kleiner als r). Der Sinn und der Nutzen dieser obigen Substi-

===

1) Wären die f_i Polynome in Y, könnte man auf diese Substitution verzichten. Die Division mit Rest beim Weierstraß'schen Vorbereitungssatz liefert jedoch im allgemeinen Einheiten, die in Y entsprechende Variable eingesetzt werden müssen.

tution wird erst später nach Definition von σ klar werden. Wir werden dann noch einmal darauf hinweisen.

Dann machen wir die Substitution

$$Y_k^+ = \sum_{j=0}^{r-1} Y_{kj}T_n^j \quad , \quad U_k^+ = \sum_{j=0}^{r-1} U_{kj}T_n^j \quad , \ k = 1,\dots,N$$

$$X_{k'}^+ = \sum_{j=0}^{r-1} X_{k'j}T_n^j \qquad k' = 1,\dots,N'$$

für Y_k , U_k , $X_{k'}$ in die Potenzreihen $\tilde{f}_i$, $\tilde{g}$ und $\tilde{h}_k = Y_k^r - U_k$, wobei die Y_{kj}, $X_{k'j}$, U_{kj} neue Variable bezeichnen.

Sei $A(T_n) = T_n^r + A_{r-1}T_n^{r-1} + \dots + A_o$ ein Polynom mit den neuen Variablen A_i . Mit Hilfe des Weierstraßschen Vorbereitungssatzes dividieren wir $\tilde{g}(Y^+,U^+,X^+)$, die $\tilde{f}_i(Y^+,U^+,X^+)$ und die $\tilde{h}_k(Y^+,X^+,U^+)$ durch $A(T_n)$ und erhalten:

$$\tilde{g}(Y^+,U^+,X^+) = A(T_n)\cdot Q + \sum_{j=0}^{r-1} G_jT_n^j$$

$$\tilde{h}_k(Y^+,U^+,X^+) = A(T_n)\cdot Q_k' + \sum_{j=0}^{r-1} L_{kj}T_n^j$$

$$\tilde{f}_i(Y^+,U^+,X^+) = A(T_n)\cdot Q_i'' + \sum_{j=0}^{r-1} F_{ij}T_n^j \quad ,$$

Wobei Q, Q_k' , Q_i'' , G_j , F_{ij} , L_{kj} Potenzreihen in den Variablen T, Y_{kj}, A_s, X_{kj}, U_{kj} mit Koeffizienten in R aus $A[[(U_{kj}),(A_s)]][(Y_{kj}),(X_{kj})]$ sind. Weiterhin ist klar, daß die Reihen

$$(+) \qquad G = (G_o,\dots,G_{r-1},F_{10},\dots,F_{m,r-1},L_{10},\dots,L_{N,r-1})$$

nicht von T_n abhängen. Nach Induktionsvoraussetzung gibt es für das durch diese Reihen erzeugte Ideal eine SAE-Funktion, die wir in Abhängigkeit von r mit ϑ_r bezeichnen wollen.

Wir definieren nun

$$\sigma(c,d) = \max\{d\cdot\vartheta_r(c+r) \quad , r = 1,\ldots,d\} \quad .$$

Wir müssen nun zeigen, daß die so definierte Funktion den Bedingungen von Satz 2.2' genügt.

Sei nun $\bar{y} \in \underline{m}A^N$ und $\bar{x} \in A^{N'}$ gegeben mit $f(\bar{y},\bar{x}) \equiv 0 \bmod ((g(\bar{y},\bar{x}) + T^{\sigma(c,u)})$ und $g(\bar{y},\bar{x})(T_1=\ldots=T_{n-1}=0) \not\equiv 0 \bmod (p,T_n^r)$, wobei $r \leq u$ die kleinste Zahl mit dieser Eigenschaft sei.

Wenn $r = 0$ ist, ist $g(\bar{y},\bar{x})$ eine Einheit und wir sind fertig.

Wenn $r > 0$ ist, gibt es nach dem Weierstraßschen Vorbereitungssatz ein Polynom

$$\bar{a}(T_n) = T_n^r + \bar{a}_{r-1}T_n^{r-1}+\ldots+\bar{a}_0$$

aus $R[[T_1,\ldots,T_{n-1}]][T_n]$, so daß die $\bar{a}_i$ Nichteinheiten sind, und eine Einheit $\bar{h}$ aus A, so daß $g(\bar{y},\bar{x}) = \bar{h}\bar{a}(T_n)$ ist.

Wir dividieren nun mit Hilfe des Weierstraßschen Vorbereitungssatzes die $\bar{y}_k$, $\bar{u}_k = \bar{y}_k^r$, $\bar{x}_k$ durch $\bar{a}(T_n)$ und erhalten

$$\bar{y}_k = \bar{a}(T_n)\bar{z}_k + \sum_{t=0}^{r-1} \bar{y}_{kt}T_n^t \qquad k = 1,\ldots,N$$

$$\bar{x}_k = \bar{a}(T_n)\bar{z}_k' + \sum_{t=0}^{r-1} \bar{x}_{kt}T_n^t \qquad k = 1,\ldots,N'$$

$$\bar{u}_k = \bar{y}_k^r = \bar{a}(T_n)z_k'' + \sum_{j=0}^{r-1} \bar{u}_{kj}T_n^j \qquad j = 1,\ldots,N$$

mit $\bar{z}_k$, $\bar{z}_k'$, $\bar{z}_k'' \in A$ und $\bar{u}_{kt}$, $\bar{x}_{kt}$, $\bar{y}_{kt} \in R[[T_1,\ldots,T_{n-1}]]$.

Da nun die $\bar{y}_k \in \underline{m}$ waren folgt aus den Eigenschaften des Weierstraßpolynoms $\bar{a}(T_n)$, daß die $\bar{u}_{kt}$ alle aus $(p,T_1,\ldots,T_{n-1})$ sind. [1])

Wir können sie also in beliebige Potenzreihen einsetzen. Das war gerade auch der Sinn der Substitution der U_k, denn im allgemeinen

---

[1]) Vergleiche auch Lemma 2.13

können die $\bar{y}_{kt}$ auch Einheiten sein, die man nur in Polynome einsetzen kann.

Nun setzen wir $\bar{y}+ = \sum_{t=0}^{r-1} \bar{y}_{kt}T_n^t$, $\bar{u}^+ = \sum_{t=0}^{r-1} \bar{u}_{kt}T_n^t$ und

$\bar{x}^+ = \sum_{t=0}^{r-1} \bar{x}_{kt}T_n^t$. Aus der Taylorschen Formel erhalten wir

$$\tilde{g}(\bar{y}^+,\bar{u}^+,\bar{x}^+) \equiv \tilde{g}(\bar{y},\bar{u},\bar{x}) \bmod \bar{a}(T_n)$$
$$\tilde{h}_i(\bar{y}^+,\bar{u}^+,\bar{x}^+) \equiv \tilde{h}_i(\bar{y},\bar{u},\bar{x}) \bmod \bar{a}(T_n)$$
$$\tilde{f}_i(\bar{y}^+,\bar{u}^+,\bar{x}^+) \equiv \tilde{f}_i(\bar{y},\bar{u},\bar{x}) \bmod \bar{a}(T_n) \ .$$

Weiterhin wissen wir ja, daß $\tilde{g}(\bar{y},\bar{u},\bar{x}) \equiv 0 \bmod \bar{a}(T_n)$ ist und $\tilde{h}_i(\bar{y},\bar{u},\bar{x}) = 0$. Damit ist

$$\tilde{f}_i(\bar{y}^+,\bar{u}^+,\bar{x}^+) \equiv \tilde{f}_i(\bar{y},\bar{u},\bar{x}) \bmod ((\bar{a}(T_n)) + T^{\sigma(c,u)}) \ .$$

Es gibt also k_i und φ_i aus A mit

$$\tilde{f}_i(\bar{y}^+,\bar{u}^+,\bar{x}^+) = \bar{a}(T_n)k_i + \varphi_i \qquad \text{und} \qquad \varphi_i \equiv 0 \bmod T^{\sigma(c,u)} \ .$$

Wenn wir nun die φ_i mit Hilfe des Weierstraßschen Vorbereitungssatzes durch $\bar{a}(T_n)$ dividieren, erhalten wir:

$$\varphi_i = \bar{a}(T_n)\pi_i + \sum_{t=0}^{r-1} \varphi_{it}T_n^t \qquad \text{mit } \varphi_{it} \in R[[T_1,\dots,T_{n-1}]].$$

Damit erhalten wir $\tilde{f}_i(\bar{y}^+,\bar{u}^+,\bar{x}^+) \equiv \sum_{t=0}^{r-1} \varphi_{it}T_n^t \bmod \bar{a}(T_n)$.

Auf der anderen Seite ist aber

$$f_i(\bar{y}^+,\bar{u}^+,\bar{x}^+) = \bar{a}(T_n)Q_i''((\bar{u}_{kt}),(\bar{y}_{kt}),(\bar{x}_{kt}),(\bar{a}_s)) + $$
$$+ \sum_{j=0}^{r-1} F_{ij}((\bar{u}_{kt}),(\bar{y}_{kt}),(\bar{x}_{kt}),(\bar{a}_s))T_n^j \ .$$

Wegen der Eindeutigkeit der Zerlegung beim Weierstraßschen Vorbereitungssatz ergibt sich

$$F_{ij}((\bar{u}_{kt}),(\bar{y}_{kt}),(\bar{x}_{kt}),(\bar{a}_s)) = \varphi_{ij}$$

für alle i, j. Analog erhalten wir

$$G_j((\bar{u}_{kt}),(\bar{y}_{kt}),(\bar{x}_{kt}),(\bar{a}_s)) = 0$$

$L_{ij}((\bar{u}_{kt}),(\bar{y}_{kt}),(\bar{x}_{kt}),(\bar{a}_s) = 0.$

Um die Induktionsvoraussetzung anwenden zu können, müssen wir zeigen, daß $\varphi_{ij} \equiv 0 \bmod T^{\sigma(c,u)/u}$ ist. Das gewährleistet uns das folgende Lemma:

2.13. Lemma: Sei $\varphi \in A$ eine Potenzreihe von der Form

$$\varphi = \bar{a}(T_n)\pi + \sum_{j=0}^{r-1} \varphi_j T_n^j \qquad r \geqslant 1$$

mit $\pi \in A$ und $\varphi_i \in R[[T_1,\ldots,T_{n-1}]]$.
Wenn $\varphi \equiv 0 \bmod \underline{m}^{ru}$ ist, ist $\varphi_j \equiv 0 \bmod \underline{m}^u$ für alle j.

Wir wollen zunächst im Beweis von 2.2' fortfahren und das Lemma im Anschluß beweisen.

Wir haben nun folgende Situation:

$$\left.\begin{array}{l} F_{ij}((\bar{u}_{kt}),(\bar{y}_{kt}),(\bar{x}_{kt}),(\bar{a}_s)) \equiv 0 \\ G_j((\bar{u}_{kt}),(\bar{y}_{kt}),(\bar{x}_{kt}),(\bar{a}_s)) \equiv 0 \\ L_{ij}((\bar{u}_{kt}),(\bar{y}_{kt}),(\bar{x}_{kt}),(\bar{a}_s)) \equiv 0 \end{array}\right\} \bmod (p,T_1,\ldots,T_{n-1})^{\vartheta_r(c+r)}$$

Nach Definition von ϑ_r (Induktionsvoraussetzung) existieren $(y_{kt}),(a_s),(x_{kt}),(u_{kt})$ aus $R[[T_1,\ldots,T_{n-1}]]$ mit

$$F_{ij}((u_{kt}),(y_{kt}),(x_{kt}),(a_s)) = 0$$

$$G_j((u_{kt}),(y_{kt}),(x_{kt}),(a_s)) = 0$$

$$L_{ij}((u_{kt}),(y_{kt}),(x_{kt}),(a_s)) = 0 \qquad \text{für alle } i,j$$

und

$$\left.\begin{array}{l} x_{kt} \equiv \bar{x}_{kt} \\ u_{kt} \equiv \bar{u}_{kt} \\ y_{kt} \equiv \bar{y}_{kt} \\ a_s \equiv \bar{a}_s \end{array}\right\} \bmod (p,T_1,\ldots,T_{n-1})^{r+c} \qquad \text{für alle } k,t,s .$$

Sei nun $a(T_n) = T_n^r + a_{r-1}T_n^{r-1} + \ldots + a_o$. Wir setzen

$$y_k = a(T_n)\bar{z}_k + \sum_{t=0}^{r-1} y_{kt}T_n^t$$

und definieren analog u_k und x_k ,

Au der Taylorschen Formel erhalten wir $f_i(y,x) \equiv 0 \bmod a(T_n)$ und $g(y,x) \equiv 0 \bmod a(T_n)$, denn es ist $\tilde{f}_i(y,x) \equiv f_i(y,u,x) \bmod a(T_n)$, $g(y,x) \equiv \tilde{g}(y,u,x) \bmod a(T_n)$ und $\tilde{h}_i(y,u) \equiv 0 \bmod a(T_n)$.

Andererseits ist wegen der Kongruenz $u_{kt} \equiv \bar{u}_{kt} \bmod \underline{m}^{r+c}, \ldots,$ $\underline{a}_s \equiv \bar{a}_s \bmod \underline{m}^{r+c}$ für alle k,t,s

$g(y,x) \equiv 0 \bmod (p,T^r)$ und $y \equiv \bar{y} \bmod \underline{m}^r$, $x \equiv \bar{x} \bmod \underline{m}^r$.

Daraus folgt, daß $g(y,x) = a(T_n)$.Einheit ist.

Damit ist das Lemma 2.13. bewiesen.

Es bleibt noch <u>Lemma 2.14. zu beweisen</u> :

Sei $\pi\varphi = \sum b_k T_n^k$ mit $b_k \in R[[T_1,\ldots,T_{n-1}]]$. Dann ist

$$\varphi = \sum_{j=0}^{r-1} (\bar{a}_o b_j + \ldots + \bar{a}_j b_o + \varphi_j)T_n^j + \\ + \sum_{k\geq 0} (b_k + b_{k+1}\bar{a}_{r-1} + \ldots + b_{k+r}\bar{a}_o)T_n^{r+k} .$$

Wir zeigen nun induktiv, daß $b_k \in (p,T_1,\ldots,T_{n-1})^l$ ist für alle k mit $0 \leq k \leq r(u-l)-1$. Sei nämlich $b_k \in (p,T_1,\ldots,T_{n-1})^{l-1}$ für alle k mit $0 \leq k \leq r(u-l+1) - 1$, $l \geq 1$, dann folgt $D_k := b_k + b_{k+1}\bar{a}_{r-1} + \ldots + b_{k+r}\bar{a}_o$ liegt in $(p,T_1,\ldots,T_{n-1})^l$ für alle k mit $0 \leq k \leq r(u-l)-1$, weil ja $D_kT^{r+k} \in \underline{m}^{ru}$ ist.

Nun ist aber $b_{k+r-j}\bar{a}_j \in (p,T_1,\ldots,T_{n-1})^l$ für alle $j = 0,\ldots,r-1$, weil ja $\bar{a}_j$ Nichteinheit ist. Deshalb muß $b_k \in (p,T_1,\ldots,T_{n-1})^l$ sein. Wenn wir nun $l = u-1$ setzen, erhalten wir $b_k \in (p,T_1,\ldots)^{u-1}$ für alle $k = 1,\ldots,r-1$. Damit ist $\bar{a}_{k-j}b_j \in (p,T_1,\ldots,T_{n-1})^u$ für alle $j = 1,\ldots,r-1$. Da nun $\varphi_j + \bar{a}_j b_o + \ldots + \bar{a}_o b_j \in (p,T_1,\ldots)^u$ ist, ist damit das Lemma bewiesen.

Damit ist Theorem 1.4. bis auf den p-Desingularisierungssatz 2.11. vollständig bewiesen.

3. Die Auflösung der p-Singularitäten

Wir wollen in diesem Abschnitt den Satz 2.11. beweisen. Wir benutzen die Bezeichnungen von 1.4. und wollen außerdem den Restklassenkörper R/(p) unseres diskreten Bewertungsringes R mit K bezeichnen, sowie mit "^{0}" die Restklasse mod p in K.

3.1. Lemma: Sei $\underline{a} \subseteq A[[Y]][X]$ ein polynomial definiertes Primideal, seien $Z = (Z_1,\dots,Z_{N+N'})$ Unbestimmte und $\mathfrak{a} \subseteq K[[T,Y]][X]$ ein Ideal. Dann existiert ein Ideal $\underline{h}_{\mathfrak{a}} \subseteq A[[Y]][X,Z]$ mit $ht(\underline{q}) = ht(\underline{a}) + N + N'$ für alle zu $\underline{h}_{\mathfrak{a}}$ assoziierten Primideale $\underline{q}$ mit folgenden Eigenschaften:
Für jede monoton steigende Funktion $\varphi: \mathbb{N} \to \mathbb{N}$ mit $\varphi(n) \geq n$ für alle $n \in \mathbb{N}$ existieren monoton steigende Funktionen $\beta_{\mathfrak{a}}, \gamma_{\mathfrak{a}} : \mathbb{N} \to \mathbb{N}$, $\beta_{\mathfrak{a}}(n) \geq \gamma_{\mathfrak{a}}(n) \geq n$ für alle $n \in \mathbb{N}$, so daß für alle $c \in \mathbb{N}$ und $(\bar{y},\bar{x}) \in \underline{m}A^{N} \times A^{N'}$ mit $\underline{a}(\bar{y},\bar{x}) \equiv 0 \bmod T^{\beta_{\mathfrak{a}}(c)}$, $\mathfrak{a}(\bar{y}^{0},\bar{x}^{0}) \equiv 0 \bmod T^{\gamma_{\mathfrak{a}}(c)}$ und $0 \neq l(c,\underline{a},\bar{y},\bar{x}) < \infty$ gilt:
Es existieren ein zu $\underline{h}_{\mathfrak{a}}$ assoziiertes Primideal $\underline{q}$ und eine natürliche Zahl $d_{\mathfrak{a}} \geq c$, sowie ein $\bar{z}\ A^{N+N'}$, so daß $\underline{q}(\bar{y},\bar{x},\bar{z}) \equiv 0 \bmod T^{\varphi(d_{\mathfrak{a}})}$ ist und $\underline{q} \supseteq \underline{a}A[[Y]][X,Z]$ sowie $l(d_{\mathfrak{a}},\underline{q},\bar{y},\bar{x},\bar{z}) \leq l(c,\underline{a},\bar{y},\bar{x})$.

Wenn das Lemma 3.1. bewiesen ist, folgt daraus sofort der Satz 2.11., indem wir das Lemma für $\mathfrak{a} = \underline{a}^{0} + \Delta^{0}_{\underline{a}}$ (Bezeichnung von Seite 18) anwenden:

Wir setzen $\underline{h} = \underline{h}_{\underline{a}^o + \Delta_{\underline{a}}^o} \cap (\underline{a}, Z)$ und

$\beta(c) = \max \{\beta_{\underline{a}^o + \Delta_{\underline{a}}^o}(c), \varphi(\gamma_{\underline{a}^o + \Delta_{\underline{a}}^o}(c))\}$.

Wenn nun $\underline{a}(\bar{y},\bar{x}) \equiv 0 \bmod T^{\beta(c)}$ ist für gewisse $\bar{y} \in \underline{m}A^N$, $\bar{x} \in A^{N'}$
und $l(c,\underline{a},\bar{y},\bar{x}) < \infty$, dann gibt es zwei Möglichkeiten:

(A) $(\underline{a}^o + \Delta_{\underline{a}}^o)(\bar{y},\bar{x}) \equiv 0 \bmod T^{\gamma_{\underline{a}^o + \Delta_{\underline{a}}^o}(c)}$

In diesem Fall folgt die Behauptung des Satzes 2.11. direkt aus dem Lemma.

(B) $(\underline{a}^o + \Delta_{\underline{a}}^o)(\bar{y},\bar{x}) \not\equiv 0 \bmod T^{\gamma_{\underline{a}^o + \Delta_{\underline{a}}^o}(c)}$

In diesem Fall ist $l(\gamma_{\underline{a}^o + \Delta_{\underline{a}}^o}(c),\underline{a},\bar{y},\bar{x}) = 0$ und

$\underline{a}(\bar{y},\bar{x}) \equiv 0 \bmod T^{\varphi(\gamma_{\underline{a}^o + \Delta_{\underline{a}}^o}(c))}$; dann ist der Satz mit

$\underline{q} = (\underline{a},Z)$, $\bar{z} = 0$, $d = \gamma_{\underline{a}^o + \Delta_{\underline{a}}^o}(c)$ bewiesen.

Es bleibt also, Lemma 3.1. zu beweisen.

<u>Beweis von Lemma 3.1.</u>: Wir beweisen das Lemma induktiv nach $\dim K[\![T,Y]\!][X]/\mathfrak{a}$.

<u>Induktionsanfang</u>: Sei $\dim K[\![T,Y]\!][X]/\mathfrak{a} \leq n - 1$ (n = Anzahl der T).
In diesem Fall existiert ein t_o, so daß $\mathfrak{a}(\bar{y}^o,\bar{x}^o) \not\equiv 0 \bmod T^{t_o}$
ist für alle $\bar{y} \in \underline{m}A^N$, $\bar{x} \in A^{N'}$ (vgl. Korollar 2.4).
Wir setzen $\underline{h}_{\mathfrak{a}} = (\underline{a},Z)$, $\gamma_{\mathfrak{a}}(c) = c + t_o$, $\beta_{\mathfrak{a}}(c) = c + t_o$
für alle c und sind fertig.

<u>Induktionsschritt</u>: Sei $s = \dim K[\![T,Y]\!][X]/\mathfrak{a} \geq n$.
Wir setzen voraus, Lemma 3.1. ist für alle Ideale $\mathfrak{b}$ mit
$\dim K[\![T,Y]\!][X]/\mathfrak{b} \leq s - 1$ bewiesen.
Zunächst können wir uns nach Lemma 2.7. auf den Fall beschränken,

daß $\mathfrak{a}$ ein Primideal ist.

Wenn nämlich Lemma 3.1. für alle Primideale der Höhe $\geq ht(\mathfrak{a})$ bewiesen ist, setzen wir

$$\beta_{\mathfrak{a}} = \max \{\beta_{\mathfrak{q}}, \mathfrak{q} \text{ zu } \mathfrak{a} \text{ assoziiertes Primideal}\}$$

$$\gamma_{\mathfrak{a}} = s_{\mathfrak{a}} \cdot \max \{\gamma_{\mathfrak{q}}, \mathfrak{q} \text{ zu } \mathfrak{a} \text{ assoziiertes Primideal}\}$$

$$\underline{h}_{\mathfrak{a}} = \bigcap_{\substack{\mathfrak{q} \text{ zu } \mathfrak{a} \\ \text{ass. P.I.}}} \underline{h}_{\mathfrak{q}}$$

(dabei ist $s_{\mathfrak{a}}$ eine natürliche Zahl, mit der Lemma 2.7. für gilt).

Sei also $\mathfrak{a} \subseteq K[\![T,Y]\!][X]$ ein Primideal mit $\dim K[\![T,Y]\!][X]/\mathfrak{a} = s$. Wenn $\mathfrak{a} \cap K[\![T]\!] \neq 0$ ist, oder $ht(\mathfrak{a} \cap K[\![T,Y]\!]) > N$, existiert ein $t_0 \in \mathbb{N}$, so daß $\mathfrak{a}(\bar{y},\bar{x}) \not\equiv 0 \bmod T^{t_0}$ ist für alle $\bar{y} \in T\,K[\![T]\!]^N$, $\bar{x} \in K[\![T]\!]^{N'}$, vgl. Korollar 2.4. In diesem Fall sind wir analog zur Induktionsvoraussetzung fertig.

Sei also $\mathfrak{a} \cap K[\![T]\!] = 0$ und $ht(\mathfrak{a} \cap K[\![T,Y]\!]) \leq N$.

Wir benötigen das folgende Lemma:

3.2. Lemma: Sei $\mathfrak{a} \subseteq K[\![T,Y]\!][X]$ ein Primideal mit $\mathfrak{a} \cap K[\![T]\!] = 0$ und $ht(\mathfrak{a} \cap K[\![T,Y]\!]) \in \mathbb{N}$. Sei t die Charakteristik von K. Dann gilt:

(1) Wenn $(\mathfrak{a} - \mathfrak{a}^2) \cap K[\![T,Y^t]\!][X^t] \neq \emptyset$ ist, existiert ein Ideal $\mathfrak{b} \supsetneqq \mathfrak{a}$, so daß $\mathfrak{a}(\bar{y},\bar{x}) \equiv 0 \bmod T^{tc}$ impliziert $\mathfrak{b}(\bar{y},\bar{x}) \equiv 0 \bmod T^{c-n}$ (n die Anzahl der T_i).

(2) Wenn $(\mathfrak{a} - \mathfrak{a}^2) \cap K[\![T,Y^t]\!][X^t] = \emptyset$ ist und wenn ein $(\bar{y},\bar{x}) \in TK[\![T]\!]^N \times K[\![T]\!]^{N'}$ existiert mit $\mathfrak{a}(\bar{y},\bar{x}) \equiv 0 \bmod T$, dann ist das durch die $ht(\mathfrak{a}) \times ht(\mathfrak{a})$-Minoren der Jacobischen

Matrix $\partial(f_1,\dots,f_m)/\partial(Y,X)$ erzeugte Ideal $\Delta_{\mathfrak{a}}$ nicht in $\mathfrak{a}$ enthalten ($f_1,\dots,f_m$ erzeugen $\mathfrak{a}$).

Wir werden Lemma 3.2. am Schluß dieses Kapitels beweisen und zunächst im Beweis von Lemma 3.1. fortfahren.

Wenn $[K:K^t]<\infty$ ist, dann bedeutet die Bedingung $(\mathfrak{a}-\mathfrak{a}^2)\cap K[[T,Y^t]][X^t]=\emptyset$ gerade, daß $Q(K[[T,Y]][X]/\mathfrak{a})$ separabel über $K((T))$ ist.

Wenn nun $(\mathfrak{a}-\mathfrak{a}^2)\cap K[[T,Y^t]][X^t]\neq\emptyset$ ist, betrachten wir das nach Lemma 3.2. existierende Ideal $\mathfrak{b}$. Es ist $ht(\mathfrak{b})>ht(\mathfrak{a})$.

Nach Induktionsvoraussetzung existiert für $\mathfrak{b}$ $\underline{h}_{\mathfrak{b}}, \beta_{\mathfrak{b}}, \gamma_{\mathfrak{b}}$.

Wir setzen $\underline{h}_{\mathfrak{a}}:=\underline{h}_{\mathfrak{b}}$, $\beta_{\mathfrak{a}}:=t\beta_{\mathfrak{b}}+n$ und $\gamma_{\mathfrak{a}}:=t\gamma_{\mathfrak{b}}+n$ und sind fertig.

Wir können also für unsere weiteren Betrachtungen stets o.B.d.A. annehmen, daß $(\mathfrak{a}-\mathfrak{a}^2)\cap K[[T,Y^t]][X^t]=\emptyset$ ist.

Sei nun $f_1,\dots,f_m$ ein Erzeugendensystem von $\underline{a}$ aus $A[[Y_1,\dots,Y_k]][Y_{k+1},\dots,Y_N,X]$ und $\underline{a}\cap A[[Y_1,\dots,Y_k]]=0$.

Sei $\Delta_{\underline{a}}$ das von den $r\times r$-Minoren der Jacobischen Matrix

$$\frac{\partial(f_1,\dots,f_m)}{\partial(Y,X)}$$

erzeugte Ideal, $r=ht(\underline{a})$.

Wir können o.B.d.A. annehmen, daß $\underline{a}^o+\Delta_{\underline{a}}^o\subseteq\mathfrak{a}$ ist:

Wenn nämlich $\underline{a}^o+\Delta_{\underline{a}}^o\not\subseteq\mathfrak{a}$ ist, betrachten wir das Ideal

$$\mathfrak{a}_1=\mathfrak{a}+\underline{a}^o+\Delta_{\underline{a}}^o .$$

Nach Induktionsvoraussetzung existieren $\underline{h}_{\mathfrak{a}_1}, \beta_{\mathfrak{a}_1}, \gamma_{\mathfrak{a}_1}$.

Wir setzen
$$\beta_{\mathfrak{a}}(c)=\max\{\beta_{\mathfrak{a}_1}(c),\varphi(\gamma_{\mathfrak{a}_1}(c))\}$$
$$\gamma_{\mathfrak{a}}(c)=\gamma_{\mathfrak{a}_1}(c)$$
$$\underline{h}_{\mathfrak{a}}=\underline{h}_{\mathfrak{a}_1}\cap(\underline{a},Z) .$$

Analog zum Beweis von Lemma 2.11. aus Lemma 3.1 (Seite 33) überlegt man sich, daß mit den so definierten $\beta_{\mathfrak{a}}$, $\gamma_{\mathfrak{a}}$, $\underline{h}_{\mathfrak{a}}$ Lemma 3.1. gilt.

Sei also $\underline{a}^o + \Delta^o_{\underline{a}} \subseteq \mathfrak{a}$. Dann sind stets $f^o_{i_1},\dots,f^o_{i_r} \bmod \mathfrak{a}^2$ linear abhängig in $\mathfrak{a}/\mathfrak{a}^2$ als $K[[T,Y]][X]/\mathfrak{a}$-Vektorraum betrachtet für alle $i_1,\dots,i_r \in \{1,\dots,m\}$.

Das sieht man zum Beispiel so:

Da $(\mathfrak{a}-\mathfrak{a}^2)\cap K[[T,Y^t]][X^t] = \emptyset$ ist, existieren nach Lemma 3.2. $ht(\mathfrak{a}) \times ht(\mathfrak{a})$-Minoren einer Jacobischen Matrix von $\mathfrak{a}$, die nicht in $\mathfrak{a}$ liegen.

Wären $f^o_{i_1},\dots,f^o_{i_r} \bmod \mathfrak{a}^2$ linear unabhängig, könnten wir sie durch geeignete $w^o_{i_{r+1}},\dots,w^o_{i_l} \bmod \mathfrak{a}^2$ $(l = \dim \mathfrak{a}/\mathfrak{a}^2 = ht(\mathfrak{a}))$ zu einer Basis des Vektorraumes $\mathfrak{a}/\mathfrak{a}^2$ ergänzen. Dann bilden $f^o_{i_1},\dots,f^o_{i_r},w^o_{i_{r+1}},\dots,w^o_{i_l}$ ein reguläres Parametersystem von $\mathfrak{a}$. Dann hat aber nach Lemma 3.2. die Jacobische Matrix $\partial(f^o_{i_1},\dots,f^o_{i_r},w^o_{i_{r+1}},\dots,w^o_{i_l})/\partial(Y,X)$ mod den Rang l. Das ist aber unmöglich, da die durch $f^o_{i_1},\dots,f^o_{i_r}$ erzeugten Minoren in $\mathfrak{a}$ liegen.

Wenn wir die bisherigen Betrachtungen zusammenfassen, ergibt sich folgende Situation:

(1) $\underline{a}$ ist ein polynomial definiertes Primideal der Höhe r, $f_1,\dots,f_m$ ist ein Erzeugendensystem von $\underline{a}$, f_i ist aus $A[[Y_1,\dots,Y_k]][Y_{k+1},\dots,Y_N,X]$ und $\underline{a} \cap A[[Y_1,\dots,Y_k]] = 0$.

(2) $\mathfrak{a} \subseteq K[[T,Y]][X]$ ist ein Primideal mit $ht(\mathfrak{a} \cap K[[T,Y]]) \leq N$, $\mathfrak{a} \cap K[[T]] = 0$ und $(\mathfrak{a}-\mathfrak{a}^2)\cap K[[T,Y^t]][X^t] = \emptyset$.
$\underline{a}^o + \Delta^o_{\underline{a}} \subseteq \mathfrak{a}$ ($\Delta_{\underline{a}}$ das von den $r \times r$-Minoren der Jacobischen Matrix $\partial(f_1,\dots,f_m)/\partial(Y,X)$ erzeugte Ideal).

(3) $f^o_{i_1},\dots,f^o_{i_r}$ mod $\mathfrak{a}^2$ sind stets linear abhängig in $\mathfrak{a}/\mathfrak{a}^2$ für alle $i_1,\dots,i_r \in \{1,\dots,m\}$.

Sei $\underline{q}$ das Urbild von $\mathfrak{a}$ in $A[[Y]][X]$, d.h. $\underline{q} = \{h \in A[[Y]][X], h^o \in \mathfrak{a}\}$.
Dann gibt es zwei Möglichkeiten:

(A) Es gibt $i_1,\dots,i_r \in \{1,\dots,m\}$, so daß $f_{i_1},\dots,f_{i_r}$ mod $\underline{q}^2$ linear unabhängig in $\underline{q}/\underline{q}^2$ sind.

(B) $f_{i_1},\dots,f_{i_r}$ sind stets linear abhängig in $\underline{q}/\underline{q}^2$ mod $\underline{q}^2$.

Wir wollen zunächst zeigen, daß wir im Fall (A) $\mathfrak{a}$ vergrößern können:

3.3. Lemma: Mit den Bezeichnungen und Voraussetzungen (1), (2) und (3) seien $f_1,\dots,f_r$ mod $\underline{q}^2$ linear unabhängig in $\underline{q}/\underline{q}^2$. Dann existiert ein Ideal $\mathfrak{b} \supsetneq \mathfrak{a}$ mit der folgenden Eigenschaft: Sei für gewisse $\bar{y} \in \underline{m}A^N$, $\bar{x} \in A^{N'}$ $\underline{a}(\bar{y},\bar{x}) \equiv 0 \bmod T^c$ und $\mathfrak{a}(\bar{y}^o,\bar{x}^o) \equiv 0 \bmod T^c$. Dann ist $\mathfrak{b}(\bar{y}^o,\bar{x}^o) \equiv 0 \bmod T^c$.

Beweis: Sei $\underline{q} = (p,h_1,\dots,h_l)$, dann ist $\mathfrak{a} = (h^o_1,\dots,h^o_l)$.
Nach (3) sind die $f^o_1,\dots,f^o_r$ mod $\mathfrak{a}^2$ in $\mathfrak{a}/\mathfrak{a}^2$ linear abhängig, d.h. es existieren $\xi_i \in A[[Y]][X]$, $i = 1,\dots,r$, λ_{ij} $A[[Y]][X]$, $i,j = 1,\dots,l$, so daß

$$\sum_{i=1}^{r} \xi^o_i f^o_i = \sum_{i,j=1}^{l} \lambda^o_{ij} h^o_i h^o_j \quad \text{ist,}$$

und $\xi^o_k \notin \mathfrak{a}$ für ein k.
Daraus folgt, daß $\sum_{i=1}^{r} \xi_i f_i = \sum_{i,j=1}^{l} \lambda_{ij} h_i h_j + pV$ ist für ein $V \in A[[Y]][X]$ und $\xi_k \notin \underline{q}$.
Wenn die $f_1,\dots,f_r$ mod $\underline{q}^2$ linear unabhängig sind, folgt $V \notin \underline{q}$.
Wir setzen nun $\mathfrak{b} = \mathfrak{a} + (V^o)$.

Wenn nun $\underline{a}(\bar{y},\bar{x}) \equiv 0 \bmod T^c$ ist für gewisse $\bar{y} \in \underline{m}A^N$, $\bar{x} \in A^{N'}$ und $\mathfrak{a}(\bar{y}^o,\bar{x}^o) \equiv 0 \bmod T^c$, dann folgt daraus, daß $h_i(\bar{y},\bar{x}) \equiv 0 \bmod (p,T^c)$ ist, d.h. $pV(\bar{y},\bar{x}) \equiv 0 \bmod (p^2,T^c)$.
Damit ist aber $V(\bar{y},\bar{x}) \equiv 0 \bmod (p,T^c)$, d.h. $V^o(\bar{y}^o,\bar{x}^o) \equiv 0 \bmod T^c$.
Damit ist das Lemma bewiesen.
Wenn also der Fall (A) eintritt, wenden wir Lemma 3.3. an und sind nach Induktionsvoraussetzung fertig:
Es existieren $\underline{h}_{\mathfrak{b}}, \beta_{\mathfrak{b}}, \gamma_{\mathfrak{b}}$. Wir setzen $\underline{h}_{\mathfrak{a}} = \underline{h}_{\mathfrak{b}}$, $\beta_{\mathfrak{a}} = \beta_{\mathfrak{b}}$, $\gamma_{\mathfrak{a}} = \gamma_{\mathfrak{b}}$.

Wir können also jetzt zusätzlich zu (1) - (3) voraussetzen:

(4) $f_{i_1},\ldots,f_{i_r}$ mod $\underline{q}^2$ sind linear abhängig in $\underline{q}/\underline{q}^2$

Erst jetzt beginnt die eigentliche p-Desingularisierung.

Sei $l = ht(\mathfrak{a})$ und seien $h_1,\ldots,h_l \in A[[Y]][X]$ so gewählt, daß $h_1^o,\ldots,h_l^o$ $\mathfrak{a}K[[T,Y]][X]_{\mathfrak{a}}$ erzeugen.
Nach Lemma 3.2. existiert ein $l \times l$-Minor M der Jacobischen Matrix $\dfrac{\partial(h_1^o,\ldots,h_l^o)}{\partial(Y,X)}$ mit $M \notin \mathfrak{a}$. Nach Wahl der h_i existieren $Q, V_i, \xi_{ij} \in A[[Y]][X]$, $i = 1,\ldots,m$, $j = 1,\ldots,l$ mit

$$(+) \qquad Qf_i = \sum_{j=1}^{l} \xi_{ij}h_j + pV_i \quad , Q \notin \mathfrak{a} .$$

Sei $\mathcal{X}$ die endliche Menge aller r+1-Tupel $(f_{i_1},\ldots,f_{i_r},D)$, D ein $r \times r$-Minor der Jacobischen Matrix

$\dfrac{\partial(f_1,\ldots,f_m)}{\partial(Y,X)}$ definiert durch $f_{i_1},\ldots,f_{i_r}$ mit $D \notin \underline{a}$.

Da $\underline{a}$ polynomial definiert ist, ist $\mathcal{X}$ nicht leer.
Nun existieren wegen (4) für jedes r+1-Tupel $f = (f_{i_1},\ldots,f_{i_r},D) \in$

$\xi_i^{(f)}, \lambda_{ij}^{(f)}, v^{(f)} \in A[[Y]][X]$ mit

(++) $$Q\sum_{j=1}^{r} \xi_j^{(f)} f_{i_j} = \sum_{i,j=1}^{l} \lambda_{ij}^{(f)} h_i h_j + pv^{(f)}$$

mit $v^{(f)} \in \mathfrak{a}$ (o.B.d.A. $v^{(f)} = pv_1^{(f)} + \sum \eta_i^{(f)} h_i$; das läßt sich bei geeigneter Wahl von Q stets realisieren) und $\xi_k^{(f)} \notin \mathfrak{a}$ für ein k.

Jetzt sind wir in der Lage $\beta_{\mathfrak{a}}, \gamma_{\mathfrak{a}}$ und $\underline{h}_{\mathfrak{a}}$ zu definieren.
Dazu betrachten wir die Ideale $\mathfrak{b}^{(f)} := \mathfrak{a} + (M^o Q^o \xi_k^{(f)o})$.

Wegen der Wahl von M, Q und $\xi_k^{(f)}$ ist $\mathfrak{b}^{(f)} \supsetneqq \mathfrak{a}$.
Nach Induktionsvoraussetzung existieren $\beta_{\mathfrak{b}^{(f)}}, \gamma_{\mathfrak{b}^{(f)}}$ und $\underline{h}_{\mathfrak{b}^{(f)}}$. Wir setzen:

$$\beta_{\mathfrak{a}}(c) = \max \{ \varphi(\beta_{\mathfrak{b}^{(f)}}(c)) + c, f \in \mathcal{X} \}$$

$$\gamma_{\mathfrak{a}}(c) = d \cdot e \cdot \max \{ \varphi(\gamma_{\mathfrak{b}^{(f)}}(c) + c), f \in \mathcal{X} \}$$

Sei $I^{(f)} = (f_{i_1}, \ldots, f_{i_r}, pZ_1 - h_1, \ldots, pZ_l - h_l, Z_{l+1}, \ldots, Z_{N+N'})$ für ein $f \in \mathcal{X}$. Dann setzen wir

$$\underline{h}_{\mathfrak{a}} = \bigcap_{f \in \mathcal{X}} I^{(f)} \cap \bigcap_{f \in \mathcal{X}} \underline{h}_{\mathfrak{b}^{(f)}} .$$

Dabei sind die Zahlen $d, e \in \mathbb{N}$ wie folgt definiert:

- d ist eine Zahl, so daß $I(\bar{y}, \bar{x}, \bar{z}) \equiv 0 \bmod T^{dc}$ impliziert $\underline{q}'(\bar{y}, \bar{x}, \bar{z}) \equiv 0 \bmod T^c$ für ein zu I assoziiertes Primideal $\underline{q}'$ (Lemma 2.5.).
- e ist eine Zahl mit den folgenden Eigenschaften: Sei $f = (f_{i_1}, \ldots, f_{i_r}, D) \in \mathcal{X}$, dann ist für jeden $r \times r$-Minor N der Jacobischen Matrix $\partial(f_{i_1}, \ldots, f_{i_r}) / \partial(X, Y)$ $N^e \in \underline{a} + (f_{i_1}, \ldots, f_{i_r}) : \underline{a}^v$ für hinreichend große v (Korollar 2.8.).

Wir müssen nun zeigen, daß mit den so definierten $\underline{h}_\alpha$, β_α, γ_α Lemma 3.1. gilt:

Sei für $\bar{y} \in \underline{m}A^N$, $\bar{x} \in A^{N'}$ $\quad \underline{a}(\bar{y},\bar{x}) \equiv 0 \bmod T^{\beta_\alpha(c)}$, $\alpha(\bar{y}^0,\bar{x}^0) \equiv 0 \bmod T^{\gamma_\alpha(c)}$ und $0 \neq l(c,\underline{a},\bar{y},\bar{x}) < \infty$.

Dann gibt es zwei Möglichkeiten:

(A) Für ein $f \in \mathcal{X}$ ist

$$\underline{M(\bar{y},\bar{x})^0 Q(\bar{y},\bar{x})^0 \ \xi_k^{(f)}(\bar{y},\bar{x})^0 \quad 0 \bmod T^{e \cdot \gamma_{\nu(f)}(c)}}.$$

In diesem Fall sind wir nach Definition von $\beta_\alpha(c) \geq \beta_{\nu(f)}(c)$, $\gamma_\alpha(c) \geq \gamma_{\nu(f)}(c)$ und $\nu^{(f)}$ nach Induktionsvoraussetzung fertig.

(B) Für alle $f \in \mathcal{X}$ ist

$$\underline{M(\bar{y},\bar{x})^0 Q(\bar{y},\bar{x})^0 \ \xi_k^{(f)}(\bar{y},\bar{x})^0 \ \not\equiv \ 0 \bmod T^{e \cdot \gamma_{\nu(f)}(c)}}.$$

In diesem Fall betrachten wir für $f \in \mathcal{X}$ die

$I^{(f)} = (f_{i_1},\ldots,f_{i_r}, pZ_1 - h_1,\ldots,pZ_l - h_l, Z_{l+1},\ldots,Z_{N+N'})$.

Da $h_i(\bar{y},\bar{x}) \equiv 0 \bmod (p,T^{\gamma_\alpha(c)})$ ist, existieren $\bar{z}_i \in A$, $i = 1,\ldots,l$, so daß mit $\bar{z} = (\bar{z}_1,\ldots,\bar{z}_l,0,\ldots,0)$

$I^{(f)}(\bar{y},\bar{x},\bar{z}) \equiv 0 \bmod T^{\gamma_\alpha(c)}$ ist, d.h. insbesondere ist

$$I^{(f)}(\bar{y},\bar{x},\bar{z}) \equiv 0 \bmod T^{d \cdot e \cdot \varphi(\gamma_{\nu(f)}(c) + c)}.$$

Wegen der Wahl von d folgt, daß zu $I^{(f)}$ assoziierte Primideale $\underline{q}^{(f)} \subseteq A[[Y]][X,Z]$ existieren mit

$\underline{q}^{(f)}(\bar{y},\bar{x},\bar{z}) \equiv 0 \bmod T^{e \cdot \varphi(\gamma_{\nu(f)}(c) + c)}$.

Wir zeigen jetzt, daß für ein geeignetes $f \in \mathcal{X}$

(I) $\quad \underline{q}^{(f)} \supseteq \underline{a}A[[Y]][X,Z]$

(II) $\quad l(e \cdot \gamma_{\nu(f)}(c) + c - 1, \underline{q}^{(f)}, \bar{y},\bar{x},\bar{z}) < l(c,\underline{a},\bar{y},\bar{x})$ ist.

Damit ist dann das Lemma 3.1. bewiesen.

(I) Sei D ein $r \times r$-Minor der Jacobischen Matrix $\dfrac{\partial(f_1,\ldots,f_m)}{\partial(Y,X)}$,

der $l(c,\underline{a},\bar{y},\bar{x})$ definiert (vgl. Seite 18), d.h.
$D(\bar{y},\bar{x}) \not\equiv 0 \bmod (p^{l(c,\underline{a},\bar{y},\bar{x})+1}, T^c)$; insbesondere ist also
$D \not\in \underline{a}$. Sei $f = (f_{i_1},\ldots,f_{i_r},D) \in \mathfrak{X}$; aus der Wahl von e folgt (mit analogen Schlüssen, wie wir sie auf den Seiten 13,14 verwendet haben), daß

$\underline{a}_1 \cap \ldots \cap \underline{a}_s \not\subseteq \underline{g}^{(f)}$ ist, d.h. $\underline{a}A[[Y]][X,Z] \subseteq \underline{g}^{(f)}$.

(II) Sei o.B.d.A. $f = (f_1,\ldots,f_r,D)$. Nun betrachten wir die zu $f_1,\ldots,f_r$ gehörige Darstellung durch die h_i, d.h. die Gleichungen (+) und (++) von Seite 40 und 41 und erhalten:

$$Qf_i = \sum_j \xi_{ij}h_j + pV_i = -\sum_j \xi_{ij}(pZ_j - h_j) + p\bar{V}_i$$

mit $\bar{V}_i \in I^{(f)} : p \subseteq \underline{g}^{(f)}$, und

$$Q\sum_j \xi_j^{(f)} f_j = \sum_{i,j} \lambda_{ij}^{(f)} h_i h_j + p(V_1^{(f)}p + \sum_i \eta_i^{(f)} h_i)$$
$$= \sum_i \varkappa_i (pZ_i - h_i) + p^2\tilde{V}$$

für geeignete $\varkappa_i, \tilde{V} \in A[[Y]][X,Z]$. Daraus folgt, daß $\tilde{V} \in I^{(f)} : p^2 \subseteq \underline{g}^{(f)}$ ist. Weiterhin wissen wir, daß $\xi_k^{(f)} \not\in \underline{g}^{(f)}$ ist (weil wir im Fall (B) sind, vgl. Seite 42).

Nun betrachten wir in $\underline{g}^{(f)}$ die Elemente

$$\bar{V}_1,\ldots,\bar{V}_{k-1},\tilde{V},\bar{V}_{k+1},\ldots,\bar{V}_r,pZ_1-h_1,\ldots,pZ_l-h_l,Z_{l+1},\ldots,Z_{N+N'} .$$

Wir werden die Jacobische Matrix dieser Elemente berechnen und zeigen, daß für einen $(r+N+N') \times (r+N+N')$-Minor S dieser Matrix

$$S(\bar{y},\bar{x},\bar{z}) \not\equiv 0 \bmod (p^{l(c,\underline{a},\bar{y},\bar{x})}, T^{e\cdot\gamma_{\nu(f)}(c)+c-1}) \text{ ist,}$$

d.h. $l(e\,\gamma_{\nu(f)}(c), \underline{g}^{(f)}, \bar{y},\bar{x},\bar{z}) \leq l(c,\underline{a},\bar{y},\bar{x}) - 1$.

Wir wollen jetzt zur Abkürzung $\lambda := e\cdot\gamma_{\nu(f)}(c)$ setzen.

Aus den Gleichungen, die die $\bar{V}_i$ und $\tilde{V}$ definieren, erhalten wir

$$Q(\bar{y},\bar{x})\frac{\partial f_i}{\partial Y_k}(\bar{y},\bar{x}) \equiv \sum_j \xi_{ij}(\bar{y},\bar{x},\bar{z})\frac{\partial h_j}{\partial Y_k}(\bar{y},\bar{x}) + p\,\frac{\partial \bar{V}_i}{\partial Y_k}(\bar{y},\bar{x},\bar{z}) \mod T^{de}\,\varphi(\lambda + c)$$

und

$$Q(\bar{y},\bar{x}) \sum_j \xi_j^{(f)}(\bar{y},\bar{x})\frac{\partial f_j}{\partial Y_k}(\bar{y},\bar{x}) \quad - \sum_i \varkappa_i(\bar{y},\bar{x},\bar{z})\frac{\partial h_i}{\partial Y_k}(\bar{y},\bar{x}) + $$
$$+ p^2\frac{\partial \tilde{V}}{\partial Y_k}(\bar{y},\bar{x},\bar{z}) \mod T^{de}\,\varphi(\lambda + c)$$

und analoge Kongruenzen für die Ableitungen nach den X_k, sowie

$$p\,\xi_{ik}(\bar{y},\bar{x},\bar{z}) \equiv -p\frac{\partial \bar{V}_i}{\partial Z_k} \mod T^{de}\,\varphi(\lambda + c)$$

$$\varkappa_k(\bar{y},\bar{x},\bar{z}) \equiv -p\frac{\partial \tilde{V}}{\partial Z_k} \mod T^{de}\,\varphi(\lambda + c) .$$

Daraus folgt, daß die zu den Elementen

$\bar{V}_1,\ldots,\bar{V}_{k-1},\tilde{V},\bar{V}_{k+1},\ldots,\bar{V}_r,pZ_1-h_1,\ldots,pZ_l-h_l,Z_{l+1},\ldots,Z_{N+N'}$

assoziierte Jacobische Matrix an der Stelle $X = \bar{x}$, $Y = \bar{y}$, $Z = \bar{z}$ modulo $T^{de}\varphi(\lambda+c)$ kongruent zu einer Matrix ist, die durch Multiplikation mit Elementarmatrizen in die Matrix

$$\left(\begin{array}{c|c}
\begin{array}{c} p^{-1}\,\partial f_1/\partial(Y,X)(\bar{y},\bar{x}) \\ \vdots \\ p^{-2}\,\partial f_k/\partial(Y,X)(\bar{y},\bar{x}) \\ \vdots \\ p^{-1}\,\partial f_r/\partial(Y,X)(\bar{y},\bar{x}) \end{array} & 0 \\ \hline
-\partial(h_1,\ldots,h_l)/\partial(Y,X)(\bar{y},\bar{x}) & \begin{array}{cc} p\cdot\mathcal{E}_l, & 0 \\ 0, & \mathcal{E}_{N+N'-l} \end{array}
\end{array}\right)$$

überführt werden kann ($\mathcal{E}_s$ ist hier die $s\times s$-Einheitsmatrix).

Wenn wir jetzt zeigen wollen, daß
$l(\lambda+c-1, g^{(f)}, \bar{y}, \bar{x}, \bar{z}) \leq l(c, \underline{a}, \bar{y}, \bar{x})$ ist, genügt es zu zeigen, daß für einen $(r+N+N') \times (r+N+N')$-Minor S der letzten Matrix

$$S \not\equiv 0 \mod (p^{l(c,\underline{a},\bar{y},\bar{x})}, T^{\lambda+c-1})$$

ist. Dazu genügt es nun zu zeigen, daß für einen $(r+l)\times(r+l)$-Minor $\bar{S}$ der Matrix

$$\begin{pmatrix} \frac{\partial(f_1,\ldots,f_r)}{\partial(Y,X)}(\bar{y},\bar{x}) & 0 \\ \frac{\partial(h_1,\ldots,h_l)}{\partial(Y,X)}(\bar{y},\bar{x}) & \begin{matrix} p & & \\ & p & \\ & & \ddots \\ & & & p \end{matrix} \end{pmatrix}$$

$$\bar{S} \not\equiv 0 \mod (p^{l(c,\underline{a},\bar{y},\bar{x}) + r + 1}, T^{\lambda + c - 1})$$

ist.

Nun wissen wir:

(i) Es existiert ein $r \times r$-Minor D von $\frac{\partial(f_1,\ldots,f_r)}{\partial(Y,X)}$

mit $D(\bar{y},\bar{x}) \not\equiv 0 \mod (p^{l(c,\underline{a},\bar{y},\bar{x}) + 1}, T^c)$ (Definition von $l(c,\underline{a},\bar{y},\bar{x})$).

(ii) Es existiert ein $l \times l$-Minor M von $\frac{\partial(h_1,\ldots,h_l)}{\partial(Y,X)}$

mit $M(\bar{y},\bar{x}) \not\equiv 0 \mod (p, T^{\lambda})$ (weil wir im Fall (B) sind).

Wenn nun $r = l$ ist, erfüllt der Minor $\bar{S} = \left| \begin{array}{c|c} D & 0 \\ * & \begin{matrix} p & \\ & p \ddots \end{matrix} \end{array} \right|$
die obige Bedingung.

Wenn $r < l$ ist benötigen wir folgenden Hilfssatz, der wegen (i) und (ii) sofort die Existenz eines Minors $\bar{S}$ mit der obigen Bedingung liefert:

3.4. Lemma: Sei $\mathcal{A}$ eine über $R[\![T]\!]$ definierte Matrix der Form

$$\begin{pmatrix} \mathcal{B} & 0 \\ \mathcal{C} & \mathcal{D} \end{pmatrix}$$

, wobei $\mathcal{B}$ eine $r \times (N+N')$-Matrix ist, $\mathcal{C}$ eine $l \times (N+N')$-Matrix, $\mathcal{D} = p \cdot I_l$, I_l die $l \times l$-Einheits-Matrix; und sei $r < l \leq N+N'$.

Wir setzen weiterhin voraus, daß ein $r \times r$-Minor D von $\mathcal{B}$ existiert mit $D \not\equiv 0 \bmod (p^{t+1}, T^c)$ und daß ein $l \times l$-Minor M von $\mathcal{C}$ existiert mit $M \not\equiv 0 \bmod (p, T^{\lambda})$.

Dann existiert ein $(r+1) \times (r+1)$-Minor $\bar{S}$ von $\mathcal{A}$ mit $\bar{S} \not\equiv 0 \bmod (p^{t+r+1}, T^{\lambda+c-1})$.

Beweis: Wir können o.B.d.A. annehmen, daß für alle $r \times r$-Minoren M von $\mathcal{B}$ gilt $M \equiv 0 \bmod (p^t, T^c)$.

Wir betrachten zunächst den Fall n = 1, d.h. T ist nur eine Unbestimmte. Sei $\mathcal{C}^o$ die Restklassenmatrix mod p. Die Elemente von $\mathcal{C}^o$ liegen dann in dem diskreten Bewertungsring $K[\![T]\!]$ (mit $K = R/p$). Es gibt somit zwei invertierbare Matrizen $\mathcal{U}'$ ($l \times l$-Matrix) und $\mathcal{V}'$ ($N+N' \times N+N'$-Matrix) mit Elementen aus $R[\![T]\!]$, so daß $\mathcal{U}'^o \mathcal{C}^o \mathcal{V}'^o$ eine diagonale $l \times N+N'$-Matrix ist. Sei $\mathcal{U}$ die $(r+l) \times (r+l)$-Matrix $\begin{pmatrix} I_r & 0 \\ 0 & \mathcal{U}' \end{pmatrix}$

und $\mathcal{V}$ die $(l+N+N') \times (l+N+N')$-Matrix $\begin{pmatrix} \mathcal{V}' & 0 \\ 0 & \mathcal{U}'^{-1} \end{pmatrix}$

Es ist klar, daß es genügt einen $(r+1) \times (r+1)$-Minor $\bar{S}$ von

$$\mathcal{A}' = \begin{pmatrix} \mathcal{B}\mathcal{V}' & 0 \\ \mathcal{U}'\mathcal{C}\mathcal{V}' & \mathcal{D} \end{pmatrix} = \mathcal{U}\mathcal{A}\mathcal{V}$$

zu finden, so daß

$\bar{S} \not\equiv 0 \bmod (p^{r+t+1}, T^{\lambda+c-1})$ ist.

Wir haben damit unser Problem auf den Fall reduziert, daß $\mathcal{C}^o$ eine Diagonalmatrix ist. Seien nun $u_1, \ldots, u_r$ die Nummern der

der Spalten von D. Es gibt l-r Spalten von M, die nicht in D vorkommen, sagen wir die mit den Nummern $u_{r+1},\dots,u_l$.
Nun gibt es einen $(l-r) \times (l-r)$-Minor M' von $\mathcal{C}$, in dem die Spalten mit den Nummern $u_{r+1},\dots,u_l$ vorkommen, mit der Eigenschaft $M' \not\equiv 0 \bmod (p,T^{\lambda})$. Seien $v_{r+1},\dots,v_l$ die Nummern der Zeilen von M'.
Wir wählen $\bar{S}$ als den durch die Spalten mit den Nummern $u_1,\dots,u_r,u_{r+1},\dots,u_l,N+N'+v_1,\dots,N+N'+v_r$ definierten $(r+l) \times (r+l)$-Minor von $\mathfrak{K}$, wobei $v_1,\dots,v_r$ alle die Zeilennummern von $\mathcal{C}$ sind, die nicht in M' liegen.
Man überlegt sich leicht, daß dann $\bar{S} \equiv p^r M'D \not\equiv 0 \bmod (p^{r+t+1},T^{\lambda+c-1})$ ist.
Wir betrachten nun den allgemeinen Fall $n>1$. Sei D ein $r \times r$-Minor von $\mathfrak{B}$, so daß $D = Hp^t + H'$ ist, wobei $H \not\equiv 0 \bmod (p,T^c)$, $H' \equiv 0 \bmod T^c$ ist, und sei M ein $l \times l$-Minor von $\mathcal{C}$, so daß $M \not\equiv 0 \bmod (p,T^{\lambda})$ ist.

Wir können für dieses Lemma voraussetzen, daß $K = R/(p)$ unendlich ist, weil wir anderenfalls R durch eine unverzweigte Erweiterung R' von R mit Restklassenkörper K' ersetzen könnten. Es gibt also einen linearen Automorphismus $\varphi: R[[T]] \to R[[T]]$ der Form $\varphi(T_i) = T_i + a_i T_n$, $a_n = 0$, so daß $\varphi(H)$ und $\varphi(M)$ mod p T_n-allgemein sind.
Somit können wir o.B.d.A. voraussetzen, daß H und M mod p T_n- allgemein sind, d.h. o.B.d.A. ist $H^0(0,\dots,0,T_n) \not\equiv 0 \bmod T_n^{\,c}$ und $M^0(0,\dots,0,T_n) \not\equiv 0 \bmod T_n$.

Sei nun $\sigma: R[\![T]\!] \longrightarrow R[\![T_n]\!]$ die kanonische Projektion, d.h. $\sigma(S) = S(0,\ldots,0,T_n)$ für alle $S \in R[\![T]\!]$. Mit den gemachten Annahmen ist klar, daß $\sigma(\mathfrak{R})$ eine über $R[\![T_n]\!]$ definierte Matrix ist, die für den Fall einer Variablen den Bedingungen des Lemmas genügt. Es gibt also einen $(r+1)\times(r+1)$-Minor $\bar{S}$ von $\sigma(\mathfrak{R})$ mit $\bar{S} \not\equiv 0 \mod (p^{r+t+1}, T_n^{c+\lambda-1})$. Dann gilt aber auch $S \not\equiv 0 \mod (p^{r+t+1}, T^{\lambda+c-1})$ für den $\bar{S}$ entsprechenden Minor S in $\mathfrak{R}$. Damit ist Lemma 3.4. bewiesen. Damit ist auch das Lemma 3.1. unter der Voraussetzung von Lemma 3.2. bewiesen.

Beweis von Lemma 3.2.:

Wir wollen zunächst (1) von 3.2. beweisen.

3.5. Lemma: Sei $\mathfrak{n} \subseteq K[\![T]\!][X]$ ein Primideal, $f \in \mathfrak{n}$, $f \notin \mathfrak{n}^2$ und $f \in K[\![T]\!][X^t]$, t = Carakteristik von K. Sei $\{e_i\}_{i \in I}$ eine Basis von K über K^t und

$$f = \sum_{\substack{i_k < t \\ j \in I}} f^t_{i_1,\ldots,i_n,j}\, e_j T_1^{i_1} \cdot \ldots \cdot T_n^{i_n} ,$$

dann existiert ein $(i_1,\ldots,i_n,j)$, so daß $f_{i_1,\ldots,i_n,j} \notin \mathfrak{n}$ ist.

Wir wollen dieses Lemma im Anschluß beweisen und zunächst daraus 3.2. folgern sowie einige Bemerkungen machen.

Bemerkung: Wenn $[K:K^t] < \infty$ ist, ist das Lemma trivial (aus $f_{i_1,\ldots,i_n,j} \in \mathfrak{n}$ für alle $(i_1,\ldots,i_n,j)$ folgt in diesem Fall sofort $f \in \mathfrak{n}^t$ und damit ein Widerspruch zur Voraussetzung). Wenn $[K:K^t] = \infty$ ist, kann man jedes $f \in K[\![T]\!][X^t]$ in der im Lemma angegebenen Form schreiben. Eine derartige Summe hat genau dann einen Sinn (d.h. defineirt ein Element aus $K[[T]][X]$), wenn

(1) für alle natürlichen Zahlen γ stets

$f_{i_1,\ldots,i_n,j} \equiv 0 \bmod T^{\gamma}$ ist für fast alle j;

(2) eine natürliche Zahl λ existiert, so daß für alle

$(i_1,\ldots,i_n,j)$ $\quad \mathrm{Grad}_X f_{i_1,\ldots,i_n,j} < \lambda$ ist.

Wir wollen jetzt (1) von Lemma 3.2. herleiten.

Sei $f \in (\mathfrak{a}-\mathfrak{a}^2) \cap K[[T,Y^t]][X^t]$ und (mit den Bezeichnungen von 3.5.) $f = \sum_{\substack{i_k < t \\ j \in I}} f^t_{i_1,\ldots,i_n,j} T_1^{i_1} \cdot \ldots \cdot T_n^{i_n} e_j$, so daß

$f_{i_1,\ldots,i_n,j} \notin \mathfrak{a}$ ist (Lemma 3.5.).

Wir setzen $\mathfrak{b} = \mathfrak{a} + (f_{i_1,\ldots,i_n,j})$.

Wenn nun für gewisse $(\bar{y},\bar{x}) \in T\cdot K[[T]]^N \times K[[T]]^{N'}$

$f(\bar{y},\bar{x}) \equiv 0 \bmod T^{tc}$ ist für ein $c > n$, folgt

$$\sum_{i_k < t} f^t_{i_1,\ldots,i_n,j}(\bar{y},\bar{x}) T_1^{i_1} \cdot \ldots \cdot T_n^{i_n} \equiv 0 \bmod T^{tc} \text{ für alle } j.$$

Daraus folgt, daß $f^t_{i_1,\ldots,i_n,j}(\bar{y},\bar{x}) \equiv 0 \bmod T^{tc-tn}$ ist

für alle $i_1,\ldots,i_n,j$.

Damit ist $\mathfrak{b}(\bar{y},\bar{x}) \equiv 0 \bmod T^{c-n}$ und (1) von Lemma 3.2. ist bewiesen.

Beweis von Lemma 3.5.:

Wir nehmen an, $f_{i_1,\ldots,i_n,j} \in \mathfrak{a}$ für alle $(i_1,\ldots,i_n,j)$ (mit den Bezeichnungen von 3.5.) und werden zeigen, daß in diesem Fall $f \in \mathfrak{a}^2$ ist.

3.6. Lemma: Seien $F_i(Z) = \sum_{j=1}^{p} a_{ij} Z_j$, $i = 1,\ldots,s$,

$a_{ij} \in K[[T]][X]$ ein System von Linearformen in p Unbestimmten $Z = (Z_1,\ldots,Z_p)$. Dann existieren monoton steigende

Funktionen $\alpha, \beta : \mathbb{N} \longrightarrow \mathbb{N}$ mit folgenden Eigenschaften:
Für jedes System $\{b_i\}_{i=1,\dots,s}$ von Elementen aus $K[[T]][X]$, so daß das Gleichungssystem

$$F_i(Z) = b_i \quad , i = 1,\dots,s$$

lösbar ist, existiert eine Lösung $z = (z_1,\dots,z_p)$ mit

(1) $\mathrm{Grad}_X z_j < \alpha(\max\{\mathrm{Grad}_X b_i \, , i = 1,\dots,s\})$

(2) $\mathrm{Ord}_T z_j > \min\{\mathrm{Ord}_T b_i \, , i=1,\dots,s\} / \beta(\max \mathrm{Grad}_X b_i, i=1,\dots,s) -$

$$- \beta(\max\{\mathrm{Grad}_X b_i \, , i=1,\dots,s\})$$

Wir wollen für einen Moment voraussetzen, wir hätten das Lemma bewiesen und daraus 3.5. herleiten.
Sei $g_1,\dots,g_r$ ein Erzeugendensystem von $\mathfrak{A}$.
Wir betrachten die Linearform

$$\sum_{i=1}^{r} g_i Z_i$$

und die nach Lemma 3.6. assoziierten Funktionen α, β.
Da die $f_{i_1,\dots,i_n,j} \in \mathfrak{A}$ sind, existieren nach Definition von α und β

$$\{h_{i_1,\dots,i_n,j,s}\} \quad \begin{matrix} 0 \le i_1,\dots,i_n \le t, \ j \in I \\ s = 1,\dots,r \end{matrix}$$

so daß

$$f_{i_1,\dots,i_n,j} = \sum_{s=1}^{r} g_s h_{i_1,\dots,i_n,j,s}$$

ist, und

(a) $\mathrm{Grad}_X h_{i_1,\dots,i_n,j,s} < \alpha(\mathrm{Grad}_X f)$

(b) $\mathrm{Ord}_{T,Y} h_{i_1,\dots,i_n,j,s} > \mathrm{Ord}_{T,Y} f_{i_1,\dots,i_n,j} / \beta(\mathrm{Grad}_X f) -$

$$- \beta(\mathrm{Grad}_X f) \quad .$$

Nun wissen wir, daß für gegebenes $\gamma \in \mathbb{N}$

$f_{i_1,\ldots,i_n,j} \equiv 0 \bmod (T,Y)^{\delta}$ ist für fast alle j;
daraus folgt, daß

$h_{i_1,\ldots,i_n,j,s} \equiv 0 \bmod (T,Y)^{\delta}$ ist für fast alle j.

Nun betrachten wir die Summe

$$S_l = \sum_{\substack{i_k < t \\ j \in I}} h^t_{i_1,\ldots,i_n,j,l} T_1^{i_1} \cdot \ldots \cdot T_n^{i_n} e_j \quad ;$$

Wegen (a) und (b) liefert S_l eine Potenzreihe aus $K[[T,Y]]\{X\}$.
Damit erhalten wir, daß

$$f = \sum_{l=1}^{r} S_l g_l^t \in \mathfrak{a}^t$$

ist. Das ist ein Widerspruch und damit ist Lemma 3.5. bewiesen.

Wir wollen zunächst im Beweis von Lemma 3.2. fortfahren und Lemma 3.6. in einem Anhang beweisen.

Zu (2) von Lemma 3.2.: Wir benötigen folgenden Hlifssatz:

3.7. Lemma: Sei $\mathfrak{a} \leq K[[T,Y]]$ ein Primideal mit $\mathrm{ht}(\mathfrak{a}) \leq N$ und $(\mathfrak{a} - \mathfrak{a}^2) \cap K[[T,Y^t]] = \emptyset$. Dann gibt es einen Automorphismus Φ von $K[[T,Y]]$ mit folgenden Eigenschaften:

(1) $\Phi(T_i) = T_i + \Phi_i(Y^t)$, $\Phi_i \in K[[Y]]$ mit $\mathrm{Ord}_Y \Phi_i \geq 2$,

(2) $\Phi(Y_i)$ hängt nicht von T ab, d.h. $\Phi(Y_i) \in K[[Y]]$,

(3) $\Phi(\mathfrak{a})$ besitzt ein Erzeugendensystem aus $K[[T,Y_1,\ldots,Y_s]][Y_{s+1},\ldots,Y_N]$ und $\Phi(\mathfrak{a}) \cap K[[T,Y_1,\ldots,Y_s]] = 0$,

(4) $Q(K[[T,Y]]/\Phi(\mathfrak{a}))$ ist endlich und separabel über $K((T,Y_1,\ldots,Y_s))$.

Beweis: Wir wählen ein irreduzibles $f \in \mathfrak{a} - \mathfrak{a}^2$ mit $f \notin K[[T,Y^t]]$. Sei $f \notin K[[T,Y_1,\ldots,Y_{s-1},Y_s^t,Y_{s+1},\ldots,Y_N]]$; durch einen Automorphismus $T_i \mapsto T_i + Y_s^{ta_i}$, $Y_i \mapsto Y_i + Y_s^{tb_i}$, $Y_s \longmapsto Y_s$

mit geeigneten natürlichen Zahlen a_i, b_i können wir erreichen, daß f in ein Element übergeht, das zu einem in Y_s separablen Weierstraßpolynom assoziiert ist.
Sei $\overline{\Phi}_1$ dieser Automorphismus und sei $\overline{\Phi}_1(f)\cdot$Einheit $=: g_1$,
$g_1 = Y_s^r + \xi_{r-1}Y_s^{r-1} + \dots + \xi_o$, $\xi_i \in K[[T,Y_1,\dots,Y_{s-1},Y_{s+1},\dots]]$
Nichteinheiten. g_1 ist irreduzibel und separabel bezüglich Y_s .
Wenn nun $\overline{\Phi}_1(\mathfrak{a}) \cap K[[T,Y_1,\dots,Y_{s-1},Y_{s+1},\dots,Y_N]] = 0$
ist, sind wir fertig. In diesem Fall ist nämlich
$Q(K[[T,Y]]/\overline{\Phi}_1(\mathfrak{a})) = Q(K[[T,Y]]/g_1)$ separabel über
$K((T,Y_1,\dots,Y_{s-1},Y_{s+1},\dots,Y_N))$. Wir wenden auf g_1 noch den Automorphismus, definiert durch $Y_s \longmapsto Y_N$, $Y_N \longmapsto Y_s$, an und haben die in Lemma 3.5. geforderten Eigenschaften von $\overline{\Phi}(\mathfrak{a})$.
Sei also für die weiteren Betrachtungen o.B.d.A. s = N.
Wenn nun $\overline{\Phi}_1(\mathfrak{a}) \cap K[[T,Y_1,\dots,Y_{N-1}]] \neq 0$ ist, können wir ein $h \in \overline{\Phi}_1(\mathfrak{a}) \cap K[[T,Y_1,\dots,Y_{N-1}]]$ mit folgenden Eigenschaften finden:
$h \notin K[[T,Y^t]]$, $h \notin \overline{\Phi}_1(\mathfrak{a})^2$, h ist irreduzibel.
Jetzt wiederholen wir den eben gemachten Schluß $ht(\mathfrak{a})-1$ mal.
Wir erhalten insgesammt einen Automorphismus $\overline{\Phi}$ von $K[[T,Y]]$ mit den Eigenschaften (1) und (2) von 3.5. und Elemente
$g_1,\dots,g_r \in \overline{\Phi}(\mathfrak{a})$, $r = ht(\mathfrak{a})$, mit folgenden Eigenschaften:

- $g_1,\dots,g_r$ ist ein reguläres Parametersystem von $\overline{\Phi}(\mathfrak{a})$,
- $g_r \in K[[T,Y_1,\dots,Y_{N-r}]][Y_{N-r+1}]$

  $g_{r-1} \in K[[T,Y_1,\dots,Y_{N-r+1}]][Y_{N-r+2}]$

  ⋮

  $g_1 \in K[[T,Y_1,\dots,Y_{N-1}]][Y_N]$

- g_i ist irreduzibel, separabel in Y_{N-i+1} und ein Weierstraßpolynom in Y_{N-i+1},
- $\overline{\Phi}(\mathfrak{a}) \cap K[[T,Y_1,\ldots,Y_{N-r}]] = 0$.

Aus diesen Eigenschaften folgt nun sofort, daß $Q(K[[T,Y]]/\overline{\Phi}(\mathfrak{a}))$ endlich und separabel über $K((T,Y_1,\ldots,Y_{N-r}))$ ist. Damit ist Lemma 3.5. bewiesen.

Wir wollen nun mit Hilfe von Lemma 3,5, Lemma 3.2. beweisen. Wir haben in (2) von 3.2. folgende Situation:

- $(\mathfrak{a} \setminus \mathfrak{a}^t) \cap K[[T,Y^t]][X^t] = \emptyset$,
- es existieren, $\bar{y} \in T\,K[[T]]^N$, $\bar{x} \in K[[T]]^{N'}$ mit $\mathfrak{a}(\bar{y},\bar{x}) \equiv 0 \bmod T$,
- $\mathrm{ht}(\mathfrak{a} \cap K[[T,Y]]) \leq N$.

Wir können deshalb o.B.d.A. annehmen, daß $\mathfrak{a} \subsetneq (T,Y,X)$ ist ($\mathfrak{a} \subseteq (T,Y-\bar{y},X-\bar{x})$ und der Automorphismus $T \mapsto T$, $Y \mapsto Y+\bar{y}$, $X \mapsto X+\bar{x}$ ändert die Voraussetzungen und die Aussage des Lemmas nicht). Dann ist $\mathfrak{a}K[[T,Y,X]]$ ein reduziertes Ideal der Höhe $\mathrm{ht}(\mathfrak{a})$.

Sei $f_1,\ldots,f_m$ ein Erzeugendensystem von $\mathfrak{a}$. Wir betrachten ein zu $\mathfrak{a}K[[T,Y,X]]$ assoziiertes Primideal $\mathfrak{q}$ der Höhe $\mathrm{ht}(\mathfrak{a})$, und $(\mathfrak{q} \setminus \mathfrak{q}^t) \cap K[[T,Y^t]][X^t] = \emptyset$ dann erzeugen die $f_1,\ldots,f_m$ lokal $\mathfrak{q}$ (da $\mathfrak{a}K[[T,Y,X]]_{\mathfrak{q}} = \mathfrak{q}K[[T,Y,X]]_{\mathfrak{q}}$ ist).

Jetzt wenden wir auf $\mathfrak{q}$ Lemma 3.5. an (da $\mathrm{ht}(\mathfrak{a} \cap K[[T,Y]]) \leq N$ ist, ist $\mathrm{ht}(\mathfrak{q}) \leq N+N'$). Es gibt also einen Automorphismus $\overline{\Phi}$ von $K[[T,Y,X]]$ mit den Eigenschaften (1) bis (4) von Lemma 3.5. , d.h. unter anderem ist $\overline{\Phi}(\mathfrak{q})$ separabel und polynomial definiert. Jetzt können wir auf die $\overline{\Phi}(f_1),\ldots,\overline{\Phi}(f_m)$ das

Jacobische Kriterium an und erhalten, daß das durch die $ht(\mathfrak{A}) \times ht(\mathfrak{A})$-Minoren der Jacobischen Matrix

$$\frac{\partial(\bar{\Phi}(f_1),\ldots,\bar{\Phi}(f_m))}{\partial(Y,X)}$$

erzeugte Ideal $\Delta_{\bar{\Phi}(\mathfrak{A})}$ nicht in $\bar{\Phi}(\mathfrak{q})$ enthalten ist: $\Delta_{\bar{\Phi}(\mathfrak{A})} \not\subseteq \bar{\Phi}(\mathfrak{q})$.

Nun beachten wir die spezielle Wahl des Automorphismus $\bar{\Phi}$:

$\bar{\Phi}(T_i) = T_i + \bar{\Phi}_i(Y^t,X^t)$, Ordnung von $\bar{\Phi}_i \geq 2$, $t = \operatorname{Char} K$,

$\bar{\Phi}(Y_i) \in K[[Y,X]]$, $\bar{\Phi}(X_i) \in K[[Y,X]]$.

Wir erhalten

$$\frac{\partial(\bar{\Phi}(T_1),\ldots,\bar{\Phi}(T_n),\bar{\Phi}(Y_1),\ldots,\bar{\Phi}(Y_N),\bar{\Phi}(X_1),\ldots,\bar{\Phi}(X_N))}{\partial(T,Y,X)} =$$

$$= \left(\begin{array}{c|c} \begin{matrix} 1 & & \\ & 1 & \\ & & \ddots \\ & & & 1 \end{matrix} & \begin{matrix} 0 & & 0 \end{matrix} \\ \hline \begin{matrix} 0 \\ \\ 0 \end{matrix} & \dfrac{\partial(\bar{\Phi}(Y_1),\ldots,\bar{\Phi}(Y_N),\bar{\Phi}(X_1),\ldots,\bar{\Phi}(X_N))}{\partial(Y,X)} \end{array}\right),$$

da $\dfrac{\partial\bar{\Phi}(T_i)}{\partial Y_j} = 0$, $\dfrac{\partial\bar{\Phi}(T_i)}{\partial X_k} = 0$ ist für alle j,k.

Damit gehen bei dem Automorphismus $\bar{\Phi}$ das durch die $ht(\mathfrak{A}) \times ht(\mathfrak{A})$-Minoren der Jacobischen Matrix $\dfrac{\partial(f_1,\ldots,f_m)}{\partial(Y,X)}$ erzeugte Ideal $\Delta_{\mathfrak{A}}$ in das durch die $ht(\mathfrak{A}) \times ht(\mathfrak{A})$- Minoren der Jacobischen Matrix $\dfrac{\partial(\bar{\Phi}(f_1),\ldots,\bar{\Phi}(f_m))}{\partial(Y,X)}$ erzeugte Ideal

$\Delta_{\Phi(\mathfrak{a})}$ über, d.h. $\Phi(\Delta_{\mathfrak{a}}) = \Delta_{\Phi(\mathfrak{a})}$.

Wir haben schon gesehen, daß $\Delta_{\Phi(\mathfrak{a})} \trianglelefteq \Phi(\mathfrak{q})$ ist.

Damit ist $\Delta_{\mathfrak{q}} \trianglelefteq \mathfrak{q}$, d.h. insbesondere $\Delta_{\mathfrak{q}} \subseteq \mathfrak{a}$.

Damit ist Lemma 3.2. bewiesen.

Anhang

Beweis von Lemma 3.6.:

Wir beweisen das Lemma durch Induktion nach n (= Anzahl der T_i) und N (= Anzahl der X_i)

1. Der Fall n = 0

Zunächst können wir o.B.d.A. annehmen, daß

(1) $$F_i(Z) = aZ_i + \sum_{k=s+1}^{p} a_{ik}Z_k \qquad , i = 1,\dots,s$$

ist.

Wenn $N = 0$ ist, ist das Lemma trivial. Sei $N \geqslant 1$; nach einer geeigneten Koordinatentransformation vom Typ

$X_i \longmapsto X_i + X_N^{e_i}$, $X_N \longmapsto X_N$ können wir o.B.d.A. voraussetzen, daß

$$a = X_N^r + a_{r-1}X_N + \dots + a_o$$

ist mit $a_i \in K[X_1,\dots,X_{N-1}]$.

Wir dividieren nun die a_{ik} mit Rest durch a, $a_{ik} = a'_{ik} + a''_{ik}$ mit $\text{Grad}_{X_N} a''_{ik} < r$, und erhalten

$$F_i(Z) = a(Z_i + \sum_{k=s+1}^{p} a'_{ik}Z_k) + \sum_{k=s+1}^{p} a''_{ik}Z_k \quad .$$

Daraus folgt, daß es genügt, das Lemma unter der zusätzlichen Voraussetzung, $\text{Grad}_{X_N} a_{ik} < r$, zu beweisen.

Wir führen neue Variable Y_{it} ein und setzen $Z_i = \sum_{t=0}^{r-1} Y_{it}X_N^t$

in (1) ein:

$$(2)\qquad F_i\Big(\sum_{t=0}^{r-1} Y_{1t}X_N^t,\ldots,\sum_{t=0}^{r-1} Y_{pt}X_N^t\Big) = \sum_{t=0}^{2r-1} G_{it}\big((Y_{jl})_{\substack{j=1,\ldots,s\\ l=0,\ldots,r-1}}\big)X_N^t$$

Dabei sind die $G_{it}((Y_{jl}))$ Linearformen aus

$K[X_1,\ldots,X_{N-1},Y_{10},\ldots,Y_{s,r-1}]$.

Sei α' die nach Induktionsvoraussetzung diesem System zugeordnete Funktion (d.h. 3.6. gilt mit α' für die G_{it}).

Wir setzen $\alpha(c) = \alpha'(c) + r - 1$.

Sei nun $(z_1,\ldots,z_p)$ eine Lösung von

$$F_i(Z) = b_i \qquad , i = 1,\ldots,s$$

für gegebene $b_1,\ldots,b_s$, und sei $c = \max\{\mathrm{Grad}_X b_i,\ i = 1,\ldots,s\}$.

Wir dividieren $z_{s+1},\ldots,z_p$ und $b_1,\ldots,b_s$ mit Rest durch a und erhalten

$$z_i = az_i' + z_i'' \qquad i = s+1,\ldots,p$$

$$b_i = ab_i' + b_i'' \qquad i = 1,\ldots,s$$

mit $\mathrm{Grad}_{X_N} z_i'' < r$, $\mathrm{Grad}_{X_N} b_i'' < r$.

Sei $b_{i.}'' = \sum_{j=0}^{r-1} b_{ji}X_N^j$ und $z_i'' = \sum_{j=0}^{r-1} y_{ji}X_N^j$, dann gilt:

$$aw_i + \sum_{k=s+1}^{p} a_{ik}z_i'' = b_i'' \qquad i = 1,\ldots,s$$

mit $w_i = z_i + \sum_{k=s+1}^{p} a_{ik}z_i' - b_i'$.

Da der Grad der Koeffizienten dieser Gleichung bezüglich X_N kleiner als r+1 ist und $\mathrm{Grad}_{X_N} z_i'' < r$, folgt $\mathrm{Grad}_{X_N} w_i \leq r-1$.

Sei $w_i = \sum_{j=0}^{r-1} y_{ji}X_N^j$, $i = 1,\ldots,s$.

Dann ist $G_{it}((y_{jl})_{j=1,\ldots,s,\,l=0,\ldots,r-1}) = b_{it}$.

Nach Definition von α' gibt es eine Lösung $(\bar{y}_{jl})$ von $G_{it}((Y_{jl})) = b_{it}$ mit

$$\text{Grad}_{(X_1,\ldots,X_{N-1})}\bar{y}_{jl} < \alpha'(\max\{\text{Grad}_{(X_1,\ldots,X_{N-1})}b_{it}\}) .$$

Wir setzen
$$\bar{z}_i = \sum_{j=0}^{r-1}\bar{y}_{ji}X_N^j \qquad i = s+1,\ldots,p$$
$$\bar{z}_i = \sum_{j=0}^{r-1}\bar{y}_{ji}X_N^j + b_i' \qquad \text{für } i = 1,\ldots,s .$$

Dann ist $(\bar{z}_1,\ldots,\bar{z}_p)$ eine Lösung von $F_i(Z) = b_i$ mit

$$\text{Grad}_X\bar{z}_i < \max\{\alpha'(\max\{\text{Grad}_{(X_1,\ldots,X_{N-1})}b_{it}\})+r-1, \text{Grad}_X b_i'\}.$$

Nun ist wegen der Wahl von a

$$\text{Grad}_X b_i \geq \max\{\text{Grad}_X b_i', \text{Grad}_X b_i''\}, \quad i = 1,\ldots,s \quad ;$$

daraus folgt

$$\text{Grad}_X\bar{z}_i < \alpha'(c) + r - 1 .$$

Damit ist der Fall "n=0" bewiesen.

2. Der Fall N=0

Diesen Fall beweist man analog zu 1. mit Hilfe des Weierstraß'schen Vorbereitungssatzes.

3. Der allgemeine Fall

a) Konstruktion von

Wir schließen induktiv nach n. Den Fall "n=0" haben wir bereits behandelt. Sei $n \geq 1$.
Sei $M \subseteq K[[T]][X]^r$ der Modul der Lösungen von $F_i(Z) = 0$ und sei $v^{(1)},\ldots,v^{(l)}$ ein Erzeugendensystem von M.

Wir nehmen an, daß für ein $b = (b_1,\dots,b_s)$ das System $F(Z) = (F_1(Z),\dots,F_s(Z)) = b$ in $K[[T]][X]$ lösbar ist. Wir wenden den Fall "n=0" auf unser System, betrachtet über dem Ring $K((T))[X]$ an. Es gibt also eine Funktion $\lambda : \mathbb{N} \to \mathbb{N}$ und eine Lösung $t = (t_1,\dots,t_p)$, $t_i \in K((T))[X]$, so daß $\mathrm{Grad}_X t < \lambda(\mathrm{Grad}_X b)$ ist (dabei verstehen wir unter $\mathrm{Grad}_X t = \max\{\mathrm{Grad}_X t_i, i=1,\dots,p\}$).

Sei $t_j = \frac{z_j}{q}$, $z_j \in K[[T]][X]$, $q \in K[[T]]$, so daß $(q,z_1,\dots,z_p)$ keinen gemeinsamen Teiler haben.

Sei nun $y \in K[[T]][X]^p$ eine Lösung von $F(Z) = b$, dann ist

$$y = t + \frac{1}{d}\sum_{k=1}^{l} g_{jk}v^{(k)} \qquad , j = 1,\dots,p$$

für ein geignetes $d \in K[[T]]$ und $g_{jk} \in K[[T]][X]$, d.h.

$$y = \frac{z}{q} + \frac{\sum g_{jk}v^{(k)}}{d} .$$

Daraus folgt, daß q / dz_j für alle j, d.h. q/d (da nach Voraussetzung $q,z_1,\dots,z_p$ keine gemeinsamen Teiler haben). Sei $d = qq'$, dann ist

$$q'(qy - z) \in M, \text{ d.h.}$$

$$qy - z \in M$$

(M ist Lösungsmodul eines homogenen Gleichungssystems).

Wir können also in der Darstellung von y o.B.d.A. voraussetzen, daß

$$y = t_j + \frac{1}{q}\sum_{k=1}^{l} g_{jk}v^{(k)}$$

ist. Damit ist y eine Lösung von $F(Z) = b$ genau dann, wenn es $g_{jk} \in K[[T]][X]$ gibt, so daß (y, g_{jk}) Lösung des Gleichungssystems

$$qY = z + \sum_{k=1}^{l} G_{jk} v^{(k)}$$

sind.

Damit genügt es die Funktion α für folgende Linearformen zu konstruieren:

(3) $\quad qY_j + \sum_{k=r+1}^{p} a_{kj} Y_k \quad , q \in K[[T]] \, , a_{kj} \in K[[T]][X]$.

Wenn nämlich α' eine Funktion für (3) ist (genauer für die Linearformen $qY - \sum_{k=1}^{l} v^{(k)} G_{jk}$), dann ist α, definiert durch $\alpha(c) = \alpha'(\lambda(c))$ eine Funktion, mit der für die Linearformen $F(Z)$ das Lemma gilt.

Nun kann man analog zum Fall "N=O" mit Hilfe des Weierstraß'schen Vorbereitungssatzes das Gleichungssystem (3) auf ein Gleichungssystem über $K[[T_1,\ldots,T_{n-1}]][X,Y]$ zurückführen, denn q hängt nicht von X ab.

Damit können wir induktiv α konstruieren.

b) Konstruktion von β

Sei $b \in K[[T]][X]^s$, so daß $\operatorname{Grad}_X b \leq c$ ist und (nach a)) das Gleichungssystem $F(Z) = b$ eine Lösung $y \in K[[T]][X]^p$ besitzt mit $\operatorname{Grad}_X y < \alpha(c)$.

Wir substituieren

$$z_j = \sum_{k_1+\ldots+k_N<\alpha(c)} Y_{j,k_1,\ldots,k_N} X_1^{k_1}\cdot\ldots\cdot X_N^{k_N}$$

in das System der Linearformen $F(Z)$ und erhalten durch Koeffizientenvergleich ein neues System

$$G((Y_{j,k_1,\dots,k_N})_{\substack{j=1,\dots,p\\ k_1+\dots+k_N<\alpha(c)}}) = b'$$

aus $K[[T]][(Y_{j,k_1,\dots,k_N})]$

(dabei sind die $Y_{jk_1,\dots,k_N}$ neue Variable und b' ist der Vektor der Koeffizienten von b bzgl. $X_1^{k_1}\cdot\ldots\cdot X_N^{k_N}$ mit $k_1+\dots+k_N < \alpha(c)$).

Jetzt können wir den Fall "N=0" anwenden.

Es existiert eine Zahl ρ , so daß für gegebenes b' (falls $G((Y_{j,k_1,\dots,k_N})) = b'$ lösbar ist) eine Lösung

$\bar{y} = (\bar{y}_{j,k_1,\dots,k_N})$ existiert mit

$$\mathrm{Ord}_T\bar{y} > \frac{1}{\rho}\,\mathrm{Ord}_T b' - \rho\,.$$

Wir setzen $\beta(c) = \rho$ und

$$y = \sum_{k_1+\dots+k_N<\alpha(c)} \bar{y}_{j,k_1,\dots,k_N} X_1^{k_1}\cdot\ldots\cdot X_N^{k_N}$$

und erhalten

$$F(y) = b$$

$$\mathrm{Grad}_X y < \alpha(\mathrm{Grad}_X b)$$

$$\mathrm{Ord}_T y = \mathrm{Ord}_T\bar{y} > \mathrm{Ord}_T b/\beta(\mathrm{Grad}_X b) - \beta(\mathrm{Grad}_X b)\,.$$

Damit ist das Lemma bewiesen.

Kapitel III

Ein spezieller Approximationssatz in Charakteristik 0

1. Der Approximationssatz

Ausgangspunkt für unsere Betrachtungen war das folgende in [6] von M. Artin formulierte Problem:

Seien $F_1,\ldots,F_m \in \mathbb{C}\{X_1,\ldots,X_n,Y_1,\ldots,Y_m\}$ und $\bar{y} = (\bar{y}_1,\ldots,\bar{y}_N)$, $\bar{y}_i \in \mathbb{C}[[X_{r_1(i)},\ldots,X_{r_{n_i}(i)}]]$ mit $r_1(i),\ldots,r_{n_i}(i) \in \{1,\ldots,n\}$

gegeben, so daß

$$F_j(\bar{y}) = 0 \text{ ist für } j = 1,\ldots,m.$$

Gibt es dann konvergente Potenzreihen $y_{i,c} \in \mathbb{C}\{X_{r_1(i)},\ldots,X_{r_{n_i}(i)}\}$

mit $y_{i,c} \equiv \bar{y}_i \mod (X_1,\ldots,X_n)^c$

und

$$F_j(y_{1,c},\ldots,y_{N,c}) = 0$$

für $j = 1,\ldots,m$.

Габриэлов konnte in [11] zeigen, daß es ein Polynom

$$P(Y_1,Y_2,Y_3) = a(X_1,X_2,X_3)Y_1 + b(X_1,X_2,X_3)Y_2 + c(X_1,X_2,X_3)Y_3 + d(X_1,X_2,X_3)$$

aus $\mathbb{C}\{X_1,X_2,X_3\}[Y_1,Y_2,Y_3]$ gibt, so daß die Gleichung $P(Y_1,Y_2,Y_3) = 0$ eine formale Lösung $\bar{y}_1 \in \mathbb{C}[[X_1,X_2,X_3]]$, $\bar{y}_2,\bar{y}_3 \in \mathbb{C}[[X_1,X_2]]$ hat, aber keine konvergente Lösung $y_1 \in \mathbb{C}\{X_1,X_2,X_3\}$, $y_2,y_3 \in \mathbb{C}\{X_1,X_2\}$ dieser Gleichung gibt. Damit kann das obige Problem für analytische Gleichungen nicht gelöst werden.

Man kann jetzt die analoge Fragestellung für algebraische Potenzreihen $F_1,\ldots,F_m \in \mathbb{C}\langle X_1,\ldots,X_n, Y_1,\ldots,Y_N\rangle$ betrachten und nach algebraischen Lösungen fragen.

J. Becker gab in [8] ein Beispiel für ein Polynom
$P(Y_1,\dots,Y_4) \in \mathbb{C}[X_1,X_2,Y_1,\dots,Y_4]$ mit folgenden Eigenschaften:

(1) $P(Y_1,\dots,Y_4) = 0$ besitzt eine formale Lösung $\bar{y}_1 \in \mathbb{C}[[X_1]]$, $\bar{y}_2 \in \mathbb{C}[[X_2]]$, $\bar{y}_3,\bar{y}_4 \in \mathbb{C}[[X_1,X_2]]$.

(2) $P(Y_1,\dots,Y_4) = 0$ besitzt keine algebraische Lösung $y_1 \in \mathbb{C}\{X_1\}$, $y_2 \in \mathbb{C}\{X_2\}$, $y_3,y_4 \in \mathbb{C}\{X_1,X_2\}$.

Damit kann das Artinsche Problem auch im algebraischen Fall nicht in der gegebenen Allgemeinheit gelöst werden.

Wir wollen in diesem Kapitel folgenden Satz beweisen:

1.1. Satz: Sei K ein algebraisch abgeschlossener Körper der Charakteristik 0. Seien $F_1,\dots,F_m$ algebraische Potenzreihen aus $K\langle X_1,\dots,X_n,Y_1,\dots,Y_N\rangle$ und $\bar{y} = (\bar{y}_1,\dots,\bar{y}_N)$, $\bar{y}_i \in K[[X_1,\dots,X_{n_i}]]$ mit $1 \leq n_1 \leq \dots \leq n_N \leq n$, und $F_j(\bar{y}) = 0$ für $j = 1,\dots,m$. Dann gibt es für jede natürliche Zahl $c \geq 1$ algebraische Potenzreihen $y_c = (y_{1,c},\dots,y_{N,c})$, $y_{i,c} \in K\langle X_1,\dots,X_{n_i}\rangle$, so daß $y_{i,c} \equiv \bar{y}_i \bmod (X_1,\dots,X_n)^c$ ist und $F_j(y_c) = 0$ für $j = 1,\dots,m$.

Wir betrachten im folgenden die Kategorie C_K der kompletten K-Algebren mit dem Restklassenkörper K.

Sei $R \in C_K$, $U = (U_1,\dots,U_N)$ Unbestimmte, für ein Ideal $\underline{a} \subsetneq R[U]$ definieren wir

$$d(\underline{a}) = \min\left\{ \sum_{i=1}^{m} \mathrm{Grad}(f_i) \ , \ (f_1,\dots,f_m) = \underline{a} \right\}$$

und

$$o(\underline{a}) = \min\left\{ \sum_{i=1}^{m} o(f_i) \ , \ (f_1,\dots,f_m) = \underline{a} \ , \ \sum_{i=1}^{m} \mathrm{Grad}(f_i) = d(\underline{a}) \right\}$$

wobei $o(f_i) = \max \{ \mathrm{Ord}(a_{ij}) \ , a_{ij} \neq 0 \ , f_i = \sum_i a_{ij} U^j \}$ ist ($j = (j_1,\dots,j_N)$, $U^j = U_1^{j_1}\cdot\ldots\cdot U_N^{j_N}$).

Wir benutzen nun den folgenden Satz:

1.2. Satz: Sei $R \in C_K$ ein diskreter Bewertungsring, dann gibt es eine Funktion $\vartheta: \mathbb{N} \times \mathbb{N} \times \mathbb{N} \longrightarrow \mathbb{N}$ mit folgenden Eigenschaften:

Sei $\underline{a} \subseteq R[U]$ ein Ideal und $d = d(\underline{a})$, $o = o(\underline{a})$, dann beschränkt $\vartheta(N,d,o)$ die folgenden Zahlen:

(1) Die Anzahl der zu $\underline{a}$ assoziierten Primideale,

(2) e, $\sqrt{\underline{a}}^{\,e} \subseteq \underline{a}$,

(3) $d(\underline{p})$, $o(\underline{p})$ für alle zu $\underline{a}$ assozierten Primideale $\underline{p}$.

Diesen Satz kann man aus dem entsprechenden Resultat von Seidenberg (Constructions in Algebra, Transactions AMS 197 (1974) 273-313) ableiten (vgl. auch R.P. Schemmel, Konstruktive Methoden in formalen Potenzreihenringen, Diplomarbeit an der Humboldt-Universität zu Berlin).

Mit Hilfe dieses Satzes kann man den Greenbergschen Approximationssatz wie folgt beweisen (vgl. Kapitel I und II):

1.3. Korollar: Sei $\underline{a} \subseteq R[U]$ ein Ideal, dann gibt es eine SAE-Funktion ϑ von $\underline{a}$, so daß $\vartheta(1)$ nur von N, $d(\underline{a})$ und $o(\underline{a})$ abhängt.

Wir wollen diese Folgerung für gewisse Gleichungssysteme auch für 2-dimensionale Ringe R beweisen.

1.4. Definition: Sei $\underline{a} \subseteq R[U]$ ein polynomial definiertes Ideal, $R \in C_K$ regulär und n-dimensional. Ein R-$\underline{a}$-Parametersystem $(t_1,\dots,t_n) = t$ ist eine Folge von n Elementen, so daß

(1) $t_i \in \underline{m}_R + (U)^2 R[[U]]$ ist,

(2) $K[[t]] \longrightarrow R[[U]] \longrightarrow R = R[[U]]/(U)$ ein Isomorphismus ist,

(3) $R[[U]]/\underline{a}$ ein endlicher $K[[t]]$-Modul ist.

Insbesondere sind wegen (3) die Größen $d(\underline{a}) = d_{K[[t]]}(\underline{a})$ und $o(\underline{a}) = o_{K[[t]]}(\underline{a})$ definiert, da $R[[U]] = K[[t,U]]$ ist und $\underline{a}$ polynomial definiert über $K[[t]]$.

Es gibt genau dann ein R-$\underline{a}$- Parametersystem, wenn $\dim(R[[U]]/\underline{a}) \leq \dim R$ ist.

Wegen (3) ist $\dim(R[[U]]/\underline{a}) \leq \dim K[[t]] = \dim R$ und umgekehrt folgt hieraus unter Verwendung des Weierstraßschen Vorbereitungssatzes durch Induktion nach N die Existenz von R-$\underline{a}$-Parametersystemen.

1.5. Satz: Sei $R \in C_K$ 2-dimensional und regulär, $\underline{a} \leq R[[U]]$ ein Ideal mit $\dim(R[[U]]/\underline{a}) \leq 2$, dann gibt es eine SAE-Funktion ϑ für $\underline{a}$ und ein R-$\underline{a}$-Parametersystem t sowie Elemente $f,g \in R$ (Weierstraßdaten eines Erzeugendensystems von $\underline{a}$, vgl. Anhang von Kapitel I), so daß $\vartheta(1)$ nur von folgenden Größen abhängt: N, $d = d_{K[[t]]}(\underline{a})$, $o = o_{K[[t]]}(\underline{a})$, Ord(f), Ord(g).

Beweis: Sei $t = (t_1,t_2)$ ein R-$\underline{a}$-Parametersystem, dann ist $R[[U]] = K[[t,U]]$ und wenn ϑ ein SAE-Funktion für $\underline{a}$ über $K[[t]]$ ist, ist ϑ auch eine SAE-Funktion für $\underline{a}$ über R (vgl. Kapitel II).

Wir können also R durch $K[[t]]$ ersetzen und somit annehmen, daß $R[[U]]/\underline{a}$ endlich über R ist.

Es sei nun $\underline{a} = \underline{a}_1 \cap \underline{a}_2$, $\underline{a}_1$ rein 2-dimensional und $\dim \underline{a}_2 \leq 1$. Dann ist $\underline{a}_2 \cap K[[t]] \neq 0$ und wenn

$0 \neq f \in \underline{a}_2 \cap K[[t]]$ ist, so ist $\underline{a}_1 = \underline{a}:f$.
Wenn $\vartheta_1(n)$ eine SAE-Funktion für $\underline{a}_1$ ist, und $c = \mathrm{ord}(f)$, dann ist $\vartheta_1(n) + c$ eine SAE-Funktion für $\underline{a}$ (vgl. Kapitel II). Somit können wir jetzt voraussetzen, daß $\underline{a}$ rein 2-dimensional ist.
Wenn jetzt weiterhin $\sqrt{\underline{a}}^{\,e} \subseteq \underline{a}$ ist, und $\vartheta(n)$ eine SAE-Funktion für $\sqrt{\underline{a}}$, so ist $\vartheta(en)$ eine SAE-Funktion für $\underline{a}$ (vgl. Kapitel II).
Es sei jetzt also o.B.d.A. $A = R[[U]]/\underline{a}$ endlich über R, reduziert und rein 2-dimensional.
Sei $F_1,\dots,F_b$ ein Erzeugendensystem von $\underline{a}$ und für jede monoton wachsende Folge $\hat{i} \subseteq \{1,\dots,b\}$ der Länge N sei $\delta_{\hat{i}}$ der entsprechende $(N \times N)$-Minor, $\delta_{\hat{i}} = \det(\partial F_{i_v}/\partial T_y)$, und $\underline{h}_{\hat{i}}$ das Ideal $\sum_v F_{i_v} R[[U]]:\underline{a}$.
Das Ideal $\underline{e} = \sum_{\hat{i} \subseteq \{1,\dots,b\}} \underline{h}_{\hat{i}} \delta_{\hat{i}} + \underline{a}$ definiert den kritischen Ort von A über R und es ist $\underline{e} \cap R \neq 0$, da A reduziert und endlich über R ist. Wir wählen ein von 0 verschiedenes Element $g \in R \cap \underline{e}$ (wenn z.B. $\underline{a}$ durch N Elemente erzeugt wird, kann man für g die Diskriminante von A über R wählen).
Wir werden zeigen: Wenn $u^0 \in R^N$ und $F(u^0) \equiv 0 \bmod g^n R$, $n \geq 3$, so gibt es ein $u^1 \equiv u^0 \bmod g^{n-1}R$ mit $F(u^1) \equiv 0 \bmod g^{2n-2}R$. Dann folgt sofort die Existenz einer Lösung u mit $u \equiv u^0 \bmod g^{n-1}R$. Das Element g hat die Form
$g = \sum_{\hat{i} \subseteq \{1,\dots,b\}} h_{\hat{i}} \delta_{\hat{i}} + f$, $f \in \underline{a}$, $h_{\hat{i}} \in \underline{h}_{\hat{i}}$.
Wir schreiben F für den Spaltenvektor mit den Komponenten F_k, $k = 1,\dots,N$, und $F_{\hat{i}}$ für den Spaltenvektor mit den Komponenten

F_{i_v} , dann ist $h_\iota F = M_\iota F_\iota$ mit einer $(b \times N)$-Matrix M_ι .
Ist $J(F)$ bzw. $J(F_\iota)$ die Matrix mit den Spalten $\partial F/\partial T_v$ bzw. $\partial F_\iota/\partial T_v$, so gibt es $(N \times N)$-Matrizen N_ι mit $J(F_\iota)N_\iota = \delta_\iota E_N$ (wegen $\delta_\iota = \det J(F_\iota)$, E_N die $N \times N$-Einheitsmatrix).

Aus $h_\iota F = M_\iota F_\iota$ folgt $h_\iota J(F) \equiv M_\iota J(F_\iota) \bmod \underline{a}$, also ist

$$h_\iota J(F) N_\iota F_\iota \equiv M_\iota J(F_\iota) N_\iota F_\iota \bmod \underline{a}^2$$
$$\equiv \delta_\iota M_\iota F_\iota \bmod \underline{a}^2$$
$$\equiv \delta_\iota h_\iota F \bmod \underline{a}^2 \ .$$

Ist z_ι der Vektor $h_\iota N_\iota F_\iota$, so ist also

$$J(F) z_\iota \equiv h_\iota \delta_\iota F \bmod \underline{a}^2 \ .$$

Wenn jetzt $u^o \in R^N$ ist mit $\underline{a}(u^o) \equiv 0 \bmod g^n R$, so folgt hieraus

$$J(F)(u^o) z_\iota(u^o) \equiv h_\iota(u^o)\, \delta_\iota(u^o) F(u^o) \bmod g^{2n} R,$$

bzw. für $z = \sum_\iota z_\iota$ wegen $\sum_\iota h_\iota(u^o)\, \delta_\iota(u^o) = g - f(u^o)$
$\equiv g \bmod g^n R$

$$J(F)(u^o) z(u^o) \equiv g F(u^o) \bmod g^{2n} R$$

und $z(u^o) \equiv 0 \bmod g^n R$ (wegen $z_\iota = h_\iota N_\iota F_\iota$).

Daher hat $z(u^o)$ die Form $- gv$, $v \quad g^{n-1} R^N$,

und $g(F(u^o) + J(F)(u^o)v) \equiv 0 \bmod g^{2n} R$

also ist

$$F(u^o + v) \equiv F(u^o) + J(F)(u^o)v \bmod g^{2n-2} R$$
$$\equiv 0 \bmod g^{2n-2} R \ ,$$

d.h. mit $u^1 = u^o + v$ gilt die Behauptung.

Es bleibt also jetzt die Aufgabe, für jedes n eine SAE-Funktion für das Ideal $\underline{a}/g^n R[\![U]\!]$ über dem Ring $R/g^n R$ zu bestimmen.
Ist ϑ_n eine solche Folge von SAE-Funktionen, so ist
$\vartheta(c) = \vartheta_{c+2}(c)$ eine SAE-Funktion für $\underline{a}$.

Der Ring R/g^nR ist eindimensional, und das ist der Grund für die Existenz einer SAE-Funktion für Gleichungen über diesem Ring, die nur von Grad und Ordnung der Gleichungen abhängt:

Wir können Parameter x,y in R so wählen, daß o.B.d.A. g ein Weierstraßpolynom $g = y^m + a_{m-1}(x)y^{m-1}+\ldots+a_o(x)$ ist, also $R/g^nR = K[[x]] + K[[x]]y + \ldots + K[[x]]y^{nm-1}$.

Aus F erhält man ein Gleichungssystem über $K[[x]]$, indem man

$u = u^{(o)} + u^{(1)}y + \ldots + u^{(nm-1)}y^{nm-1}$

und

$$F(u^{(o)}+u^{(1)}y+\ldots+u^{(nm-1)}y^{nm-1}) = \sum_{v=0}^{nm-1} F^{(v)}(u^{(o)},\ldots,u^{(nm-1)})y^v$$

setzt:

Die Lösbarkeit von F = O in R/g^nR ist äquivalent mit der Lösbarkeit von $F^{(o)}= F^{(1)}=\ldots= F^{(nm-1)} = 0$ in $K[[X]]$.

Der Grad dieses Gleichungssystems ist durch den Grad von $\underline{a}$ gegeben, die Ordnung durch die Ordnung der Weierstraßdaten von g und von $\underline{a}$. Damit ist Satz 1.5. bewiesen.

Wir wollen eine wichtige Folgerung ziehen und benötigen dazu das folgende Lemma:

1.6. <u>Lemma</u>: <u>Sei</u> $R = K\langle X_1,\ldots,X_n\rangle$, $n \geq 3$, $U = (U_1,\ldots,U_N)$ <u>und</u> $\underline{a}$ <u>ein Ideal in</u> $R\langle U\rangle$, <u>so daß</u> $\dim R\langle U\rangle/\underline{a} = n$ <u>ist</u>. <u>Dann besitzt</u> $\underline{a}$ <u>eine Nullstelle in</u> R <u>genau dann, wenn für eine allgemeine Linearform</u> $\lambda = \lambda(X_1,\ldots,X_n)$ <u>das Ideal</u> $\underline{a}$ <u>eine Nullstelle</u> mod λ <u>besitzt</u>.

<u>Beweis</u>: Das ist eine Folgerung aus den Sätzen von Bertini (vgl. R.G. Swan, A cancellation theorem for projective modules in the metastable range, Inv. math. 27 (1974),23-43).

Wir können uns zum Beweis, daß aus der Existenz einer Nullstelle mod λ die einer Nullstelle folgt, auf den Fall eines Primideals $\underline{a}$ beschränken.

Nun gibt es algebraische Mannigfaltigkeiten V, W und Punkte $P \in V$, $Q \in W$, so daß $O^h_{V,P} = R\langle U\rangle/\underline{a}$ und $O^h_{W,Q} = R$ ist und der Homomorphismus $R \to R\langle U\rangle/\underline{a}$ durch einen endlichen Morphismus $V \xrightarrow{\pi} W \xrightarrow{\rho} \mathbb{A}^n$ mit $\rho^{-1}(0) = Q$ und $\pi^{-1}(Q) = P$ induziert wird (da $\underline{a}$ mod λ eine Nullstelle besitzt, ist $R \to R\langle U\rangle/\underline{a}$ quasiendlich, wegen der Gleichheit der Dimensionen).

Der Linearform λ entspricht eine allgemeine Hyperebene durch O in $\mathbb{A}^n$, also ein Divisor L auf W. Der Nullstelle mod λ entspricht ein R-Homomorphismus $O^h_{V,P} \to O^h_{L,Q} = R/\lambda R$.

Das Lineare System Λ aller Hyperebenen in $\mathbb{A}^n$ durch O hat die Dimension $n-1 \geq 2$ und $\rho^*\Lambda$ ist ein lineares System der Dimension $n-1 \geq 2$ auf W, $\pi^*\rho^*\Lambda$ ein solches auf V. Nach den Sätzen von Bertini ist das allgemeine Element von $\rho^*\Lambda$ bzw. $\pi^*\rho^*\Lambda$ reduziert und irreduzibel ($p \in V$, bzw. $Q \in W$ sind die einzigen Basispunkte der entsprechenden Systeme), d.h. insbesondere, daß $O_{V,P}/\lambda O_{V,P}$ nullteilerfrei ist.

Ist $\Delta \subset W$ der Verzweigungsort von π, so ist $V - \pi^{-1}\Delta \to W - \Delta$ eine Etalüberlagerung, die über $L - L\cap\Delta$ einblättrig ist. Somit ist $V - \pi^{-1}\Delta \simeq W - \Delta$, und da W in Q normal ist, $O_{V,P} \simeq O_{W,Q}$. Damit ist das Lemma bewiesen.

1.7. Korollar: Unter den Voraussetzungen des Lemmas gilt: $\underline{a}$ besitzt eine Nullstelle in R genau dann, wenn für eine allgemeine Ebene durch 0, $x_i = x_i(s,t)$ das entsprechende Ideal $\underline{a}(x(s,t),U)$ eine Nullstelle in $K\langle s,t\rangle$ besitzt.

1.8. Korollar: Sei $\underline{a} = (F_1,\ldots,F_m)$ ein Ideal in $K\langle X_1,\ldots,X_n,U_1,\ldots,U_N\rangle$ mit $\dim K\langle X_1,\ldots,X_n,U_1,\ldots,U_N\rangle/\underline{a} = n$. Dann gibt es eine natürliche Zahl r, die nur von der Ordnung und dem Grad gewisser Weierstraßdaten von $\underline{a}$ abhängt, so daß für ein allgemeines Paar linear unabhängiger Vektorfelder $\mathfrak{v}_1$, $\mathfrak{v}_2$ in K^n folgendes gilt:
Es gibt Polynome P_i, $H_j \in K[Z]$, $i,j = 1,\ldots,s$ und

$$Z = (Z_{\hat{a},b,c,d})_{\substack{\hat{a}\in \mathbb{N}^N,\ |\hat{a}|\leq r \\ b,c=1,\ldots,r \\ d=1,\ldots,m}}$$

, so daß $\underline{a}$ eine Nullstelle in R hat genau dann, wenn

$$P_i(\ldots\ldots,\left.\frac{\partial^{|\hat{a}|+b+c}F_d}{\partial U^{\hat{a}}\partial \mathfrak{v}_1^b\partial \mathfrak{v}_2^c}\right|_{\substack{X=0\\U=0}},\ldots\ldots) = 0$$

ist für alle i und

$$H_j(\ldots\ldots,\left.\frac{\partial^{|\hat{a}|+b+c}F_d}{\partial U^{\hat{a}}\partial \mathfrak{v}_1^b\partial \mathfrak{v}_2^c}\right|_{\substack{X=0\\U=0}},\ldots\ldots) \neq 0$$

ist für ein j.

Beweis: Zunächst können wir mit Hilfe des Satzes von Bertini eine allgemeine Fläche durch den Nullpunkt von K^n $x_1(s,t),\ldots,x_n(s,t)$ finden, so daß $\underline{a}$ eine Lösung in $K\langle X_1,\ldots,X_n\rangle$ hat genau dann, wenn $\underline{a}(x_1(s,t),\ldots,x_n(s,t)$ eine Nullstelle in $K\langle s,t\rangle$ hat (Korollar 1.7.). Jetzt wenden wir Satz 1.5. an und erhalten die Behauptung:
Es reicht jetzt nämlich aus, die Kongruenz

$$\underline{a}(x_1(t,s),\ldots,x_n(s,t)) \equiv 0 \bmod (s,t)^{\vartheta(1)}$$

zu betrachten für die entsprechende SAE-Funktion aus 1.5.

Der Ansatz

$$u_{o,k} = \sum_{i+j \leq \nu(1)} u_{ijk} s^i t^k \quad , \ k = 1,\dots,N,$$

liefert ein Gleichungssystem in den u_{ijk} mit Koeffizienten

$$\left.\frac{\partial^{|\hat{a}|+b+c} F_{\hat{d}}}{\partial U^{\hat{a}} \partial s^b \partial t^c}\right|_{s=0,\ t=0,\ U=0} \quad .$$

Mit Hilfe der Eliminationstheorie können wir die u_{ijk} eliminieren und erhalten das gewünschte Resultat.

Wir wollen dieses Resultat jetzt auf Ideale beliebiger Dimension verallgemeinern. Deshalb benötigen wir folgende Definition:

1.9. Definition: Sei $F = (F_1,\dots,F_m)$, $F_i \in K\langle X_1,\dots,X_n,U_1,\dots,U_N\rangle$.
Sei r eine natürliche Zahl mit $0 \leq r \leq N$.

(1) Das von $F_1,\dots,F_m$ in $K\langle X_1,\dots,X_n,U_1,\dots,U_N\rangle$ erzeugte Ideal heißt ein von den Parametern $U_1,\dots,U_r$ abhängiges F-Ideal vom Rang h_o und der Stufe 0, wobei h_o die Kodimension der kanonischen Projektion von $V(F_1,\dots,F_m)$ in K^{n+r} ist $((x,u) \longmapsto (x,u_1,\dots,u_r))$.

(2) Sei $\mathfrak{A} = (G_1,\dots,G_s)$ ein von den Parametern $U_1,\dots,U_r$ abhängiges F-Ideal vom Rang h und der Stufe w, δ eine Derivation von $K\langle X_1,\dots,X_n,U_1,\dots,U_r\rangle$, $P_1,\dots,P_l \in K[Z]$ Polynome, $Z = (Z_{\hat{a}bc})_{\hat{a}\in\mathbb{N}^N,\ |\hat{a}|+b\leq t,\ c=1,\dots,s}$ und

$$\mathfrak{A}' = \mathfrak{A} + \left(\dots, P_j\left(\dots, \frac{\partial^{|\hat{a}|+b} G_c}{\partial U^{\hat{a}} \partial \delta^b}, \dots\right), \dots\right)$$

mit $U = (U_{r+1},\dots,U_N)$.

$\mathfrak{A}'$ heißt von den Parametern $U_1,\dots,U_r$ abhängiges F-Ideal der Stufe $w + t$ vom Rang $h_1 \geq h$, wobei h_1 die Kodimension der kanonischen Projektion von $V(\mathfrak{A}')$ in K^{n+r} ist.

1.10. Theorem: Seien $F = (F_1,\dots,F_m) \in K\langle X_1,\dots,X_n,U_1,\dots,U_N\rangle^m$, r eine natürliche Zahl mit $0 \leq r \leq N$. Dann existiert eine Familie $\{\mathfrak{A}_\lambda\}_{\lambda\in\mathbb{N}}$ von den Parametern $U_1,\dots,U_r$ abhängigen F-Idealen aus $K\langle X_1,\dots,X_n,U_1,\dots,U_N\rangle$, $\mathfrak{A}_\lambda = (G_{1,\lambda},\dots,G_{s_\lambda,\lambda})$, eine Familie $\{P_{1,\lambda},\dots,P_{t_\lambda,\lambda},Q_{1,\lambda},\dots,Q_{h_\lambda,\lambda}\}_{\lambda\in\mathbb{N}}$ von Polynomen aus $K[Z_\lambda]$, $Z_\lambda = (Z_{\hat{a}\,bcd})_{\substack{\hat{a}\in\mathbb{N}^{N-r},\ |\hat{a}|+b+c\leq j_\lambda \\ d=1,\dots,s}}$ sowie eine Familie $\{\nu_\lambda,\mu_\lambda\}_{\lambda\in\mathbb{N}}$, ν_λ,μ_λ linear unabhängige Derivationen aus $K\langle X_1,\dots,X_n,U_1,\dots,U_r\rangle$ mit folgenden Eigenschaften:

Für gegebene $u_1,\dots,u_r \in K\langle X_1,\dots,X_n\rangle$ existieren $u_{r+1},\dots,u_N$ aus $K\langle X_1,\dots,X_n\rangle$ und $F(u_1,\dots,u_N) = 0$ genau dann, wenn für ein $\lambda \in \mathbb{N}$

$$0 = P_{k,\lambda}\left(\dots, \frac{\partial^{|\hat{a}|+b+c} G_{d,\lambda}(X,u_1,\dots,u_r,U_{r+1},\dots,U_N)}{\partial(U_{r+1},\dots,U_N)^{\hat{a}}\,\partial\nu_\lambda^{\,b}\,\partial\mu_\lambda^{\,c}},\dots\right)\Bigg|_{\substack{X=0\\U=0}}$$

für alle k und

$$0 \neq Q_{k,\lambda}\left(\dots, \frac{\partial^{|\hat{a}|+b+c} G_{d,\lambda}(X,u_1,\dots,u_r,U_{r+1},\dots,U_N)}{\partial(U_{r+1},\dots,U_N)^{\hat{a}}\,\partial\nu_\lambda^{\,b}\,\partial\mu_\lambda^{\,c}},\dots\right)\Bigg|_{\substack{X=0\\U=0}}$$

ist für ein k.

Der Beweis dieses Theorems erfolgt analog 1.8. durch Induktion nach r und dem Rang der auftretenden F-Ideale. Der Induktionsanfang ist 1.8.

Nach Definition der F-Ideale und Induktionsvoraussetzung können wir annehmen, wir hätten von Parametern $U_1,\dots,U_r,U_{r+1}$ abhängige F-Ideale $\{\mathfrak{A}_\lambda\}_{\lambda\in\mathbb{N}}$, Derivationen $\{\nu_\lambda,\mu_\lambda\}_{\lambda\in\mathbb{N}}$ sowie die entsprechenden Polynome $\{P_{i,\lambda},Q_{j,\lambda}\}_{\lambda\in\mathbb{N}}$ gefunden, so daß der obige Satz gilt.

Seien $u_1,\dots,u_{r+1} \in K\langle X_1,\dots,X_n\rangle$ gegeben, dann existieren

$u_{r+2},\dots,u_N \in K\langle X_1,\dots,X_n\rangle$ mit $F(u_1,\dots,u_N) = 0$ genau dann, wenn für ein $\lambda \in \mathbb{N}$

$$P_{k,\lambda}\left(\dots,\frac{\partial^{|\hat{a}|+b+c} G_{d,\lambda}(X,u_1,\dots,u_{r+1},U_{r+2},\dots,U_N)}{\partial(U_{r+2},\dots,U_N)^{\hat{a}}\,\partial v_\lambda^{\,b}\,\partial\mu_\lambda^{\,c}},\dots\right)\Bigg|_{\substack{X=0\\U=0}} = 0$$

ist und

$$Q_{k,\lambda}(\dots,\quad,\dots)\Big|_{\substack{X=0\\U=0}} \neq 0 \quad \text{für ein } k .$$

Jetzt kann man analog 1.8. u_{r+1} eliminieren, indem man u_{r+1} als Potenzreihe in Richtung von v_λ, μ_λ entwickelt und zeigt, daß die Koeffizienten dieser Potenzreihe bis zu einer geeigneten Ordnung einem Gleichungssystem genügen, das nur endlich viele Lösungen hat. Damit kann man sich durch Einführung eines neuen Parameters (der den Rang des F-Ideals erhöht) mit Hilfe von 1.8. auf die Induktionsvoraussetzung reduzieren.

1.11. <u>Korollar: Theorem</u> 1.10. <u>gilt auch, wenn man von $\bar{u}_1,\dots,\bar{u}_r \in K[\![X_1,\dots,X_n]\!]$ ausgeht und $\bar{u}_{r+1},\dots,\bar{u}_N \in K[\![X_1,\dots,X_N]\!]$ sucht mit</u> $F(\bar{u}_1,\dots,\bar{u}_N) = 0$.

Zunächst sieht man aus der Konstruktion der $\{\mathfrak{O}_\lambda\}_{\lambda\in\mathbb{N}}$, ... daß $F(\bar{u}_1,\dots,\bar{u}_N)$ die Relationen

$$P_{k,\lambda}\left(\dots,\frac{\partial^{|\hat{a}|+b+c} G_{d,\lambda}(X,\bar{u}_1,\dots,\bar{u}_r,U_{r+1},\dots,U_N)}{\partial(U_{r+1},\dots,U_N)^{\hat{a}}\,\partial v_\lambda^{\,b}\,\partial\mu_\lambda^{\,c}},\dots\right)\Bigg|_{\substack{X=0\\U=0}} = 0$$

$k = 1,\dots,t_\lambda$

$$Q_{k,\lambda}(\dots,\quad,\dots)\Big|_{\substack{X=0\\U=0}} \neq 0$$

für ein geeignetes λ impliziert.

Wir wollen nun annehmen, daß die obige Relation für ein λ erfüllt ist. Die $\bar{u}_1,\dots,\bar{u}_r$ kann man in der X-adischen Topologie so durch algebraische Potenzreihen $u_{1,c},\dots,u_{r,c}$ ($\bar{u}_i \equiv u_{i,c}$ mod X^c) approximieren, so daß mit diesen algebraischen Potenzreihen die obigen Relationen erfüllt sind . Aus Theorem 1.10. folgt dann, daß $u_{r+1,c},\dots,u_{N,c}$ aus $K\langle X_1,\dots,X_n\rangle$ existieren mit $F(u_{1,c},\dots,u_{N,c}) = 0$. Aus dem Beweis von 1.10. kann man ableiten, daß die $u_{i,c}$ für $i = r+1,\dots,N$ so gewählt werden können, daß sie gegen formale Potenzreihen $\bar{u}_{r+1},\dots,\bar{u}_N$ konvergieren. Damit ist das Korollar bewiesen.

Mit Hilfe von Korollar 1.11. können wir jetzt Satz 3.1.1. beweisen:

Seien $F_1,\dots,F_m \in K\langle X_1,\dots,X_n,Y_1,\dots,Y_N\rangle$ und $\bar{y} = (\bar{y}_1,\dots,\bar{y}_N)$ mit $\bar{y}_i \in K[[X_1,\dots,X_{n_i}]]$, $1 \leq n_1 \leq \dots \leq n_N$ n, und $F_j(\bar{y}) = 0$.

Sei o.B.d.A. $n_N = n$ und r die größte Zahl, so daß $n_r < n$ ist. Seien $\{\mathfrak{a}_\lambda\}_{\lambda\in\mathbb{N}}$,...... die nach Satz 1.10. $F = (F_1,\dots,F_m)$ assoziierten von den Parametern $Y_1,\dots,Y_r$ abhängigen Familien von F-Idealen. Aus Korollar 1.11. folgt, daß für ein $\lambda \in \mathbb{N}$ die durch dieses F-Ideal $\mathfrak{a}_\lambda$ gegebenen Relationen durch die $\bar{y}_1,\dots,\bar{y}_r$ erfüllt sind. Induktiv kann man die $\bar{y}_1,\dots,\bar{y}_r$ durch algebraische Potenzreihen $y_{1,c},\dots,y_{r,c}$ mit $y_{i,c} \in K\langle X_1,\dots,X_{n_i}\rangle$ approximieren, so daß die durch das obige F-Ideal gegebenen Relationen durch $y_{1,c},\dots,y_{r,c}$ erfüllt sind. Dann folgt aus 1.10., daß $y_{r+1,c},\dots,y_{N,c} \in K\langle X_1,\dots,X_n\rangle$ existieren mit $y_{i,c} \equiv \bar{y}_i$ mod X^c und $F(y_{1,c},\dots,y_{N,c}) = 0$.

2. Die Deformation isolierter Singularitäten Henselscher Schemata

In [13] hat Grauert gezeigt, daß eine semiuniverselle Deformation isolierter Singularitäten lokaler analytischer Algebren stets existiert. Das entsprechende Resultat für Ringe algebraischer Potenzreihen wurde von Elkik in [10] bewiesen.
Hier soll gezeigt werden, wie sich dieses Ergebnis von Elkik als Schlußfolgerung aus der Approximationseigenschaft gewinnen läßt. Wir setzen die Kenntnis von Schlessingers Existenzsatz für formale semiuniverselle Deformationen voraus (siehe z.B.[18] und die dort zitierte Literatur) und zeigen die "formale Stukturstabilität" dieser Deformationen.
Wir gehen ähnlich vor, wie dies im analytischen Falle durch A. Galligo und C.Houzel (Déformations semi-universelles de germes d' espaces analytiques, Asterisque 7 et 8 (1973), 139 - 164) geschehen ist.

2.1. Grundlegende Begriffe

Es sei k ein fixierter Grundkörber und C die Kategorie der lokalen Henselschen k-Algebren von endlichem Typ (abgesehen von 2.4. gelten die folgenden Betrachtungen in beliebigen exzellenten Weierstraßkategorien über k anstelle von C), in 2.4. setzen wir voraus, daß k algebraisch abgeschlossen und von der Charakteristik 0 ist. Es sei weiter $P_o \in C$ der lokale Ring einer isolierten Singularität, $P_o = \underline{O}/I_o = \underline{O}/(f_1,\dots,f_d)\underline{O}$ mit $\underline{O} = k\langle Z \rangle$, $Z = (Z_1,\dots,Z_n)$.
Unter einer Deformation von P_o versteht man einen flachen Mor-

phismus $A \xrightarrow{\varphi} P$ in C zusammen mit einem Isomorphismus ψ der speziellen Faser $P \otimes_A k$ auf P_o. (Hierbei spielt also Spec(A) die Rolle einer "Parametermannigfaltigkeit" und Spec(P) $\longrightarrow$ Spec(A) ist eine algebraische Familie, in der Spec(P_o) als spezielles Element vorkommt.)

Ist $(A' \xrightarrow{\varphi'} P', P' \otimes_{A'} k \xrightarrow{\psi'} P_o)$ eine weitere Deformation, so definiert man den Begriff eines Morphismus von (φ', ψ') in (φ, ψ) in naheliegender Weise als einen Morphismus (α, β) von φ' in φ $(\alpha : A' \longrightarrow A,\ \beta : P' \longrightarrow P)$ derart, daß β auf der speziellen Faser mit ψ und ψ' verträglich ist, d.h. also, daß ein Morphismus durch ein kommutatives Diagramm

$$\begin{array}{ccccccc} A' & \xrightarrow{\varphi'} & P' & \longrightarrow & P' \otimes_{A'} k & \xrightarrow{\psi'} & P_o \\ \alpha\downarrow & & \beta\downarrow & & \downarrow & & \| \\ A & \xrightarrow{\varphi} & P & \longrightarrow & P \otimes_A k & \xrightarrow{\psi} & P_o \end{array}$$

beschrieben ist.

Wenn α, β Isomorphismen sind, so heißen die beiden Deformationen äquivalent. Wenn α und φ' einen Isomorphismus $A \hat{\otimes}_{A'} P' \longrightarrow P$ induzieren (wobei $\hat{\otimes}$ das Henselsche Tensorprodukt bezeichnet, das in der Kategorie C analog dem gewöhnlichen Tensorprodukt definiert ist), so heißt (φ, ψ) eine durch α aus (φ', ψ') induzierte Deformation. Zu jedem Homomorphismus α: $A' \longrightarrow A$ in C gibt es bis auf Äquivalenz genau eine aus (φ', ψ') induzierte Deformation: $P' =: A \hat{\otimes}_{A'} P'$, φ bzw. ψ die durch φ' bzw. ψ' induzierte Abbildung.

Wir schreiben im folgenden für eine Deformation $(A \xrightarrow{\varphi} P, \psi)$ kurz $P|A$. Das Problem, eine Übersicht über alle Deformationen von P_o zu gewinnen, wird (jedenfalls im Prinzip) durch die Konstruktion einer semiuniversellen Deformation gelöst.

Eine Deformation $P|A$ heißt semiuniversell, wenn sie folgende Eigenschaften hat:

(SUD 1) Zu jeder Deformation $P'|A'$ von P_o gibt es einen Homomorphismus $A \xrightarrow{\alpha} A'$ in C, so daß $P'|A'$ durch α aus $P|A$ induziert wird.

(SUD 2) Die Tangentialabbildung von α, $T_o(\alpha)$: $T_o(A') \longrightarrow T_o(A)$ ist eindeutig durch $P'|A'$ bestimmt. ($T_o(A) = \mathrm{Hom}_k(\underline{m}_A/\underline{m}_A{}^2, k)$)

Es folgt leicht, daß eine semiuniverselle Deformation bis auf (im allgemeinen nicht-kanonische) Äquivalenz eindeutig bestimmt ist. Man kann außerdem zeigen, daß das c-Jet von α für eine beliebig hohe Ordnung c vorgegeben werden kann, d.h. es gilt

(SUD 3) Wenn $c \geq 0$ und der Homomorphismus α_c: $A \longrightarrow A'/\underline{m}_{A'}{}^{c+1}$ die auf $A'/\underline{m}_{A'}{}^{c+1}$ eingeschränkte Deformation $(P'|A')\bmod \underline{m}_{A'}{}^{c+1}$ induziert, so kann α so gewählt werden, daß $j_c(\alpha) = \alpha_c$ gilt.

Eine Deformation $P|A$ läßt sich explizit wie folgt beschreiben: Es sei $A = \underline{H}/J$, $\underline{H} = k\langle T\rangle$, $T = (T_1,\ldots,T_m)$, dann gibt es ein kommutatives Diagramm

$$\begin{array}{ccccc} k\langle T,Z\rangle = \underline{O}\,\hat{\otimes}\,\underline{H} & & \longrightarrow & & \underline{H} \\ \downarrow & & & & \downarrow \\ (\underline{O}\,\hat{\otimes}\,\underline{H})/I = P & & \longrightarrow & & A = \underline{H}/J \end{array}$$

wobei $I = (F_1(Z,T),\ldots,F_d(Z,T))(\underline{O}\,\hat{\otimes}\,\underline{H})$ ein Ideal mit $F(Z,0) = f(Z)$ ist ($F(Z,T)$ bezeichnet den Vektor mit den Komponenten $F_i(Z,T)$, $f(Z)$ denjenigen mit den Komponenten $f_i(Z)$). Wir nennen dann $P|A$ auch die Deformation (I,J) von P_o.

Damit ein solches Paar (I,J) eine Deformation definiert, ist notwendig und hinreichend, daß die folgenden beiden Bedingungen erfüllt sind:

(i) $J\cdot(\underline{O}\,\hat{\otimes}\,\underline{H}) \subseteq I$

(ii) Jede Syzygie $g(Z) \in \underline{O}^d$ (d.h. jeder Vektor g mit $(g \cdot f) = 0$) läßt sich zu einer Syzygie $G(Z,T) \in (\underline{O} \hat{\otimes} \underline{H})^d$ von F modulo J liften (d.h. $G(Z,0) = g(Z)$ und $(G \cdot F) \equiv 0$ modulo J) .

Im Falle $m = 1$ und $J = (T^2)$ ("infinitesimale Deformationen erster Ordnung") folgt für eine durch $F(Z,T) = f(Z) + T v(Z)$ definierte Deformation: Wenn $(g \cdot f) = 0$, $g \in \underline{O}^d$, so gibt es einen Vektor $h(Z) \in \underline{O}^d$ und

$$((g + T h) \cdot (f + T v)) \equiv T((h \cdot f) + (g \cdot v)) \equiv 0 \bmod (T^2) ,$$

d.h. $(g \cdot v) \equiv 0 \bmod I_o$ ($I_o = (f_1,\ldots,f_d)\underline{O}$). Der Vektor v ist also umkehrbar eindeutig durch die $\underline{O}$-lineare Abbildung

$$\vartheta : I_o \longrightarrow P_o \ , \quad \vartheta(f_i) =: \text{i-te Komponente } v_i \text{ von } v \bmod I_o$$

bestimmt. Zwei verschiedene v definieren genau dann äquivalente Deformationen, wenn sich die entsprechenden Abbildungen ϑ um eine Abbildung der Form $\theta | I_o$, $\theta : \underline{O} \longrightarrow P_o$ eine k-Derivation , unterscheiden. Es gilt somit:

Der Raum $\mathrm{Hom}_{\underline{O}}(I_o,P_o)/\mathrm{Der}_k(\underline{O},P_o) =: T^1_{P_o}$ beschreibt die Äquivalenzklassen infinitesimaler Deformatinen erster Ordnung von P_o.

Wenn es eine semiuniverselle Deformation gibt, so muß gemäß der Bedingung (SUD 2) der Raum $T^1_{P_o}$ kanonisch isomorph zum Tangentialraum $T_o(A) = \mathrm{Hom}(\underline{m}_A/\underline{m}_A{}^2,k)$ sein und A selbst von der Form $\underline{H}/J$, $\underline{H} = k\langle T_1,\ldots,T_t\rangle$, $t = \dim T^1_{P_o}$.

Dabei ist $dT_1,\ldots,dT_t$ dual zu einer Basis $\vartheta_1,\ldots,\vartheta_t$ von $T^1_{P_o}$, und wenn ϑ_i durch einen Vektor $v_i \in \underline{O}^d$ repräsentiert wird, so ist P bis auf Äquivalenz durch Gleichungen $F(Z,T) = 0$ mit

$$F(Z,T) \equiv f(Z) + T_1 v_1(Z) + \ldots + T_t v_t(Z) \bmod (T_1,\ldots,T_t)^2$$

definiert.

2.2. Strukturstabilität der formalen semiuniversellen Deformation

Es sei $\overline{A} = \hat{H}/\overline{J}$ eine komplette k-Algebra, $A_c = \overline{A}/\underline{m}_{\overline{A}}^{c+1}$ und $(P_c|A_c)_{c \geq 0}$ ein projektives System von Deformationen von P_o. Ein solches projektives System heißt formale Deformation von P_o, und eine formale Deformation $(P_c|A_c)_{c \geq 0}$ heißt formal semiuniversell, wenn es für jede infinitesimale Deformation $P'|A'$ (d.h. eine solche mit Artinschem A') ein c gibt, so daß $P'|A'$ durch eine Abbildung $A_c \longrightarrow A'$ aus $P_c|A_c$ induziert wird, deren Tangentialabbildung eindeutig bestimmt ist.

Das Eingangs erwähnte Resultat von Schlessinger garantiert die Existenz einer solchen formal semiuniversellen Deformation, die außerdem noch die der Bedingung (SUD 3) analoge Eigenschaft hat. Wir fixieren im folgenden eine formal semiuniverselle Deformation $(P_c|A_c)_{c \geq 0}$.

2.2.1 <u>Satz</u> : <u>Es sei</u> $\overline{A}' = \hat{H}/\overline{J}'$, $A'_c = \overline{A}'/\underline{m}_{\overline{A}'}^{c+1}$ <u>und</u> $(P'_c|A'_c)_{c \geq 0}$ <u>eine formale Deformation von</u> P_o. <u>Wenn die Minimalzahl der Erzeugenden der Ideale</u> $J'_c = \overline{J}' + \underline{m}^{c+1}/\underline{m}^{c+1}$ ($\underline{m}$ <u>das Maximalideal von</u> $\hat{H}$) <u>für</u> $c \geq s$ <u>konstant ist,</u> $s \geq 1$ <u>und</u> $P_s|A_s = P'_s|A'_s$, <u>so sind</u> $(P_c|A_c)_{c \geq 0}$ <u>und</u> $(P'_c|A'_c)_{c \geq 0}$ <u>(als projektive Systeme von Deformationen) äquivalent.</u>

Beweis: Wegen der formalen Semiuniversalität gibt es einen Morphismus $(P_c|A_c)_{c \geq 0} \longrightarrow (P'_c|A'_c)_{c \geq 0}$, der die identische Abbildung $P_s|A_s = P'_s|A'_s$ fortsetzt. Wegen $s \geq 1$ erhält man so Surjektionen

$$
\begin{array}{ccc}
\overline{P} = \varprojlim P_c & \longrightarrow & \overline{P}' = \varprojlim P'_c \\
\uparrow & & \uparrow \\
\overline{A} = \varprojlim A_c & \overset{\overline{\sigma}}{\longrightarrow} & \overline{A}' = \varprojlim A'_c
\end{array}
$$

und einen Automorphismus

$$\sigma : \underline{\hat{H}} \longrightarrow \underline{\hat{H}} , \qquad \sigma \equiv 1 \bmod \underline{m}^{s+1} ,$$

so daß das Diagramm

$$\begin{array}{ccc} \bar{A} & \xrightarrow{\bar{\sigma}} & \bar{A}' \\ \uparrow & & \uparrow \\ \underline{\hat{H}} & \xrightarrow{\sigma} & \underline{\hat{H}} \end{array}$$

kommutativ ist.

Also ist $\sigma(\bar{J}) \subseteq \bar{J}'$, andererseits ist nach dem Lemma von Artin-Rees für genügend große c das Ideal $\underline{m}^{c+1} \cap \bar{J}'$ in $\underline{m}\bar{J}'$ enthalten, also gilt

$$\begin{aligned} \bar{J} + \underline{m}^{s+1}/\underline{m}\bar{J} + \underline{m}^{s+1} &= \bar{J}' + \underline{m}^{s+1}/\underline{m}\bar{J}' + \underline{m}^{s+1} \\ &\cong \bar{J}' + \underline{m}^{c+1}/\underline{m}\bar{J}' + \underline{m}^{c+1} \\ &\cong \bar{J}'/\underline{m}\bar{J}' + (\underline{M}^{c+1} \quad \bar{J}') \\ &= \bar{J}'/\underline{m}\bar{J}' . \end{aligned}$$

Hieraus folgt: Wenn $w_1,\ldots,w_r \in \bar{J}$ eine Basis von $\bar{J} + \underline{m}^{s+1}/\underline{m}\bar{J} + \underline{m}^{s+1}$ repräsentiert, so ist $\sigma(w_1),\ldots, \sigma(w_r) \in \bar{J}'$ eine Minimalbasis von $\bar{J}'$, also $\sigma(\bar{J}) = \bar{J}'$.

Somit ist $\bar{\sigma}$ ein Isomorphismus, und $\bar{P}$ und $\bar{P}'$ sind flache $\bar{A}$-Algebren, so daß die Surjektion $\bar{P} \longrightarrow \bar{P}'$ einen Isomorphismus

$$\bar{P} \hat{\otimes}_{\bar{A}} A_s \longrightarrow \bar{P}' \hat{\otimes}_{\bar{A}} A_s = \bar{P}' \hat{\otimes}_{\bar{A}'} A'_s$$

induziert. Nach dem Lemma von Nakayama folgt, daß $\bar{P} \longrightarrow \bar{P}'$ ein Isomorphismus ist, q.e.d.

2.3. Approximation des semiuniversellen Objekts

Mit den Bezeichnungen von 2.1. sei N der Untermodul aller $g \in \underline{O}^d$

für die $(g \cdot f) = 0$ ist. Die Eigenschaft (ii) aus 2.1. muß offenbar stets nur für ein Erzeugendensystem $(g_1, \ldots, g_r)$ von N überprüft werden, das wir jetzt fixieren. Wählen wir s als hinreichend große, aber feste natürliche Zahl, so liefert uns die formale semiuniverselle Deformation Potenzreihen

$$
\text{(i)} \begin{cases} F^{(s)} = \sum_{|\nu| \leq s} F_\nu(Z) T^\nu \\ w_1^{(s)}, \ldots, w_t^{(s)} \in \underline{H}/m^{s+1} \quad \text{mit } J_s = (w_1^{(s)}, \ldots, w_t^{(s)}) \end{cases}
$$

und

$$
\text{(ii)} \begin{cases} G_i^{(s)} \in \underline{O} \hat{\otimes} \underline{H}/\underline{m}^{s+1} \ , \ i=1,\ldots,r \quad \text{mit} \\ (G_i^{(s)} \cdot F^{(s)}) = \sum_{j=1}^{t} l_j^{(s)} w_j^{(s)} \quad \text{für gewisse } l_j^{(s)} \in \underline{H}/\underline{m}^{s+1} \ , \end{cases}
$$

und das Gleichungssystem

$$
\begin{aligned}
&F \equiv F^{(s)} \mod \underline{m}^{s+1} &\qquad& w_i \equiv w_i^{(s)} \mod \underline{m}^{s+1} \ , \\
&(G_i \cdot F) = \sum_{j=1}^{t} l_j w_j && \\
&G_i^{(s)} \equiv G_i \mod \underline{m}^{s+1} && l_j^{(s)} \equiv l_j \mod \underline{m}^{s+1}
\end{aligned}
$$

hat eine Lösung mit formalen Potenzreihen F, w_i, G_i, l_j, also nach dem Approximationssatz 1.1. auch eine Lösung mit algebraischen Potenzreihen. Die durch diese definierte Deformation (I,J) ist nach 2.1. zu $(\hat{I},\hat{J})$ äquivalent und daher formal semiuniversell.

2.4. Nachweis der algebraischen Semiuniversalität von (I,J)

Es genügt zu zeigen, daß jede Deformation $(\bar{I},\bar{J})$ von P_0 durch (I,J) induziert wird. Es sei $\bar{J}$ Ideal in $\bar{H} = k\langle U \rangle$, $U = (U_1, \ldots, U_l)$ und

$I = (\overline{F})$, $\overline{F} \in (\underline{O}\hat{\otimes}\underline{H})^q$. Dann haben wir zu zeigen, daß ein Paar (φ, ψ) von Morphismen und ein kommutatives Diagramm

$$\begin{array}{ccc} \underline{O}\hat{\otimes}\underline{H} & \longleftarrow & \underline{H} \\ {\scriptstyle id\hat{\otimes}\varphi}\downarrow & & \downarrow{\scriptstyle \varphi} \\ \underline{O}\hat{\otimes}\overline{H} & \longleftarrow & \overline{H} \\ {\scriptstyle \psi}\uparrow\wr & & \|\,{\scriptstyle id} \\ \underline{O}\hat{\otimes}\overline{H} & \longleftarrow & \overline{H} \end{array}$$

existieren, so daß

$$\begin{array}{ccc} (\underline{O}\hat{\otimes}\underline{H})/J & \longleftarrow & \underline{H}/J \\ {\scriptstyle \psi^{-1}\cdot(id\hat{\otimes}\varphi)}\downarrow & & \downarrow \\ (\underline{O}\hat{\otimes}\overline{H})/\overline{J} & \longleftarrow & \overline{H}/\overline{J} \end{array}$$

universell ist. Dieser Sachverhalt ist gegeben mit der Angabe von

(i) φ durch $k(U) = \sum_{|u|=1}^{\infty} k_u U^u \in \overline{H}^m$ mit $\varphi(J) \subsetneq \overline{J}$, d.h.

(*) $w_i(k(U)) \in \overline{J}$, $i=1,\ldots,t$

(ii) ψ durch $(Z,U) \longmapsto (Z-C(Z,U),U)$,

$$C(Z,U) = \sum_{|u|=1}^{\infty} c_u(Z)U^u \ , \quad c_u \in \underline{O}^n$$

und

(iii) einer Transformation T der Erzeugenden von $\overline{I}$ mit

$$T = E_d - A : \quad (\underline{O}\hat{\otimes}\overline{H})^q \longrightarrow (\underline{O}\hat{\otimes}\overline{H})^q,$$

$$A = \sum A_u(Z)U^u \in (\underline{O}\hat{\otimes}\overline{H})^{q^2} \text{ , so daß}$$

$T\cdot\overline{F}(\psi(Z,U)) \equiv F(Z, \varphi(T)) \mod \overline{J}$ ist, d.h. es gilt

$(**)$ $(E_d - A(Z,U)) \cdot \bar{F}(Z-C(Z,U),U) \equiv F(Z,k(U)) \mod \bar{J}$.

Wir wissen, daß das Gleichungssystem $(*)$, $(**)$ eine Lösung $(k(U),C(Z,U),A(Z,U))$ aus formalen Potenzreihen in U besitzt, und daher folgt wiederum nach dem Approximationssatz die Existenz einer Lösung aus algebraischen Potenzreihen, q.e.d.

Kapitel IV

Die Weierstraß-Grauertsche Normalform von Idealbasen

0. Vorbemerkung

Die hier angegebene, im wesentlichen konstruktive Methode zum Auffinden gewisser Normalformen von Idealbasen im Ring der formalen, algebraischen, bzw. konvergenten Potenzreihen sowie für homogene Ideale, besteht im Beweis eines allgemeinen Vorbereitungssatzes vom Weierstraßschen Typ, wie er für den Fall der konvergenten Potenzreihen über dem Körper der komplexen Zahlen von Grauert in [13] bewiesen worden ist. Wir befassen uns damit, ihn für Potenzreihenringe eines allgemeineren Typs ("PDLA-Ringe") zu zeigen, unter die insbesondere die drei genannten Typen fallen.

Dies ist eine verbesserte Fassung des Beweises aus [38]. Während der Beweis der PDLA-Eigenschaft für konvergente Potenzreihen nach Grauert ([13]) möglich ist, treten im algebraischen Falle einige Schwierigkeiten auf (s. auch [24] und [25]), die durch die Anwendung des Approximationssatzes aus III. überwunden werden können.

Es sei noch auf den Zusammenhang mit dem Vorbereitungssatz von Hironaka hingewiesen, der durch Galligo ([12]) festgestellt wurde.

1. Eine allgemeine Divisionsformel

Zunächst wird der Begriff des reduzierenden Systems erklärt, wie er in [13] eingeführt wurde:

Die Elemente aus $\mathbb{N}^m$ bezeichnen wir als m-dimensionale Multiindizes.

Wir fixieren die Zahl m. Unter einem reduzierenden System verstehen wir ein m-Tupel $s = (s_1,\dots,s_m)$ von Abbildungen

$$s_i = s_i(\gamma_1,\dots,\gamma_{i-1})$$

gewisser Teilmengen von $(N \cup \{\infty\})^{i-1}$ in $N \cup \{\infty\}$ mit

s_1 = constans

s_i definiert für $0 \leq \gamma_1 < s_1$, ... , $0 \leq \gamma_j < s_j(\gamma_1,\dots,\gamma_{j-1})$, usw.,

so daß aus $s_{i-1}(\gamma_1,\dots,\gamma_{i-2}) = \infty$ stets folgt

$$s_i(\gamma_1,\dots,\gamma_{i-1}) = \infty \quad \text{für alle } \gamma_{i-1}.$$

Sei $\gamma' = (\gamma_1,\dots,\gamma_i)$ ein Multiindex mit $i \leq m$. Zur formalen Vereinfachung wird $\gamma' = \emptyset$ zugelassen (i=0).

In bezug auf ein reduzierendes System s nennen wir γ':

(i) reduziert, falls $0 \leq \gamma_j < s_j(\gamma_1,\dots,\gamma_{j-1})$ ist für $j = 1, \dots, i$;

(ii) maximal, falls γ' reduziert ist, $s_i(\gamma_1,\dots,\gamma_{i-1}) < \infty$, sowie für $i < m$ noch $s_{i+1}(\gamma_1,\dots,\gamma_i) = \infty$ ist;

(iii) endlich, falls γ' reduziert ist, $i < m$ und $s_{i+1}(\gamma_1,\dots,\gamma_i) < \infty$.

Wir bemerken, daß es zu einem gegebenen reduzierenden System s nur endlich viele maximale sowie endlich viele endliche Multiindizes gibt. Sind s und s' zwei reduzierende Systeme, so schreiben wir $s \leq s'$, falls $s_{i+1}(\gamma_1,\dots,\gamma_i) = s'_{i+1}(\gamma_1,\dots,\gamma_i)$ gilt für alle Multiindizes $(\gamma_1,\dots,\gamma_i)$, die bezüglich s endlich sind. In dieser Halbordnung gilt der folgende

1.1. Satz: Jede echt aufsteigende Kette reduzierender Systeme ist endlich.

Man überlegt sich leicht den Beweis (vgl. auch [13]).

Wir kommen nun zum Beweis einer Divisionsformel unter sehr allgemeinen Voraussetzungen. Es sei A ein kommutativer Ring mit 1, $H = A[[T_1,\ldots,T_m]]$ der Ring der formalen Potenzreihen in m Unbestimmten über A. Wir fixieren überdies ein reduzierendes System s. Eine Potenzreihe $h = \sum a_\nu T^\nu \in H$ heißt reduziert, falls $a_\nu \neq 0$ höchstens für reduzierte Multiindizes ν gilt.

Die Menge der m-dimensionalen Multiindizes wird linear geordnet, indem man für

$$\nu' = (\nu_1,\ldots,\nu_m),\ \mu' = (\mu_1,\ldots,\mu_m) \in N^m$$

definiert

$$\nu' < \mu', \text{ falls } \begin{cases} |\nu'| = |\mu'|, \ \nu_k < \mu_k \text{ und } \nu_{k+i} = \mu_{k+i} \text{ für } i \geq 1 \\ \text{oder} \\ |\nu'| < |\mu'| . \end{cases}$$

Dabei ist $|\nu'| := \nu_1 + \ldots + \nu_m$. Ist $\nu' = (\nu_1,\ldots,\nu_i)$ ein emdlicher Multiindex, so schreiben wir stets

$$\nu^* = (\nu_1,\ldots,\nu_i,s_{i+1}(\nu')).$$

Bei der Exponentenbildung identifizieren wir überdies ν' mit dem m-dimensionalen Multiindex $(\nu_1,\ldots,\nu_i,0,\ldots,0)$.

Für eine beliebige Potenzreihe $h \in H$ sei $\delta(h)$ der kleinste Multiindex, zu dem ein von 0 verschiedener Term von h gehört. Es gilt stets

$\delta(h_1+h_2) \geq \text{Minimum}(\ \delta(h_1),\delta(h_2)\ )$ und

$\delta(h_1 \cdot h_2) = \delta(h_1) + \delta(h_2)$; wir definieren überdies

$\delta(0) = \infty$.

Betrachten wir nun die Menge

$$\Lambda = \{\omega_{\nu'} = T^{\nu^*} + r_{\nu'}\ ,\ \nu' \text{ endlich zu } s\}$$

von Potenzreihen aus H, für die $\delta(r_{\nu'}) > \nu^*$ ist. Eine solche

Menge nennen wir ein Divisionssystem; sind alle $r_{\gamma'}$ reduziert, so nennen wir sie ein System von Weierstraßpolynomen zu s. Die letztere Eigenschaft wird in diesem Abschnitt jedoch nicht vorausgesetzt.

1.2. <u>Satz</u>: <u>Es sei</u> Λ <u>(mit den obigen Bezeichnungen) ein Divisionssystem, so hat jedes Element</u> $h \in H$ <u>eine eindeutig bestimmte Darstellung</u>

$$h = \sum_{\gamma' \text{ endlich zu s}} Q_{\gamma'} \cdot \omega_{\gamma'} + R$$

<u>mit einer bezüglich</u> s <u>reduzierten Potenzreihe</u> R <u>und Potenzreihen</u> $Q_{\gamma'} \in A[[T_{i+1},\ldots,T_m]]$ (<u>für</u> $\gamma' = (\gamma_1,\ldots,\gamma_i)$). <u>Weiter gilt</u>

$$\delta(R) \geq \delta(h) \quad \underline{\text{und}} \quad \delta(Q_{\gamma'}) + \gamma^* \geq \delta(h) \text{ .}$$

Wir bemerken zunächst, daß für den Spezialfall $r_{\gamma'} = 0$ für alle γ' der Satz aus einer einfachen kombinatorischen Überlegung folgt.

<u>Beweis für</u> 1.2. :

Wir definieren eine Folge (h_i) von Potenzreihen durch

$$h_o = h \text{ ;}$$

h_i sei schon definiert, so ist nach der Vorbemerkung

$$h_i = \sum_{\gamma' \text{endlich}} Q_{\gamma'}^{(i+1)} T^{\gamma^*} + R_{i+1}$$

mit reduziertem R_{i+1} sowie $Q^{(i+1)}_{(\gamma_1,\ldots,\gamma_i)} \in A[[T_{i+1},\ldots,T_m]]$.

Dabei gilt

$$\delta(R_{i+1}) \geq \delta(h_i) \quad \text{und}$$

$$\delta(Q_{\gamma}^{(i+1)}) + \gamma^* \geq \delta(h_i) \text{ .}$$

Wir definieren nun induktiv

$$h_{i+1} = h_i - \sum_{\gamma' \text{ endlich}} Q_{\gamma'}^{(i+1)} \omega_{\gamma'} - R_{i+1} .$$

Wir behaupten: $\sum_i h_i$, $\sum_i Q_{\gamma'}^{(i)} := Q_{\gamma'}$ und $\sum_i R_i := R$

sind wohldefinierte formale Potenzreihen. Dies folgt, da wegen

$$h_{i+1} = -\sum_{\gamma' \text{ endlich}} r_{\gamma'} Q_{\gamma'}^{(i+1)} \quad \text{und}$$

$$\delta(r_{\gamma'} Q_{\gamma'}^{(i+1)}) = \delta(r_{\gamma'}) + \delta(Q_{\gamma'}^{(i+1)}) > \gamma^* + \delta(Q_{\gamma'}^{(i+1)}) \geq \delta(h_i) \text{ gilt}$$

$$\delta(h_{i+1}) > \delta(h_i),$$

und daher sind wegen

$$\delta(Q_{\gamma'}^{(i+1)}) + \gamma^* \geq \delta(h_i) \quad \text{und}$$

$$\delta(R_{i+1}) \geq \delta(h_i)$$

unsere Reihen erklärt, denn in jeder Ordnung sind nur endlich viele Summanden von 0 verschieden. Nun folgt leicht

$$h = \sum_{i=0} (h_i - h_{i+1}) = \sum_{\gamma' \text{ endlich}} \left(\sum_{i=0}^{\infty} Q_{\gamma'}^{(i+1)}\right)\omega_{\gamma'} + \sum_{i=0}^{\infty} R_{i+1}$$

$$= \sum_{\gamma' \text{ endlich}} Q_{\gamma'} \omega_{\gamma'} + R .$$

Es ist daher nur noch die Eindeutigkeitsaussage des Satzes zu beweisen. Wir müssen zeigen: Ist $\sum_{\gamma' \text{ endlich}} Q_{\gamma'} \omega_{\gamma'} + R = 0$, so

sind R und alle $Q_{\gamma'} = 0$.

Offenbar gilt aber $-$ Q . r . = Q . T + R := h; der vorige Satz ergibt $\delta(Q_{\gamma'}) + \gamma^* \geq \delta(h)$ (Eindeutiggeitsaussage der Vorbemerkung), und ist $\delta(h) \neq \infty$, so folgt $\delta(h) =$
$= \delta(\sum Q_{\gamma'} r_{\gamma'}) \geq \text{Minimum}(\delta(Q_{\gamma'} r_{\gamma'})) > \delta(h)$, dies ist undmöglich. Folglich ist h = 0, also ist (Vorbemerkung)
$Q_{\gamma'} = R = 0$, q.e.d.

Durch den eben bewiesenen Satz 1.2. wird jeder Potenzreihe h auf eindeutige Weise eine reduzierte Reihe R =: $\mathrm{red}_{\Lambda} h$ (ihre "Reduktion") zugeordnet. Hierbei ist

$$\mathrm{red}_{\Lambda} : H \longrightarrow H$$

eine A-lineare Abbildung.

Für die spätere Anwendung brauchen wir

1.3. __Bemerkung__: Es sei k ein Körper, $W = (W_1,\dots,W_s)$ Unbestimmte und A ein Unterring des Funktionenkörpers k(W). Es sei $h = \sum a_{\gamma} T^{\gamma} \in H$, so läßt sich jedem Koeffizienten $a_{\gamma} \in A$ ein Paar $(\delta_W(z_{\gamma}),\delta_W(n_{\gamma}))$ von Multiindizes zuordnen (δ_W bezeichnet den Anfangsmultiindex bezüglich der Unbestimmten W), das bis auf eine additive Konstante eindeutig bestimmt ist mit $a_{\gamma} = \frac{z_{\gamma}}{n_{\gamma}}$. Wir nennen die Reihe h W-positiv, falls

$$\delta_W(z_{\gamma}) \geq \delta_W(n_{\gamma})$$

gilt für alle γ.

Ist nun Λ ein Divisionssystem, das nur aus W-positiven Reihen besteht, so gilt:

Ist h eine W-positive Reihe, so ist auch $\mathrm{red}_{\Lambda} h$ stets W-positiv.

__Beweis__: Man verwende die Konstruktion aus Satz 1.2. für einen induktiven Nachweis dieser Eigenschaft und beachte dabei, daß die dort auftretenden Potenzreihenzerlegungen disjunkt sind.

Unser spezielles Interesse gilt dem Fall, daß A ein Körper ist, den wir stets als algebraisch abgeschlossen voraussetzen. Wir können nun Unteralgebren von $H = k[[T_1,\dots,T_m]]$ betrachten, z.B. falls k vollständig bewertet ist, die Unteralgebra H^c der konvergenten Potenzreihen. Nach dem Satz 1.2. läßt sich, falls ein Divisionssystem $\Lambda \subseteq H^c$ vorgegeben ist, jede Reihe aus H^c auf eindeutige Weise (mit der angegebenen Normierung) als $\sum Q_{\gamma'} \cdot \omega_{\gamma'} + R$ darstellen, wir wissen aber zunächst nicht, ob die formalen Potenzreihen $Q_{\gamma'}$, R auch zu H^c gehören. Ist das stets der Fall, so sagen wir, die Algebra H^c habe die Divisionseigenschaft. Wir bemerken, daß man nach Grauert [13] zeigt:

1.4. Satz: Ist k vollständig bewertet, H^c die Algebra der konvergenten Potenzreihen in m Unbestimmten über k, so hat H^c die Divisionseigenschaft.

Unser besonderes Interesse hier gilt jedoch der Algebra H^a der algebraischen Potenzreihen über einem beliebigen, algebraisch abgeschlossenen Grundkörper k. Für diesen Fall werden wir das gewünschte Resultat auch beweisen können, nur müssen wir hier den Approximationssatz aus III. anwenden.

1.5. Satz: Der Ring H^a der algebraischen Potenzreihen in m Unbestimmten über k hat die Divisionseigenschaft.

Beweis: Zunächst wird char k = 0 gesetzt. Es sei $\Lambda \subseteq H^a$ und $h \in H^a$, $\mathrm{red}_{\Lambda} h = 0$, so gilt

$$h = \sum Q_{\gamma'} \cdot \omega_{\gamma'}$$

mit formalen Potenzreihen $Q_{\gamma'} \in k[[T_{i+1},\dots,T_m]]$ für $\gamma' = (\gamma_1,\dots,\gamma_i)$, die überdies noch eindeutig bestimmt sind. Damit folgt nach III-0.1., daß sämtliche $Q_{\gamma'}$ algebraisch sind, so daß für diesen Fall der Beweis geführt ist.

Nun zur allgemeinen Situation: Wir können annehmen, daß $s_1 < \infty$ ist. Dann definieren wir ein neues reduzierendes System $\tilde{s} = (\tilde{s}_1,\dots,\tilde{s}_m)$ durch

$\tilde{s}_1 = s_1$

$\tilde{s}_1, \dots, \tilde{s}_i$ seien schon definiert, so gelte

$$\tilde{s}_{i+1}(\nu) = \begin{cases} s_{i+1}(\nu) & \text{für } \nu \text{ endlich zu } s \\ 1 & \text{sonst (falls definiert).} \end{cases}$$

Nun gibt es zu $\tilde{s}$ offenbar nur endlich viele reduzierte Multiindizes, also ist, wenn wir $\tilde{\omega}_\nu = \omega_\nu$ für ν endlich zu s setzen und $\tilde{\omega}_\nu = T^{\nu^*}$ für ν nicht endlich zu s, aber endlich zu $\tilde{s}$, $\tilde{\Lambda}$ ein Divisionssystem zu $\tilde{s}$ ($\tilde{\Lambda} = \{\tilde{\omega}_\nu\}$). Damit ist $\mathrm{red}_{\tilde{\Lambda}}\, h$ ein Polynom und wir können o.B.d.A. annehmen $\mathrm{red}_{\tilde{\Lambda}}\, h = 0$, d.h. wir erhalten in H^a

$$h = \sum_{\nu \text{ endlich } s} \tilde{Q}_\nu \omega_\nu + \sum_{\nu \text{ nicht endlich } s} \tilde{Q}_\nu T^{\nu^*}$$

mit der üblichen Normierung. Die zweite Summe enthält aber offensichtlich nur Summanden, die zu s reduziert sind, woraus die Behauptung folgt. Ist char $k \neq 0$, so liften wir h auf $W\langle T\rangle$ (W der Cohenring von k) und verfahren wie üblich (s. z.B. [28]).

2. Der Vorbereitungssatz für PDLA-Ringe

Wir fixieren einen algebraisch abgeschlossenen Grundkörper k. Es sei $X = (X_{ij})_{i,j=1,\dots,m}$ und A der Polynomring in m^2 Unbestimmten. Durch die Matrizenmultiplikation

$$\begin{pmatrix} T_1 \\ \vdots \\ T_m \end{pmatrix} \longmapsto (X_{ij}) \cdot \begin{pmatrix} T_1 \\ \vdots \\ T_m \end{pmatrix}$$

ist dann ein k-Algebrahomomorphismus

$$\begin{array}{ccc} k[[T]] & \longrightarrow & A[[T]] \\ f & \longmapsto & X_f \end{array}$$

erklärt, und ist $x \in \text{Spec max}\ (A_{\det X})$ und ${}^{x}f$ das Bild von ${}^{X}f$ bei der Restklassenabbildung

$$A[[T]] \longrightarrow k(x)[[T]] \ ,$$

so erhalten wir durch die Hintereinanderausführung dieser Abbildungen den durch $x \in GL(m,k)$ induzierten linearen Automorphismus von $k[[T]]$.

2.1. Definition: Es sei H eine k-Unteralgebra von $k[[T]]$. H heißt PDLA-Ring ("Potenzreihenring mit Divisionseigenschaft und linearen Automorphismen"), falls in H die Zerlegungsformel 1.2. gilt und die Gruppe $GL(m,k)$ auf natürliche Weise Automorphismen von H induziert.

Nach 1. wissen wir damit

2.2. Bemerkung: Die Ringe $k[[T]]$, $k\langle T\rangle$ und (bei Vorliegen einer vollständigen Bewertung) $k\{T\}$ sind PDLA-Ringe.

Wir behandeln nun die Frage nach der Existenz von erzeugenden Divisionssystemen für beliebige Ideale solcher Ringe.

2.3. Vorbereitungssatz: H sei PDLA-Ring, $J \subsetneq H$ ein Ideal. Dann gibt es eine offene Teilmenge $\emptyset \neq Z \subseteq GL(m,k)$ und ein (nach Konstruktion eindeutiges) reduzierendes System s mit folgender Eigenschaft:

Für alle $g \in Z$ besitzt ${}^{g}J$ ein eindeutig bestimmtes Erzeugendensystem $\Lambda^{(g)}$ von Weierstraßpolynomen zu s mit $\text{red}_{\Lambda^{(g)}}({}^{(g)}J) = 0$.

Beweis: Wir betrachten die Aussagenfolge

(o) $s^{(o)} = (\infty, \ldots, \infty)$, $Z_o = GL(m,k)$, $\Lambda_o = \emptyset$

und für $r \in \mathbb{N}$, $r \geq 1$:

(r) Es gibt ein $p_r \in A\cdot\det X$ mit $\emptyset \neq Z_r := D(p_r) \subseteq \text{Spec}\ A$, ein reduzierendes System $s^{(r)} = (s_1^{(r)},\dots,s_m^{(r)})$ mit den endlichen Multiindizes $\gamma'_1, \dots, \gamma'_r$, für das $s^{(r-1)} \lneqq s^{(r)}$ sowie $\gamma_1^* < \gamma_2^* < \dots < \gamma_r^*$ gilt, mit der folgenden Eigenschaft:

Es gibt ein System

$$\Lambda_r^{(X)} = \left\{ \omega_j^{(X)} = T^{\gamma_j^*} + a_j^{(r)}(X) \right\} \subseteq X_{J\cdot A_{p_r}}[[T]]$$

von Weierstraßpolynomen zu $s^{(r)}$ mit:

(✱) $\delta(\mathrm{red}_{\Lambda_r^{(g)}}({}^{g}J)) > \gamma_r^*$ für alle $g \in Z_r$

(δ_W) Es sei W Diagonalmatrix mit der Diagonale $(W_1,\dots,W_m)$, so sind die Reihen aus $\Lambda_r^{(W\cdot X)}$ alle W-positiv.

Die Eindeutigkeitsaussage des Satzes ist trivial; wir sind daher fertig, wenn wir zeigen können:

(✱✱) Aus (r) und $\mathrm{red}_{\Lambda_r^{(g)}}({}^{g}J) \neq 0$ für ein $g \in Z_r$ folgt (r+1).

(Denn dies kann wegen 1.1. nicht für alle r gelten.)

Um die Implikation (✱✱) zu beweisen, wählen wir den Multiindex

$$\mu = \mathrm{Minimum}(\ \delta(h),\ h \in \mathrm{red}_{\Lambda_r^{(g)}}({}^{g}J)\ ,\ g \in Z_r)\ .$$

Wir fixieren ein solches

$$h = T^{\mu} + a(T)\ ,\ \delta(a) > \mu > \gamma_r^* \qquad (\text{o.B.d.A. } g = E_m).$$

Es sei

$$\mu = (\mu_1,\dots,\mu_i,0,\dots,0) \text{ mit } \mu_i \neq 0.$$ Wir definieren nun $s^{(r+1)}$ durch

$$s_i^{(r+1)}(\mu_1,\dots,\mu_{i-1}) = \mu_i\ ,$$

$$s_j^{(r+1)}(\gamma_1,\dots,\gamma_{j-1}) = s_j^{(r)}(\gamma_1,\dots,\gamma_{j-1}), \text{ falls}$$

$(\gamma_1,\dots,\gamma_{j-1})$ endlich zu $s^{(r)}$ ist;

$$s_j^{(r+1)}(\nu_1,\ldots,\nu_{j-1}) = \infty \qquad \text{sonst.}$$

Wenn wir zeigen können

$$(\S) \quad s_i^{(r)}(\mu_1,\ldots,\mu_{i-1}) = \infty \;, \; s_{i-1}(\mu_1,\ldots,\mu_{i-2}) < \infty \quad ,$$

so wäre $s^{(r+1)}$ wohldefiniert, und der Multiindex $\nu'_{r+1} := (\mu_1,\ldots,\mu_{i-1})$ wäre endlich zu $s^{(r+1)}$, maximal zu $s^{(r)}$, also $s^{(r)} \not\geq s^{(r+1)}$.

Der erste Teil von (§) ist trivial, da μ reduziert zu $s^{(r)}$ ist. Es sei nun $s_{i-1}^{(r)}(\mu_1,\ldots,\mu_{i-2}) = \infty$. Um dies zu einem Widerspruch zu führen, machen wir zwei Vorbemerkungen: Zunächst sei $w = (w_1,\ldots,w_m) \in k^m$ ein m-Tupel von 0 verschiedener Körperelemente, $W \in GL(m,k)$ die aus w gebildete Diagonalmatrix.

(i) Es sei $A = A(u,v)$ die Matrix

$$\begin{pmatrix} E_{i-2} & 0 & 0 \\ 0 & \begin{matrix} u & -v \\ v & u \end{matrix} & 0 \\ 0 & 0 & E_{m-i} \end{pmatrix}$$

mit $u,v \in k$, $u^2+v^2 = 1$. Dann bildet die Menge U der Matrizen WA ein zusammenhängendes Unterschema von GL(m,k), das das neutrale Element enthält (U ist isomorph zum kartesischen Produkt von Kreis und $(k^{\cdot})^m$).

(ii) Es sei $\varkappa = (\varkappa_1,\ldots,\varkappa_i)$ ein Multiindex, so schreiben wir $\tilde{\varkappa} = (\varkappa_1,\ldots,\varkappa_{i-2},\varkappa_{i-1}+\varkappa_i)$. Dann ist nach unserer Annahme $\tilde{\mu}$ reduziert sowie $\tilde{\mu} < \mu$. Deshalb ist nach Konstruktion von h

$$(\mathrm{red}\,\Lambda_r^{(g)}({}^g h))_{\tilde{\mu}} = 0 \quad \text{für alle } g \quad (\text{ der Index bezeichnet}$$

den Term der entsprechenden Ordnung, d.h. hier der Ordnung $\tilde{\mu}$).

Nun gilt

$$(\mathrm{red}_{\Lambda_r^{(WA)}}({}^{WA}h))_{\tilde{\mu}} = w^{\mu} u^{\mu_{i-1}} v^{\mu_i} T^{\tilde{\mu}} + \sum_{\substack{\varkappa=(\varkappa_1,\ldots,\varkappa_i) \\ \varkappa>\mu,\ \tilde{\varkappa}\in\tilde{\mu}}} w^{\varkappa} a_{\varkappa} \frac{z_{\varkappa}}{n_{\varkappa}} T^{\tilde{\mu}}$$

mit $a_{\varkappa} = a_{\varkappa}(u,v)$, $\frac{z_{\varkappa}}{n_{\varkappa}}$ = Koeffizient von $\mathrm{red}_{\Lambda_r^{(WA)}}(T^{\tilde{\varkappa}})$ bei $\tilde{\mu}$.

Die obige Formel ist leicht einzusehen, denn WA entspricht der Abbildung

$$T_k \longmapsto w_k T_k \quad \text{für } k \neq i-1,\ i$$
$$T_{i-1} \longmapsto w_{i-1}(uT_{i-1} - vT_i)$$
$$T_i \longmapsto w_i(vT_{i-1} + uT_i) \quad .$$

Nun ist $\Lambda_r^{(WA)}$ stets W-positiv, also auch die Reduktion von $T^{\tilde{\varkappa}}$ (siehe 1.3.), so daß in obiger Formel $w^{\mu} u^{\mu_{i-1}} v^{\mu_i}$ den Anfangskoeffizienten bezüglich δ_W enthält. Also hat $(\mathrm{red}^{WA}h)_{\tilde{\mu}}$ in jeder Umgebung von $E_m \in GL(m,k)$ in $Z_r \cap U \cap D(uv)$ eine Nichtnullstelle; aus diesem Widerspruch folgt (§).

Wir konstruieren nun Λ_{r+1}:

Es sei

$$\mathrm{red}_{\Lambda_r^{(X)}}({}^{X}h) = a_{\mu}(X)T^{\mu} + \sum_{\gamma>\mu} a_{\gamma}(X)T^{\gamma} \ ;$$

$$p_{r+1} := a_{\mu}\cdot p_r \ , \quad \Lambda = \{a_{\mu}^{-1}\cdot \mathrm{red}_{\Lambda_r^{(X)}}({}^{X}h) := \omega\} \cup \Lambda_r^{(X)};$$

$$\omega_j^{(r+1)} := T^{\gamma_j^*} + \mathrm{red}_{\Lambda}\, a_j^{(r)} \ , \ j = 1,\ldots,r \ ,$$
$$\omega_{r+1}^{(r+1)} := T^{\mu} + \mathrm{red}_{\Lambda}\,(\omega - T^{\mu}) \ , \ \Lambda_{r+1}^{(X)} := \{\omega_j^{(r+1)}\} \ .$$

Man überprüft leicht (✱) und (δ_W), womit der Beweis vollendet ist.

3. Anwendungen und Bemerkungen

Wir betrachten das Ideal J in einem unserer PDLA-Ringe A über dem Körper k. Diesem ist nach dem Hauptsatz ein reduzierendes System s = s(J) zugeordnet. Wir wissen nun, daß sich jedes Element von J eindeutig als

$$j = \sum_{\gamma \text{ endlich } s} \omega_\gamma Q_\gamma$$

schreiben läßt mit $Q_\gamma \in k[[T_{i+1},\dots,T_m]]$ für $\gamma = (\gamma_1,\dots,\gamma_i)$. Es sei i_γ die Länge des Multiindex γ. Dann überlegt man sich, daß als Anfangsterme (im lexikographisehen Sinne) für die Elemente h nur Elemente aus

$$\bigcup_{\gamma \text{ endlich}} (\gamma^* + (0,\dots,0) \times N^{m - i_\gamma})$$

infrage kommen. Damit ist klar

3.1. Bemerkung: s(J) ist durch die Menge aller Anfangsterme von J eindeutig bestimmt (und umgekehrt). Überdies ist klar, daß s(J) gegenüber k-Automorphismen des Ringes A invariant ist.

Weiter stellen wir die Frage, inwiefern der Begriff des reduzierenden Systems "natürlich" zu nennen ist, d.h. ob alle irgend möglichen Systeme s die Form s = s(J) für ein geeignetes Ideal J haben.

3.2. Bemerkung: Nicht alle reduzierenden Systeme kommen in der Natur vor.

Beispiel: $m = 2$, $s = (s_1,s_2)$ definiert durch $s_1 = 2$, $s_2(0) = 0$ und $s_2(1) = \infty$.

Dann sei s = s(J) mit den beiden Weierstraßpolynomen ω_1, ω_2, die den Multiindizes $\gamma_1^* = (2)$, $\gamma_2^* = (0,2)$ entsprechen. Nun ist offenbar J (T_1,T_2)-primär, daher $\dim_k(A/J) < \infty$. Es gibt aber unendlich viele reduzierte Terme $T_1 T_2^n$, Widerspruch.

Wir stellen überdies fest, daß die Erzeugendensysteme aus Weierstraßpolynomen im allgemeinen nicht minimal sind. Beispiele kann man sich leicht überlegen.

Eine mögliche Anwendung der Kenntnis von s ist die Bestimmung der Hilbert-Samuel Funktion von J (s. auch [12]). Wir setzen

$$H(n) = \dim_k (A / J + m_A^{n+1}) .$$

Dann gilt offenbar

3.3. <u>Bemerkung</u>: n_o sei die maximale Länge der γ^*, dann ist für $n \geq n_o$

$$H(N) = \# \{ \gamma, \ \gamma \text{ reduziert zu } s, |\gamma| \leq n \} .$$

Wir berechnen nun $\Delta H(n) := H(n+1) - H(n)$. Es sei M(s) die Menge der zu s maximalen, R(s) die der zu s reduzierten Multiindizes. Offenbar ist

$$R(s) = \coprod_{\gamma \in M(s)} \gamma + (0,\ldots,0) \ N^{m-l(\gamma)}$$

($l(\gamma)$ Länge von γ).

Weiter gilt

$$\Delta = \sum_{\gamma \in M(s)} \Delta_\gamma$$

mit

$$\Delta_\gamma(n) = \# \{ \mu \in \gamma + (0,\ldots,0) \ N^{m-l(\gamma)}, |\mu| = n \}$$

$$= \binom{m-l(\gamma)-1+n-|\gamma|}{n-|\gamma|} .$$

U.a. sehen wir, daß damit s die Funktion H im wesentlichen bestimmt.

3.4. Wir wollen das Verfahren aus dem Vorbereitungssatz 2.3. und die Bestimmung der Hilbert-Samuel-Funktion an einem Beispiel ausführen. Für das Ideal J wählen wir die homogenen Gleichungen der Macaulyschen Kurve

$$F_1 = T_1T_4 - T_2T_3$$
$$F_2 = T_1^2T_3 - T_2^3$$
$$F_3 = T_1T_3^2 - T_2^2T_4$$
$$F_4 = T_2T_4^2 - T_3^3$$

im Ring $k[[T_1,\dots,T_4]]$.

Die Ausführung des (allgemein komplizierten) Induktionsschrittes von 2.3. erweist sich als praktisch nicht allzu aufwendig:

(0) $\quad \nu_1^* = (2)$

Nach einer linearen Transformation $T_4 \longmapsto T_1+T_4$ finden wir

$$\omega_1 = T_1^2 + T_1T_4 - T_2T_3 \quad ,$$
$$J = (\omega_1, \ T_1^2T_3-T_2^3 \ , \ T_1T_3^2-T_1T_2^2-T_2^2T_4 \ , \ T_1^2T_2+2T_1T_2T_4+T_2T_4^2-T_3^3 \ ).$$

Nun haben wir

(1) $\quad \nu_2^* = (1,2),$

$$J = (\omega_1 \ , \ -T_1T_3T_4+T_2T_3^2-T_2^3 \ , \ T_1T_3^2-T_1T_2^2-T_2^2T_4 \ , \ T_1T_2T_4+T_2^2T_4 -T_3^3+T_2^2T_3 \ );$$

$$\omega_2 = T_1T_2^2 - T_1T_3^2 + T_2^2T_4 \quad ,$$

und es bleiben zu untersuchen

$$\left.\begin{array}{l} -T_1T_3T_4 + T_2T_3^2 - T_2^2 \\ T_1T_2T_4 + T_2T_4^2 - T_3^3 + T_2^2T_3 \end{array}\right\} \in \ red_{(\omega_1,\omega_2)}(J) \quad .$$

(2) Es ist

$\gamma_3^* = (0,3)$

$\omega_3 = T_2^3 + T_1T_3T_4 - T_2T_3^2$ (offensichtlich reduziert),

und es verbleibt

$T_1T_2T_4 + T_2T_4^2 - T_3^3 + T_2^2T_3 \in \mathrm{red}_{(\omega_1,\omega_2,\omega_3)}(J)$.

(3) $\gamma_4^* = (0,2,1)$

$\omega_4 = T_2^2T_3 - T_3^3 + T_1T_2T_4 + T_2T_4^2$,

und damit bricht das Verfahren ab.

Zu dem aus $\gamma_1^*, \ldots, \gamma_4^*$ gebildeten reduzierenden System gehören nun offenbar folgende maximale Multiindizes:

(0,0), (0,2,0), (1,0), (1,1), (0,1).

Damit liefert uns 3.3. sofort

$\Delta(n) = 4n+1$,

also ist für $n \geq n_0 = 3$ die Hilbert-Samuel-Funktion von J bis auf eine Konstante C eindeutig bestimmt:

$H(n) = 2n^2 - n + C;$

andererseits läßt sich H(3) leicht berechnen: Es ist

$H(3) = 1 + \binom{4}{1} + \binom{5}{2} - 1 + \binom{6}{3} - 7 = 27$,

da die Kurvengleichungen in der Ordnung 2 gerade eine und in der Ordnung 3 genau 7 paarweise verschiedene Relationen zwischen Monomen liefern. Damit ergibt sich C = 12.

4. Untersuchung projektiver Schemata - Der Vorbereitungssatz für homogene Ideale

Wir betrachten das projektive Schema $X \subseteq P_k^{m-1}$, gegeben durch ein homogenes Ideal $J \subsetneq k[T_1,\ldots,T_m]$. Es zeigt sich, daß sich J wiederum ein reduzierendes System s und ein System von Weierstraßpolynomen zuordnen lassen, die letzteren sind homogene Polynome. Insbesondere haben wir hier einen Zugang zur expliziten Berechnung, da (im Gegensatz zum lokalen Fall) in allen Schritten nur endlich viele Terme auftreten können.

4.1. Bemerkung: Es sei s ein reduzierendes System, $\Lambda = \{\omega_\gamma\}$ ein Divisionssystem zu s. Die ω_γ seien homogen vom Grad d_γ. Dann gilt: Ist $h \in k[T]$ homogen vom Grad d und

$$h = \sum_{\gamma \text{ endlich } s} Q_\gamma \omega_\gamma \quad + \; r$$

mit r reduziert bezüglich s und $Q_\gamma \in k[[T_{i+1},\ldots,T_m]]$ für $\gamma = (\;_1,\ldots, \;_i)$, so ist r homogen vom Grad d und die Q_γ sind homogen vom Grad $d-d_\gamma$.

Beweis: In der induktiven Konstruktion des Beweises von 1.2. beachte man, daß die entsprechenden Aussagen über die Homogenität bereits für alle h_i, R_i, $Q_\gamma^{(i)}$ gelten. Daraus folgt die Behauptung.

Nun läßt sich auch sofort der Existenzsatz 2.3. auf diesen Fall übertragen, denn mit h ist auch red h homogen, d.h. nach Abbruch der Induktionskette finden wir ein Erzeugendensystem aus Weierstraßpolynomen, die alle homogen sind.

4.2. Vorbereitungssatz für homogene Ideale: Es sei k algebraisch abgeschlossen, $J \subsetneq k[T_1,\ldots,T_m]$ ein homogenes Ideal. Dann existiert eine offene Teilmenge $\emptyset \neq Z \subseteq PGL(m-1,k)$ und ein reduzierendes System s mit folgender Eigenschaft: Für alle $g \in Z$ besitzt ${}^gJ$ ein eindeutig bestimmtes Erzeugendensystem Λ^g von homogenen Weierstraßpolynomen zu s mit

$$\mathrm{red}_{\Lambda^g}({}^gJ) = 0 .$$

Man überlegt sich hierbei leicht, daß die Transformationen

$$(T_1,\ldots,T_m) \longmapsto (aT_1,\ldots,aT_m)$$

die Weierstraßpolynome unverändert lassen.

Beachtet man nun den Beweis von 2.3., so hat man ein konstruktives Verfahren zur Bestimmung von s und Λ. Dies wurde etwa im Beispiel 3.4. durchgeführt. Ist man jedoch etwa nur an einer schematischen Rechnung interessiert, so bietet sich folgende kombinatorische Methode an: Man findet leicht ein Kriterium, wann im Induktionsschritt ein neu auftretender Multiindex Anlaß zu einem größeren reduzierenden System gibt. Dann betrachte man (nach geeigneten Koordinatentransformationen) , ausgehend von den Termen niedrigster Ordnung, die Anfangsterme von J. Abhängig von der erreichten Ordnung läßt sich eine Abschätzung angeben, wieviele weitere Terme maximal untersucht werden müssen, um sich vom Abbruch des Verfahrens zu überzeugen.

Wir machen einige abschließende Bemerkungen, wie sich das gefundene reduzierende System ausnutzen läßt.

Es läßt sich z.B. nach 3.3. leicht

$$\Delta(n) = \sum_{\nu \text{ maximal zu } s} \binom{m-l(\nu)-|\nu|-1}{m-l(\nu)-1}$$

als Polynom in n bestimmen. Für das projektive Schema X gilt nun

$$\chi(\underline{O}_X) = \Delta(0),$$

also folgt, wenn wir für negative b stets $\binom{a}{b} = 0$ setzen,

$$p_a(X) = \left| \sum_{\nu \text{ maximal zu } s} \binom{m-l(\nu)-|\nu|-1}{m-l(\nu)-1} - 1 \right|$$

für das arithmetische Geschlecht von X.

Ist z.B. X eine Hyperfläche vom Grad s, so ist $s = \{\nu_1^*\}$, $\nu_1^* = (s)$, und (0),(1),...,(s-1) sind die maximalen Multiindizes, also

$$p_a(X) = \left| \sum_{j=1}^{s-1} \binom{m-2-j}{m-2} - 1 \right|,$$

was natürlich mit der wohlbekannten Formel übereinstimmt.

Wir haben so auch eine Möglichkeit zur Berechnung von Schnittindizes. Ist Z eine nichtsinguläre Fläche, und sind X und X' Kurven auf Z, so gilt bekanntlich

$$(X \cdot X') = p_a(X) + p_a(X') - p_a(X+X') - 1 \qquad ,$$

und wir haben eben gesehen, wie sich die Terme auf der rechten Seite bestimmen lassen.

Erinnern wir uns nochmals an die Kurve X aus Beispiel 3.4.! Diese hat nun offenbar das arithmetische Geschlecht 0.

Kapitel V

Zur Idealtheorie von Ringen mit Approximationseigenschaft

In diesem Kapitel sei A stets ein lokaler Ring mit Approximationseigenschaft. Wir wollen die Idealtheorie von A mit der von A vergleichen.

5.1. *Lemma*: *Sei* $A \in AE$, *seien* $\underline{p}$, $\underline{q} \in \operatorname{Spec} A$, *dann gilt:*

(1) $\underline{p}\hat{A}$ *ist ein Primideal.*

(2) *Wenn* $\underline{p} \subsetneq \underline{q}$ *ist, folgt* $\underline{p}\hat{A} \subsetneq \underline{q}\hat{A}$.

(3) *Wenn* $\underline{p} \subset \underline{q}$ *saturiert ist, ist* $\underline{p}\hat{A} \subset \underline{q}\hat{A}$ *saturiert.*

(4) *Sei* $\underline{a} = \underline{q}_1 \cap \ldots \cap \underline{q}_n$ *eine Primärzerlegung des Ideals* $\underline{a} \subsetneq A$, $\underline{q}_i$ *Primärideale mit assoziierten Primidealen* $\underline{p}_i$, *dann ist* $\underline{a}\hat{A} = \underline{q}_1\hat{A} \cap \ldots \cap \underline{q}_n\hat{A}$, $\underline{q}_i\hat{A}$ *sind Primärideale mit assoziierten Primidealen* $\underline{p}_i\hat{A}$.

(5) $\sqrt{\underline{a}}\ \hat{A} = \sqrt{\underline{a}\hat{A}}$.

Beweis: (1) Sei $xy \in \underline{p}\hat{A}$ und $x \notin \underline{p}\hat{A}$; sei $\underline{p} = (p_1,\ldots,p_n)$ in A, dann ist $xy = \bar{w}_1 p_1 + \ldots + \bar{w}_n p_n$. Wir betrachten die Gleichung $XY = W_1 p_1 + \ldots + W_n p_n$. Diese hat eine formale Lösung $(x, y, \bar{w}_1, \ldots \bar{w}_n)$. Für vorgegebenes $c > 0$ existieren also $x_c, y_c, w_{i,c}$ mit $x_c y_c = w_{1,c} p_1 + \ldots + w_{n,c} p_n$ und $x \equiv x_c \mod \underline{m}^c$, $y \equiv y_c \mod \underline{m}^c$, $w_{i,c} \equiv \bar{w}_i \mod \underline{m}^c$. Da $x \notin \underline{p}\hat{A}$ ist, existiert eine Teilfolge $x_{c_k} \in \{x_c\}$ mit $x_{c_k} \equiv x \mod \underline{m}^{c_k}$ und $x_{c_k} \notin \underline{p}$ für alle natürlichen Zahlen k. Da $\underline{p}$ ein Primideal ist, folgt aus der obigen Gleichung, daß $y_{c_k} \in \underline{p}$ für alle k . Damit ist $y \in \bigcap_c (\underline{p}\hat{A} + \underline{m}^c\hat{A}) = \underline{p}\hat{A}$ und (1) ist bewiesen.

(2) Sei $\underline{p} = (p_1,\ldots,p_n)$, $\underline{q} = (q_1,\ldots,q_m)$ und $\underline{p} \subsetneqq \underline{q}$.
Wäre $\underline{p}\hat{A} = \underline{q}\hat{A}$, hätten wir Gleichungen der Art $q_i = \sum_j \bar{w}_{ij} p_j$.
Wegen der Approximationseigenschaft finden wir $w_{ij} \in A$
mit $q_i = \sum_j w_{ij} p_j$ und damit wäre $\underline{p} = \underline{q}$.

(3) Sei $\underline{p} \subset \underline{q}$ saturiert, d.h. zwischen $\underline{p}$ und $\underline{q}$ liegt kein
Primideal. Sei $\underline{p}\hat{A} \subsetneqq \mathcal{P} \subsetneqq \underline{q}\hat{A}$, dann ist $\mathcal{P} \cap A = \underline{p}$.
Indem wir zu $A/\underline{p}$ übergehen, können wir o.B.d.A. $\underline{p} = (0)$
setzen und annehmen, daß A und damit (nach (1)) $\hat{A}$ ein Integritätsbereich ist. Wir haben also die folgende Situation:
A, $\hat{A}$ sind Integritätsbereiche, $\underline{q} \subseteq A$ ist ein Primideal der
Höhe 1 und $\underline{q}\hat{A}$ hat eine Höhe $\geqslant 2$. Das geht aber nicht
(vgl. [22], Seite 75: A lokal noethersch, $\hat{A}$ gleichdimensio-
nal, $\underline{p} \subseteq A$ ein Primideal, $\underline{p}'$ ein zu $\underline{p}\hat{A}$ assoziiertes Primideal impliziert $ht(\underline{p}') = ht(\underline{p})$).

(4) Zunächst kann man analog zu (1) zeigen, daß für ein
Primärideal q mit assoziiertem Primideal $\underline{p}$ auch $\underline{q}\hat{A}$ ein
Primärideal ist mit assoziiertem Primideal $\underline{p}\hat{A}$. Weiterhin
ist klar, daß $\underline{a}A \subseteq \underline{q}_1\hat{A} \cap \ldots \cap \underline{q}_n\hat{A}$ ist. Sei jetzt
$x \in \underline{q}_1\hat{A} \cap \ldots \cap \underline{q}_n\hat{A}$, d.h. $x = \sum_j \bar{w}_{ij} q_{ij}$, wobei
$\underline{q}_i = (q_{i,1},\ldots,q_{i,n_i})$ in A ist. Dieses Gleichungssystem lie-
fert uns durch seine algebraischen Lösungen eine Folge
$x_c \longmapsto x$ mit $x_c \in A$, $x_c \in \underline{q}_1 \cap \ldots \cap \underline{q}_n = \underline{a}$. Damit
ist $x \in \underline{a}\hat{A} + (\underline{m}A)^c$ für alle c, d.h. $x \in \underline{a}\hat{A}$.

(5) Analog zu (1) zeigt man, daß die Komplettierung eines
reduzierten Ringes mit Approximationseigenschaft reduziert
ist. Indem wir von A zu $A/\sqrt{\underline{a}}$ übergehen, folgt die Behauptung.

5.2. Lemma: Sei $A \in AE$, $\underline{p} \in \operatorname{Spec} A$. Dann ist $A_{\underline{p}}$ regulär genau dann, wenn $\hat{A}_{\underline{p}\hat{A}}$ regulär ist.

Beweis: Sei $ht(\underline{p}) = ht(\underline{p}\hat{A}) = r$ (die Gleichheit folgt aus Lemma 5.1. (3) und der Tatsache, daß lokale komplette Ringe catenaire sind). Sei $\underline{p}A_{\underline{p}} = (f_1,\dots,f_r)A_{\underline{p}}$ und $\underline{p} = (p_1,\dots,p_m)$. Dann ist

$$\underline{p}\hat{A}_{\underline{p}\hat{A}} = (f_1,\dots,f_r)\hat{A}_{\underline{p}\hat{A}} .$$

Sei umgekehrt $\underline{p}\hat{A}_{\underline{p}\hat{A}} = (\bar{f}_1,\dots,\bar{f}_r)\hat{A}_{\underline{p}\hat{A}}$. Dann folgt

(1) $$\bar{s}p_i = \sum_{j=1}^{r} \bar{h}_{ij}\bar{f}_j \quad , \bar{s} \notin \underline{p}\hat{A}$$

(2) $$\bar{s}\bar{f}_i = \sum_{j=1}^{m} \bar{l}_{ij}p_j \quad .$$

Wegen der Approximationseigenschaft von A existieren s, f_i, h_{ij}, l_{ij} aus A, $s \notin \underline{p}$ mit

(1') $$sp_i = \sum_{j=1}^{r} h_{ij}f_j$$

(2') $$sf_i = \sum_{j=1}^{m} l_{ij}p_j \quad .$$

Daraus folgt, daß $\underline{p}A_{\underline{p}} = (f_1,\dots,f_r)A_{\underline{p}}$ ist. Damit ist das Lemma bewiesen.

5.3. Definition: Ein lokaler Ring heißt J-2-Ring, wenn für alle Restklassenringe B von A und alle endlichen A-Algebren B von A stets die Menge der regulären Punkte von B offen in in Spec B ist (vgl. dazu [20]).

5.4. Korollar: Sei $A \in AE$, dann ist A ein J-2-Ring.

Beweis: Da mit $A \in AE$ stets Restklassenringe von A und endliche A-Algebren $\in AE$ sind, genügt es zu zeigen, daß die Menge der regulären Punkte von A offen in Spec A ist.

Nun ist die Menge der regulären Punkte von $\hat{A}$ offen in Spec $\hat{A}$
(Satz von Nagata, vgl. $[15]$, IV,2). Sei die Menge dieser
Punkte durch $\underline{b} \subset \hat{A}$ definiert, d.h. $\underline{p} \in$ Spec $\hat{A}$ ist regulär genau dann, wenn $\underline{b} \not\subseteq \underline{p}$. Sei $\underline{a} = \underset{\underline{p} \text{ singulär}}{\underline{p} \in \text{ Spec } A} \underline{p}$.

Dann ist die Menge der regulären Punkte von Spec A genau
die durch $\underline{a}$ definierte offene Menge:
Wenn $\underline{p} \subseteq A$ singulär ist, ist $\underline{p}A$ singulär, d.h. $\underline{b} \subseteq \underline{p}\hat{A}$.
Damit ist $\underline{b} \subseteq \underline{a}\hat{A}$.
Nun ist $\underline{p} \in$ Spec A regulär genau dann, wenn $\underline{p}\hat{A}$ regulär ist.
Das ist genau dann der Fall, wenn $\underline{b} \not\subseteq \underline{p}A$ ist, d.h. wenn
$\underline{a} \not\subseteq \underline{p}$ ist. Damit ist das Korollar bewiesen.

Bemerkung: Unter den obigen Voraussetzungen ist die Menge
der normalen Punkte von A auch offen in Spec A .
Das folgt schon daraus, daß A universell japanisch ist
(vgl. $[15]$,IV,2).

5.5. Satz: Sei $A \in AE$, dann ist A universell catenaire.

Beweis: H. Seydi hat in $[40]$ gezeigt, daß ein lokaler noetherscher henselscher catenairer Ring stets universell catenaire
ist. Wir brauchen also nur zu zeigen, daß A catenaire ist.
Dazu müssen wir zeigen, daß in A saturierte Ketten mit
gleichem Anfang und Ende die gleiche Länge haben. Nun ist
stets $\hat{A}$ catenaire und damit folgt die Behauptung aus
Lemma 5.1. (3).

Wir wollen jetzt untersuchen, wann ein lokaler Ring mit AE
exzellent ist. Eine allgemeine Aussage können wir nur in

dem Fall machen, wenn A ein Ring der Charakteristik p ist.

5.6. Satz: Sei A ein lokaler Ring der Charakteristik $p > 0$ und K der Restklassenkörper von A und $[K:K^p] < \infty$. Wenn $A \in AE$ ist, ist A exzellent.

Beweis: Dieser Satz folgt unmittelbar aus dem folgendem Resultat von H. Seydi (vgl. [39]) und 5.5.

Sei A ein lokaler henselscher Ring mit folgenden Eigenschaften:

- A ist catenaire und universell japanisch,
- A hat die Charakteristik $p > 0$ und für den Restklassenkörper K von A gilt $[K:K^p] < \infty$.

Dann ist A exzellent.

Wenn A die Charakteristik 0 hat, gibt es kein so allgemeines Kriterium für die Exzellenz von lokalen Ringen.
Es gilt (M. Nomura, vgl. [23] und H. Seydi, vgl. [41]):

(1) Sei A ein regulärer lokaler Ring über einem Körper k der Charakteristik 0, so daß A/m_A algebraisch über k ist. Wenn $\operatorname{rank} \operatorname{Der}_k(A) = \dim A$ ist, ist A exzellent.

(2) Sei A ein regulärer lokaler Ring über einem diskreten Bewertungsring R der Charakteristik 0, so daß $\hat{A} = R[[X_1,\dots,X_n]]$ ist. Wenn $\operatorname{rank} \operatorname{Der}_R(A) = n$ ist und A/tA exzellent (t ein Primelement von R), dann ist A exzellent.

Damit erhalten wir Aussagen über Ringe mit Approximationseigenschaft, die "genügend viele" Derivationen haben und ihre Faktorringe. Ein Kriterium für die Exzellens von lokalen Ringen der Charakteristik 0, die nicht genügend viele Derivationen haben, kennen wir nicht. Es gibt aber Beispiele von exzellenten regulären lokalen Ringen mit Approximationseigenschaft, die nicht genügend viele Derivationen haben (vgl. Kapitel VI).

Damit ist allgemein das folgende Problem ungelöst:

Sei $A \in AE$, ist dann A exzellent ?

Man kann sich leicht überlegen, daß es für die Lösung dieses Problems genügen würde folgendes Lemma zu beweisen:

Sei $A \in AE$, $\underline{P} \subseteq \hat{A}$ ein Primideal der Höhe dim A -1 , A sei Integritätsbereich und $\underline{P} \cap A = (0)$. Dann ist $A_{\underline{P}}$ regulär.

Wir wollen nun Bedingungen für die Faktoriellität von Ringen mit Approximationseigenschaft untersuchen.

5.7. Satz: Sei A ein lokaler Integritätsbereich mit Approximationseigenschaft. Dann sind alle Primideale der Höhe 1 in A Hauptideale genau dann, wenn in $\hat{A}$ alle Primideale der Höhe 1 Hauptideale sind.

Beweis: Sei $\underline{p} \subseteq A$ ein Primideal der Höhe 1, dann ist nach 5.1. $\underline{p}\hat{A}$ ein Primideal der Höhe 1. Sei $\underline{p} = (f_1,\ldots,f_s)$ und wir wollen annehmen, daß $\underline{p}A = (\bar{p})$ ist. Dann ist

(1) $\bar{p} = \bar{w}_1 f_1 + \ldots + \bar{w}_s f_s$ und

(2) $f_i = \bar{l}_i \bar{p}$.

Dieses Gleichungssystem können wir über A lösen, woraus

sofort folgt, daß $\underline{p}$ ein Hauptideal ist. Damit ist die eine Richtung bewiesen.

Es seien nun alle Primideale der Höhe 1 von A Hauptideale. Wir betrachten ein irreduzibles $\bar{x} \in \hat{A}$ und wollen zeigen, daß $(\bar{x})$ ein Primideal ist. Sei $ab = r\bar{x}$, dann betrachten wir die Gleichung

$$TW = YZ$$

über A. Diese Gleichung hat eine formale Lösung. Wir können also $a_c, b_c, r_c, x_c \in A$ finden mit

$a_c \equiv a \mod \underline{m}^c$, $b_c \equiv b \mod \underline{m}^c$, $r_c \equiv r \mod \underline{m}^c$, $x_c \equiv \bar{x} \mod \underline{m}^c$

für alle natürlichen Zahlen c und $a_c b_c = r_c x_c$. Nun ist ja nach Kapitel II $\hat{A}$ ein SAE-Ring. Sei ϑ die der Gleichung $T_1 T_2 = \bar{x}$ assoziierte SAE-Funktion. Dann ist für $c \geq \vartheta(1)$ x_c irreduzibel, da $\bar{x}$ irreduzibel ist. Aus der Voraussetzung über A folgern wir (indem wir uns gegebenenfalls auf eine Teilfolge beschränken), daß o.B.d.A. a_c durch x_c teilbar ist, d.h. $a_c = z_c x_c$.

Jetzt betrachten wir die Gleichung $a = Z\bar{x}$. Sei ϑ' die SAE-Funktion dieser Gleichung. Dann ist für $c \geq \vartheta'(1)$

$a - z_c\bar{x} = a - a_c + a_c - z_c x_c + z_c x_c - z_c \bar{x} \in \underline{m}^c$, d.h.

$a - z_c\bar{x} \in \underline{m}^{\vartheta'(1)}$.

Damit hat diese Gleichung eine Lösung in $\hat{A}$, d.h. $a \in (\bar{x})$, und der Satz ist bewiesen.

5.8. <u>Korollar</u>: <u>Sei</u> A $\in$ AE, A <u>ein Integritätsbereich. Dann ist</u> A <u>ein</u> ZPE-<u>Ring genau dann, wenn</u> $\hat{A}$ <u>ein</u> ZPE-<u>Ring ist.</u>

<u>Bemerkung</u>: Viele der hier gemachten Betrachtungen kann man noch wesentlich allgemeiner für algebraisch reine Morphismen

$A \to B$ (anstelle von $A \to \hat{A}$) anstellen und erhält die gleichen Resultate (vgl. [35]):

Sei A ein kommutativer Ring mit 1.

(1) Ein Morphismus $u: M \to M'$ von A-Moduln heißt rein, wenn jedes endliche System von Gleichungen

(L) $\sum_{j=1}^{n} a_{ij}x_j = m_i$, $i = 1,\dots,r$, $a_{ij} \in A$, $m_i \in M$

Lösungen in M hat genau dann, wenn

(u(L)) $\sum_{j=1}^{n} a_{ij}x_j = u(m_i)$ $i = 1,\dots,r$

Lösungen in M' hat.

(2) Ein Morphismus $u: B \to B'$ von A-Algebren heißt algebraisch rein, wenn jedes endliche System von Gleichungen (S) $P_i(x_1,\dots,x_n) = s_i$ $i = 1,\dots,r$

$P_i \in A[x_1,\dots,x_n]$, $s_i \in B$,

Lösungen in B hat genau dann, wenn das System

(u(S)) $P_i(x_1,\dots,x_n) = u(s_i)$ $i = 1,\dots,r$

Lösungen in B' hat.

Man kann sich zunächst leicht überlegen, daß für einen Ring A mit Approximationseigenschaft der Morphismus $A \to \hat{A}$ algebraisch rein ist.

Nun gelten folgende Sätze:

(i) Sei C eine A-Algebra, B, B' seien A-Moduln (bzw. A-Algebren) $u : B \to B'$ sei ein reiner (bzw. algebraisch reiner) Morphismus, dann ist $id_C \otimes u: B \otimes_A C \to B' \otimes_A C$ rein (bzw. algebraisch rein).

(ii) Sei $A \to B$ ein algebraisch reiner Morphismus von A-Algebren, dann gelten die entsprechenden Aussagen von 5.1.

Kapitel VI

Die Approximationseigenschaft zweidimensionaler lokaler Ringe

6.1. Bemerkung: Sei A ein henselscher diskreter Bewertungsring, dann hat A die Approximationseigenschaft genau dann, wenn A exzellent ist.

Diese Bemerkung (Satz von Greenberg) wurde in den Kapiteln I bzw. V bewiesen. Wir wollen hier einen analogen Satz für zweidimensionale reguläre lokale Ringe beweisen.

6.2. Bemerkung: Sei A ein zweidimensionaler regulärer lokaler henselscher Ring. Dann ist A universell japanisch genau dann, wenn A exzellent ist.

Beweis: Da A regulär ist, genügt es zu zeigen, daß aus der Eigenschaft "universell japanisch" die geometrische Regularität der formalen Fasern folgt. In unserem Fall müssen wir zwei Fälle untersuchen und zeigen:

(i) $\hat{A} \otimes_A Q(A)$ ist geometrisch regulär,

(ii) $\hat{A}/\mathfrak{p} \otimes_A Q(A/\mathfrak{p})$ ist geometrisch regulär für jedes Primideal $\mathfrak{p} \subsetneq A$ der Höhe 1 .

Dazu benötigen wir folgendes Lemma:

6.3. Lemma: Sei A ein zweidimensionaler regulärer lokaler henselscher Ring. A habe eine der folgenden Eigenschaften:

(1) A ist universell japanisch,

oder

(2) A ist in $\hat{A}$ ganz abgeschlossen und A hat die Charakteristik 0 .

Sei $\mathfrak{p} \subsetneq A$ ein Primideal, dann ist $\mathfrak{p}\hat{A}$ ein Primideal.

Wenn das Lemma bewiesen ist, ist (ii) klar. In diesem Fall ist nämlich $\widehat{A/\mathfrak{p}}$ ein eindimensionaler Integritätsbereich, $A/\mathfrak{p}$ ist universell japanisch und das ist in diesem Fall gleichbedeutend mit exzellent.

Um (i) zu zeigen unterscheiden wir folgende Fälle:

a) A hat die Charakteristik 0,

b) A hat die Charakteristik $p > 0$.

Im Fall a) genügt es die Regularität der formalen Fasern zu beweisen (d.h. für alle Primideale $\mathfrak{p} \subseteq \hat{A}$ mit $\mathfrak{p} \cap A = 0$ ist zu zeigen, daß $\hat{A}_{\mathfrak{p}}$ regulär ist). Das ist aber trivial, da A regulär ist.

Im Fall b) gehen wir wie folgt vor: Sei K der Restklassenkörper von A, X,Y ein reguläres Parametersystem von $\mathfrak{m}_A$, dann ist $\hat{A} = K[[X,Y]]$. Da A henselsch ist, gibt es einen Unterkörper K_o von K mit folgenden Eigenschaften:

- K ist algebraisch über K_o, und rein inseparabel,
- $K_o\langle X,Y\rangle \subseteq A$.

Sei $\mathfrak{p}$ ein von (0) verschiedenes Primideal von $\hat{A}$ mit $\mathfrak{p} \cap A = 0$, dann muß $\mathfrak{p}$ die Höhe 1 haben, d.h. $\mathfrak{p} = (f)$ für ein $f \in K[[X,Y]]$. Wir werden nun zeigen, daß $\mathfrak{p} \cap K\langle X,Y\rangle = (0)$ ist. Wenn das gezeigt ist, folgt aus der Tatsache, daß $K\langle X,Y\rangle$ exzellent ist, daß $\hat{A}_{\mathfrak{p}}$ geometrisch regulär sein muß.

Wenn wir jetzt einmal annehmen, daß $\mathfrak{p} \cap K\langle X,Y\rangle \neq (0)$ ist, können wir o.B.d.A. voraussetzen, daß $f \in K\langle X,Y\rangle$ ist. Nach Multiplikation mit einer geeigneten Einheit können wir annehmen, daß $f = a_o + a_1 Y + \ldots + a_{m-1}Y^{m-1} + Y^m$ ist und $a_i \in K\langle X\rangle$. Dann gibt es einen Körper K_1, $K_o \subseteq K_1 \subseteq K$ und $[K_1:K_o] < \infty$, so daß $f \in K_1\langle X,Y\rangle$ ist. Da K_1 eine rein inseparable Erweiterung von K_o ist, folgt $f^{vp} \in K_o\langle X,Y\rangle$ für ein geeignetes v, d.h. $f^{vp} \in A$. Das ist ein Widerspruch zur Annahme $(f) \cap A = (0)$.

Wir müssen jetzt noch Lemma 6.3. beweisen.

Sei $\mathfrak{p} \subsetneq A$ ein Primideal. Wenn $\mathfrak{p} = \mathfrak{m}_A$ oder $\mathfrak{p} = (0)$ ist, ist die Behauptung trivial. Sei also $\mathfrak{p} = (f)$ und f irreduzibel in A. Nehmen wir einmal an f wäre nicht irreduzibel in $\hat{A}$, d.h. $f = \bar{f}_1^{i_1} \cdot \ldots \cdot \bar{f}_r^{i_r} \cdot \bar{e}$ mit irreduzieblen und paarweise primen $\bar{f}_i \in \hat{A}$ und einer Einheit $\bar{e}$. Wenn A universell japanisch ist, ist $r > 1$ (in diesem Fall ist nämlich $A/\mathfrak{p}$ universell japanischer Integritätsbereich und somit $\hat{A}/\mathfrak{p}$ reduziert). Wir wenden jetzt den Elkik'schen Approximationssatz (vgl. [10]) an: Dazu betrachten wir über A die Gleichung $F(X,Y) = XY - f = 0$. Diese Gleichung hat eine formale Lösung $\bar{x} = \bar{f}_1^{i_1} \cdot \ldots \cdot \bar{f}_{r-1}^{i_{r-1}}$, $\bar{y} = \bar{f}_r^{i_r}\bar{e}$. Für die partiellen Ableitungen erhalten wir

$$\frac{\partial F}{\partial Y}(\bar{x},\bar{y}) = \bar{x} \qquad \frac{\partial F}{\partial X}(\bar{x},\bar{y}) = \bar{y} \quad .$$

Da wegen der verschiedenen Primfaktoren $\bar{f}_i$ das von $\bar{x}$ und $\bar{y}$ erzeugte Ideal $\mathfrak{m}_{\hat{A}}$ - primär ist, gibt es nach dem Approximationssatz $x, y \in A$ mit $x \equiv \bar{x} \bmod \mathfrak{m}_{\hat{A}}^2$, $y \equiv \bar{y} \bmod \mathfrak{m}_{\hat{A}}^2$, d.h. $f = xy$ ist nicht irreduzibel in A. Das ist ein Widerspruch.

Damit ist das Lemma unter der Voraussetzung (1) bewisesn.

Wenn wir das Lemma unter der Voraussetzung (2) beweisen wollen und $r > 1$, gehen wir analog vor. Wenn $r = 1$ ist, d.h. $f = \bar{e} \cdot \bar{f}^i$ und $i > 1$, zeigen wir zunächst, daß $\bar{e} = e_o \cdot \bar{e}_1^i$ ist für ein $e_o \in A$. Dann betrachten wir die Gleichung $fe_o^{-1} = (\bar{e}_1\bar{f})^i$. Da A in $\hat{A}$ ganz abgeschlossen ist, ist $\bar{e}_1\bar{f} \in A$.

Das ergibt einen Widerspruch zur Voraussetzung, daß f irreduzibel in A ist.
Sei nun $\bar{e}$ eine beliebige Einheit in $\hat{A}$. Dann kann man $\bar{e}$ in der Form $\bar{e} = e_o + \bar{z}$ darstellen, e_o Einheit in A, $\bar{z} \in \mathfrak{m}_{\hat{A}}$.
Sei $\bar{\bar{e}} = \bar{e}e_o^{-1} = 1 + e_o^{-1}\bar{z}$. Da A die Charakteristik 0 hat und $\hat{A}$ henselsch ist, können wir aus $\bar{\bar{e}}$ die i-te Wurzel in $\hat{A}$ ziehen; es gibt also ein $\bar{e}_1 \in \hat{A}$, so daß $\bar{\bar{e}} = \bar{e}_1^{i}$ ist.
Damit ist das Lemma bewiesen.

Wir wollen jetzt einige Beispiele und Kriterien für zweidimensionale universell japanische Ringe angeben.

6.4. Bemerkung: Sei A ein zweidimensionaler regulärer henselscher Ring mit Restklassenkörper der Charakteristik Null. Dann ist A in $\hat{A}$ algebraisch abgeschlossen genau dann, wenn A universell japanisch ist.
Beweis: Wenn A universell japanisch ist, folgt aus der Charakterisierung henselscher Ringe (vgl. [18]), daß A in $\hat{A}$ algebraisch abgeschlossen ist. Für die andere Richtung müssen wir zeigen, daß für alle Primideale $\mathfrak{p} \subsetneq A$ $A/\mathfrak{p}$ ein japanischer Ring ist. Wenn $\widehat{A/\mathfrak{p}}$ ein Integritätsbereich ist, ist das genau dann der Fall, wenn $Q(\widehat{A/\mathfrak{p}})$ über $Q(A/\mathfrak{p})$ separabel ist (vgl. [15]).
Dieses Kriterium können wir wegen Lemma 6.3. anwenden. Die Separabilitätsbedingung ist wegen der Voraussetzung über die Charakteristik stets erfüllt.
Damit ist die Bemerkung 6.4. bewiesen.

6.5. Bemerkung: Sei A ein regulärer lokaler henselscher Ring der Charakteristik $p > 0$, sei K der Restklassenkörper von A und

$[K:K^p] < \infty$. Dann sind die folgenden Bedingungen äquivalent:

(1) A ist universell japanisch,

(2) A ist exzellent,

(3) A ist endlicher A^p-Modul.

Diese Bemerkung folgt aus allgemeineren Resultaten von H. Seydi (vgl. [39]).

Wir wollen jetzt einige Beispiele dafür angeben, daß die Bemerkung 6.4. im Falle der Charakteristik p nicht richtig ist.

Beispiel für einen henselschen diskreten Bewertungsring, der seinen Restklassenkörper enthält, in seiner Komplettierung algebraisch abgeschlossen ist, aber nicht universell japanisch.
Sei K ein beliebiger Körper der Charakteristik $p > 0$, und seien $g_1,\ldots,g_p \in K[[Y]]$ (Y eine Unbestimmte), so daß $Y,g_1,\ldots,g_p$ algebraisch unabhängig sind.
Sei $g = g_1^p + Yg_2^p + \ldots + Y^{p-1}g_p^p$ und sei R der algebraische Abschluß von $K[Y,g]$ in $K[[Y]]$.
Man kann sich leicht überlegen, daß R ein henselscher diskreter Bewertungsring ist mit der Komplettierung $K[[Y]]$.
Wäre R universell japanisch, hätte R nach Kapitel I (Satz von Greenberg) die Approximationseigenschaft.
Nun betrachten wir folgende Gleichung

$$X_1^p + \ldots + X_p^p Y^{p-1} = g \quad .$$

Diese Gleichung hat eine formale Lösung $X_i = g_i \in K[[Y]]$.
Da $Y,g_1,\ldots,g_p$ algebraisch unabhängig sind, können nicht alle g_i in R liegen. Andererseits besitzt die obige Gleichung nur die Lösung $X_i = g_i$ (weil p die Charakteristik von K ist).

Damit hat diese Gleichung keine Lösung in R, d.h. R   AE.
Dann ist R nicht universell japanisch.

<u>Beispiel für einen zweidimensionalen regulären lokalen henselschen Ring der Charakteristik 0, der in seiner Komplettierung algebraisch abgeschlossen ist, japanisch ist, aber nicht universell japanisch.</u>

Sei K ein beliebiger Körper der Charakteristik $p > 0$. Sei C ein beliebiger kompletter diskreter Bewertungsring der Charakteristik 0 mit Restklassenkörper K. Wir wählen ein $g \in K[[Y]]$ mit den Eigenschaften des vorigen Beispiels und liften es zu G auf $C[[Y]]$. Sei A der algebraische Abschluß von $C[Y,G]$ in $C[[Y]]$. Man kann sich überlegen, daß A regulär, noethersch, henselsch und zweidimensional ist und $\hat{A} = C[[Y]]$. Das folgt auch aus allgemeineren Resultaten von P. Valabrega (vgl. [44]). Nun ist nach Wahl von g der Ring $A/\mathfrak{m}_C A$ nicht universell japanisch. Dann ist auch A nicht universell japanisch. Da A regulär ist und die Charakteristik 0 hat, ist A japanisch (vgl. [15]).

Wir wollen jetzt einen Approximationssatz für zweidimensionale reguläre lokale Ringe beweisen.

6.6. <u>Satz</u>: <u>Sei</u> A <u>ein regulärer lokaler henselscher Ring mit folgenden Eigenschaften</u>:

(1) A <u>ist zweidimensional und universell japanisch</u>,

(2) <u>der Transzendensgrad von</u> $Q(\hat{A})$ <u>über</u> $Q(A)$ <u>ist unendlich</u>.

<u>Dann hat</u> A <u>die Approximationseigenschaft</u>.

Beweis: Seien $T = (T_1,\ldots,T_N)$ Unbestimmte und seien $F_1,\ldots,F_m$ aus $A[T]$. Sei $\bar{t} = (\bar{t}_1,\ldots,\bar{t}_N)$, $\bar{t}_i \in \hat{A}$ gegeben mit $F_i(\bar{t}) = 0$ für alle i.

Zunächst können wir o.B.d.A. voraussetzen, daß die $F_1,\ldots,F_m$ den Kern $\mathfrak{p}$ der Abbildung $f: A[T] \longrightarrow \hat{A}$, $f(T_i) = \bar{t}_i$ erzeugen. Sei $\Delta_{\mathfrak{p}}$ das von $\mathfrak{p}$ und den $ht(\mathfrak{p}) \times ht(\mathfrak{p})$-Minoren der Jacobischen Matrix $\partial(F_1,\ldots,F_m)/\partial(T_1,\ldots,T_N)$ erzeugte Ideal. Da $Q(\hat{A})$ über $Q(A)$ separabel ist, ist $\Delta_{\mathfrak{p}} \supsetneqq \mathfrak{p}$.

Nun gibt es drei Möglichkeiten:

(1) $\Delta_{\mathfrak{p}}(\bar{t}) = \hat{A}$,

(2) $\Delta_{\mathfrak{p}}(\bar{t})$ ist $\mathfrak{m}_{\hat{A}}$-primär,

(3) $\Delta_{\mathfrak{p}}(\bar{t})$ ist ein Ideal der Höhe 1.

Im ersten Fall folgt 6.6. aus dem Satz über implizite Funktionen.

Im zweiten Fall folgt 6.6. aus dem Satz von Elkik.

Wir wollen nun durch eine "verallgemeinerte Neron-Desingularisierung" dem dritten Fall auf die beiden ersten reduzieren. Dazu müssen wir zunächst die Ordnung einer solchen Singularität definieren:

Wenn $\Delta_{\mathfrak{p}}(\bar{t})$ $\mathfrak{m}_{\hat{A}}$-primär ist, oder $\Delta_{\mathfrak{p}}(\bar{t}) = \hat{A}$, setzen wir $o(\mathfrak{p},\bar{t}) = 0$.

Wenn $\Delta_{\mathfrak{p}}(\bar{t})$ die Höhe 1 hat, gibt es eine Darstellung $\Delta_{\mathfrak{p}}(\bar{t}) = (\bar{h})\cdot\mathfrak{a}$, $\mathfrak{a}$ ein $\mathfrak{m}_{\hat{A}}$-primäres Ideal oder $\hat{A}$.

Sei $\bar{h} = \bar{h}^{i_1}\cdot\ldots\cdot\bar{h}^{i_s}$ eine Zerlegung von $\bar{h}$ in paarweise verschiedene Primfaktoren, dann setzen wir

$$o(\mathfrak{p},\bar{t}) = i_1+\ldots+i_s .$$

Wenn $o(\mathfrak{p},\bar{t}) = 0$ ist, ist $\Delta_{\mathfrak{p}}(\bar{t})$ $\mathfrak{m}_{\hat{A}}$-primär oder $\hat{A}$ und der obige Satz ist bewiesen. Es genügt also folgenden Hilfssatz zu beweisen.

Lemma: Sei A ein zweidimensionaler regulärer lokaler henselscher Ring und $\operatorname{trdeg}_{Q(A)} Q(A) = \infty$. Seien $T = (T_1,\dots,T_N)$ Unbestimmte, $\bar{t} = (\bar{t}_1,\dots,\bar{t}_N) \in \hat{A}^N$ und sei $\mathfrak{p}$ der Kern der Abbildung $f\colon A[T] \to \hat{A}$, $f(T_i) = \bar{t}_i$.
Wenn $o(\mathfrak{p},\bar{t}) > 0$ ist, existieren $\bar{z}_1,\dots,\bar{z}_r \in \hat{A}$, so daß für den Kern $\mathfrak{q} = \operatorname{Kern}(A[T,Z_1,\dots,Z_r] \longrightarrow \hat{A},\ T \mapsto \bar{t},\ Z_i \mapsto \bar{z}_i)$ gilt: $o(\mathfrak{q},\bar{t},\bar{z}) < o(\mathfrak{p},\bar{t})$.

Beweis: Sei $o(\mathfrak{p},\bar{t}) > 0$ und $\Delta_{\mathfrak{p}}(\bar{t}) = (\bar{h}^{i_1}\cdot\ldots\cdot\bar{h}^{i_s})\cdot\mathfrak{a}$, $\bar{h}_i \in \hat{A}$ irreduzibel und paarweise prim, $\mathfrak{a}$ $\mathfrak{m}_{\hat{A}}$-primär oder $\hat{A}$.
Seien $f_1^{(i)},\dots,f_l^{(i)}$ $(l = \operatorname{ht}(\mathfrak{p}))$ reguläre Parametersysteme von $\mathfrak{p}$, so daß für die durch die $l\times l$-Minoren der Jacobischen Matrix $\partial(f_1^{(i)},\dots,f_l^{(i)})/\partial(T_1,\dots,T_N)$ definierten Ideale Δ_i gilt

$$\Delta_i(\bar{t}) = (\bar{h}_1^{i_1}\cdot\ldots\cdot\bar{h}_s^{i_s})\cdot\mathfrak{a}_i \quad \text{und} \quad \sum \mathfrak{a}_i = \mathfrak{a}.$$

Sei $\mathfrak{p}' = f^{-1}((\bar{h}_1))$; $\mathfrak{p}'$ ist ein Primideal und

$$\mathfrak{p} + \Delta_i \subseteq \mathfrak{p}'.$$

Daraus folgt analog zu den entsprechenden Betrachtungen in Kapitel II (Neron's lowing up), daß $f_1^{(i)},\dots,f_l^{(i)}$ mod $\mathfrak{p}'^2$ linear abhängig in $\mathfrak{p}'/\mathfrak{p}'^2$ sind für alle i.
Sei $g_1,\dots,g_r$ ein reguläres Parametersystem von $\mathfrak{p}'$, dann erhalten wir folgende Darstellungen:

$$(1)\quad q\cdot f_i^{(k)} = \sum_{j=1}^{r} \xi_{ij}^{(k)} g_j, \quad i = 1,\dots,l, \quad q \notin \mathfrak{p}',$$

$$(2)\quad q\sum_{i=1}^{l} \eta_i^{(k)} f_i^{(k)} = \sum_{i,j=1}^{r} \eta_{ij}^{(k)} g_i g_j, \quad \eta_i^{(k)} \notin \mathfrak{p}' \text{ für ein } i.$$

Wir untersuchen nun 3 Fälle:

1. **Fall:** $(\bar{h}_1) \cap A = (0)$ und $\bar{h}_1$ ist nicht algebraisch über $A[\bar{t}_1,\ldots,\bar{t}_N]$,

2. **Fall:** $(\bar{h}_1) \cap A = (0)$ und $\bar{h}_1$ ist algebraisch über $A[\bar{t}_1,\ldots,\bar{t}_N]$,

3. **Fall:** $(\bar{h}_1) \cap A \neq 0$.

Im ersten Fall betrachten wir die Abbildung

$h: A[T,Z_1,\ldots,Z_r,X] \longrightarrow \hat{A}$

definiert durch $h|A[T] = f$, $h(Z_i) = \dfrac{g_i(\bar{t})}{\bar{h}_1} =: \bar{z}_i$

und $h(X) = \bar{h}_1 =: \bar{x}$.

Kern h hat die Höhe $1 + r$. Genauer gilt

$\mathrm{Ker}\, h = (\mathfrak{p} + (XZ_1-g_1,\ldots,XZ_r-g_r)):X^c$ für ein geeignetes c.

Nun gilt:

$$(1') \quad qf_i^{(k)} = -\sum_{j=1}^{r} \rho_{ij}^{(k)}(XZ_j-g_j) + X\sum_{j=1}^{r} \rho_{ij}^{(k)} Z_j ,$$

d.h. $h_j^{(k)} =: \sum_{j=1}^{r} \rho_{ij}^{(k)} Z_j \in \mathrm{Ker}\, h$;

$$(2') \quad q\sum_{i=1}^{l} \eta_i^{(k)} f_i^{(k)} = \sum_{i,j=1}^{r} \eta_{ij}^{(k)} (XZ_i - g_i)(XZ_j - g_j) - $$
$$- X\sum_{i,j=1}^{r} \eta_{ij}^{(k)} (g_iZ_j - g_jZ_i) -$$
$$- X^2 \sum_{i,j=1}^{r} \eta_{ij}^{(k)} Z_iZ_j ,$$

d.h. $h^{(k)} =: \sum_{i,j=1}^{r} {}_{ij}^{(k)} Z_iZ_j \in \mathrm{Ker}\, h$.

Nun bilden die $f_1^{(k)},\ldots,f_l^{(k)}$, $XZ_1-g_1,\ldots,XZ_r - g_r$ ein reguläres Parametersystem von Ker h und damit bilden wegen (1),(1'),(2),(2')

$h_1^{(k)},\ldots,h_{i-1}^{(k)}\ ,\ h^{(k)},h_{i+1}^{(k)},\ldots,h_l^{(k)},XZ_1 - g_1,\ldots,XZ_r - g_r$
ein reguläres Parametersystem von Ker h .

Wir wollen nun zeigen, daß $o(\text{Ker } h,\ \bar{t},\bar{z},\bar{x}) < o(\mathfrak{p},\bar{t})$ ist.

Dazu berechnen wir die zugehörige Jacobische Matrix:

$$J = \left(\begin{array}{c|cc}
\dfrac{\partial(h_1^{(k)},\ldots,h_{i-1}^{(k)})}{\partial(T_1,\ldots\ldots,T_N)} & (\xi_{tj}^{(k)})_{t=1,\ldots,i-1} & 0 \\[2ex]
\dfrac{\partial h^{(k)}}{\partial(T_1,\ldots,T_N)} & \left(\sum_{j=1}^{r}(\eta_{lj}^{(k)} + \eta_{jl}^{(k)})z_j\right) & 0 \\[2ex]
\dfrac{\partial(h_{i+1}^{(k)},\ldots,h_l^{(k)})}{\partial(T_1,\ldots\ldots,T_N)} & (\xi_{tj}^{(k)})_{t=i+1,\ldots,l} & 0 \\[2ex]
\hline
-\dfrac{\partial(g_1,\ldots,g_r)}{\partial(T_1,\ldots,T_N)} & \begin{matrix} X & & 0 \\ & \ddots & \\ 0 & & X \end{matrix} & \begin{matrix} Z_1 \\ \vdots \\ Z_r \end{matrix}
\end{array}\right)$$

Nun liefern uns (1') und (2') folgende Gleichungen:

$$q(\bar{t})\,\frac{\partial f_i^{(p)}}{\partial T_k}(\bar{t}) = \sum_{j=1}^{r} \xi_{ij}^{(p)}(\bar{t})\frac{\partial g_j}{\partial T_k}(\bar{t}) + \bar{x}\frac{\partial h_i^{(p)}}{\partial T_k}(\bar{t},\bar{z})$$

$$q(\bar{t})\sum_{i=1}^{l}\eta_i^{(p)}(\bar{t})\frac{\partial f_i^{(p)}}{\partial T_k}(\bar{t}) = \bar{x}^2\frac{\partial h^{(p)}}{\partial T_k}(\bar{t},\bar{z}) - \bar{x}\sum_{i,j=1}^{r}\eta_{ij}^{(p)}\Big(\frac{\partial g_i}{\partial T_k}(\bar{t})\cdot\bar{z}_j - \frac{\partial g_j}{\partial T_k}(\bar{t})\bar{z}_i\Big) .$$

Daraus folgt, daß die Matrix $J(\bar{t},\bar{z},\bar{x})$ bis auf ein Produkt von Elementarmatrizen gleich der folgenden Matrix ist (vgl. dazu auch die entsprechenden Betrachtungen in Kapitel II):

$$\left(\begin{array}{c|c}
\dfrac{q(\bar{t})}{\bar{x}} \cdot \dfrac{\partial(f_1^{(p)},\dots,f_{i-1}^{(p)})}{\partial(T_1,\dots\dots,T_N)}(\bar{t}) & \\
\dfrac{q(\bar{t})}{\bar{x}^2} \cdot \dfrac{\partial f_i^{(p)}}{\partial(T_1,\dots,T_N)}(\bar{t}) & 0 \\
\dfrac{q(\bar{t})}{\bar{x}} \cdot \dfrac{\partial(f_{i+1}^{(p)},\dots,f_l^{(p)})}{\partial(T_1,\dots\dots,T_N)}(\bar{t}) & \\
\hline
-\dfrac{\partial(g_1,\dots,g_r)}{\partial(T_1,\dots,T_N)} & \begin{matrix}\bar{x} & & & \bar{z}_1 \\ & \ddots & & \vdots \\ & & \bar{x} & \bar{z}_r\end{matrix}
\end{array}\right)$$

Daraus folgt, daß $(q(\bar{t})^l \bar{h}_1^{i_1-1} \cdot \bar{h}_2^{i_2} \cdot \dots \cdot \bar{h}_s^{i_s})\mathfrak{a}_i \subseteq \Delta_{\mathrm{Ker}\, h}(\bar{t},\bar{z},\bar{x})$ ist für alle.

Wenn wir andererseits die durch die $f_1^{(i)},\dots,f_l^{(i)},XZ_1-g_1,\dots$ definierte Jacobische Matrix betrachten, erhalten wir

$(\bar{h}_1^{i_1+r} \cdot \bar{h}_2^{i_2} \cdot \dots \cdot \bar{h}_s^{i_s})\mathfrak{a}_i \subseteq \Delta_{\mathrm{Ker}\, h}(\bar{t},\bar{z},\bar{x})$.

Da jetzt das Ideal $(\bar{h}_1, q(\bar{t}))$ $\mathfrak{m}_{\hat{A}}$ -primär oder gleich $\hat{A}$ ist,

folgt $(\bar{h}_1^{i_1-1} \bar{h}_2^{i_2} \cdot \dots \cdot \bar{h}_s^{i_s})\tilde{\mathfrak{a}} \subseteq \Delta_{\mathrm{Ker}\, h}(\bar{t},\bar{z},\bar{x})$

für ein Ideal $\hat{\mathfrak{a}}$, das $\mathfrak{m}_{\hat{A}}$ -primär oder $\hat{A}$ ist.

Damit ist aber $o(\mathrm{Ker}\, h, \bar{t},\bar{z},\bar{x}) < o(\mathfrak{p}, \bar{t})$ und das Lemma ist im ersten Fall bewiesen.

Den zweiten Fall werden wir jetzt wie folgt auf den ersten reduzieren:

Sei $(\bar{h}_1) \cap A = (0)$ und $\bar{h}_1$ algebraisch über $A[\bar{t}_1,\dots,\bar{t}_N]$.
Da der Transzendensgrad von $\hat{A}$ über A unendlich ist, können wir eine Einheit $\bar{e} \in \hat{A}$ finden, so daß $\bar{e}\bar{h}_1$ nicht algebraisch über $A[\bar{t}_1,\dots,\bar{t}_N]$ ist.
Dann ist $\Delta_{\mathfrak{p}}(\bar{t}) = ((\bar{e}\bar{h}_1)^{i_1}\cdot\bar{h}_2^{i_2}\cdot\ldots\cdot\bar{h}_s^{i_s})\mathfrak{A}$
und der erste Fall liegt vor.
Sei jetzt $(\bar{h}_1) \cap A \neq (0)$. Da $\bar{h}_1$ irreduzibel ist, folgt aus den Voraussetzungen über A, daß eine Einheit $\bar{e} \in \hat{A}$ existiert, so daß $\bar{e}\bar{h}_1 \in A$ ist. Wir können also o.B.d.A. annehmen, daß $\bar{h}_1 \in A$ ist.
In diesem Fall betrachten wir die Abbildung
$h: A[T,Z_1,\dots,Z_r] \longrightarrow \hat{A}$ definiert durch
$h \mid A[T] = f$, $h(Z_i) = g_i(\bar{t})/\bar{h}_1$.
Der Kern dieser Abbildung ist
$(\mathfrak{p} + (\bar{h}_1Z_1-g_1,\dots,\bar{h}_1Z_r-g_r):\bar{h}_1^c$
für ein geeignetes c. Jetzt können wir analog zum ersten Fall vorgehen und zeigen, daß
$(\bar{h}_1^{i_1-1}\cdot\bar{h}_2^{i_2}\cdot\ldots\cdot\bar{h}_s^{i_s}) \subseteq \Delta_{\text{Ker } h}(\bar{t},\bar{z})$ ist, d.h.
$o(\text{Ker } h, \bar{t},\bar{z}) < o(\mathfrak{p},\bar{t})$.
Damit ist das Lemma bewiesen.

6.7. <u>Korollar</u>: <u>Sei</u> A <u>ein regulärer lokaler henselscher zweidimensionaler Ring mit Restklassenkörper der Charakteristik 0, der in seiner Komplettierung algebraisch abgeschlossen ist.</u>
<u>Sei K der Restklassenkörper von</u> A <u>und</u> X,Y <u>ein reguläres Parametersystem von</u> A, <u>so daß für alle</u> $f \in A$, $f = \sum a_\nu(X)Y^\nu \in K[[X,Y]]$

folgt $a_o(X) \in A$.

Dann hat A die Approximationseigenschaft.

Beweis: Seien $T = (T_1,\dots,T_N)$ Unbestimmte, $F_1,\dots,F_m \in A[T]$ und seien $a_1,\dots,a_l$ die Koeffizienten der F_i. Seien $\{b_l\}_{l\in M}$ die Koeffizienten der $a_1,\dots,a_l$ in $K[[X]]$. Nach Voraussetzung sind die $b_l \in A$. Sei C der algebraische Abschluß von $K[X,(b_l)_{l\in M}]$ in $K[[X]]$ und sie A_o der algebraische Abschluß von $C[Y,a_1,\dots,a_l]$ in $K[[X,Y]]$. Dann ist $A_o \subseteq A$ und hat nach 6.6. und 6.4. die Approximationseigenschaft. Damit sind die $F_1,\dots,F_m$ bereits über A_o definiert. Eine formale Lösung der $F_i = 0$ kann damit durch eine Lösung aus A_o approximiert werden. Da $A_o \subseteq A$ ist, ist damit das Korollar bewiesen.

Bemerkung: Der Satz 6.6. liefert Beispiele für Ringe mit Approximationseigenschaft, die keine Weierstraßringe sind (vgl. Kapitel I). Sei A der algebraische Abschluß von $\mathbb{C}[X\ Y,e^{(e^Y-1)}]$ in $\mathbb{C}[[X,Y]]$, $\mathbb{C}$ der Körper der komplexen Zahlen. Dann ist nach 6.6. und 6.4. $A \in AE$. Es ist aber $\dim \mathrm{Der}(A,A) = 1$, da $\frac{\partial}{\partial Y}(e^{e^Y}-1) \notin A$ ist. A ist damit nicht von analytischem Typ (vgl. [19]) aber exzellent.

Literatur

[1] Abhyankar, S.S., Automorphisms of analytic local rings, Publ. math. IHES 36 (1969), 139 - 163

[2] Abhyankar, S.S., Two notes an formal power series, Proc. of the AMS vol 7, No 5 (1956), 903 - 905

[3] Abhyankar, S.S., Local analytic geometry, New York 1964

[4] Abhyankar, S.S., van der Put, M., Homomorphisms of analytic local rings, J. reine und angew. Math. 242 (1970), 26 - 60

[5] André, M., Artin's theorem on the solution of analytic equations in positive characteristic, manuscr. math. 15(4) 1975, 341 - 348

[6] Artin, M., On the solution of analytic équations, Inv. math. 5 (1968), 277 - 291

[7] Artin, M., Algebraic approximation of structures over complete local rings, Publ. math IHES 36 (1969), 23 - 58

[8] Becker, J., A counterexample to Artin Approximation with respect to subrings, to appear

[9] Cohen, P.J., Decision procedures of real and p-adic fields, Communicationes on Pure and Appl. Math. 22 (1969), 131 - 151

[10] Elkik, R., Solutions d' équations a coefficionts dans un anneau Hensélien, Ann. Sc. Ec. Norm. Sup. 4e serie, t 6 (1973), 533 - 604

[11] Габриэлов, О формальных соотношениях между аналитическими функциями, функц. анализ и его приложения т. 3, в. 4 (1971), 64-65

[12] Galligo, A., A propos du théorème de préparation de Weierstrass, These, Université de Nice, 1973

[13] Grauert, H., Über die Deformation isolierter Singularitäten analytischer Mengen, Inv. math. 15 (1972), 171 - 198

[14] Greenberg, M. J., Rational points in Henselian discrete valuation rings, Publ. math. IHES 31 (1966), 59 - 64

[15] Grothendieck, A., Dieudonné, J., Elements de géométrie algébrique I - IV, Publ. math. IHES 4,8, 11, 17, 20, 21, 28, 32 (1960 - 1969)

[16] Kiehl, R., Ausgezeichnete Ringe in der nichtarchimedischen analytischen Geometrie, J. reine u. angew. Math. 234 (1969), 19 - 98

[17] Kunz, E., Characterisation of regular local rings of characteristic p, Amer. J. Math. 91 (1969), 772 - 784

[18] Kurke, H., Pfister, G., Roczen, M., Henselsche Ringe und algebraische Geometrie, Berlin 1974

[19] Matsumura, H., Formal power series rings over polynomial rings I, Number theory, Algebraic Geometry and Commutative Algebra in honor of Y. Akizuki, Kinokuniya, Tokyo (1973), 511 - 520

[20] Matsumura, H., Commutative Algebra, New York 1970

[21] Mostowski, T., A decision procedure for rings of power series of several variables and applications, Bull. de l'Acad. Polonaise des Sciences, Vol. XXIII, No 12 (1975), 1229 - 1232

[22] Nagata, M., Local rings, New York 1962

[23] Nomura, M., Formal power series rings over polynomial rings II, Algebraic Geometry and Commutative Algebra in honor of Y. Akizuki, Kinokunia, Tokyo (1973), 521 - 528

[24] Pfister, G., Roczen, M., Zum Satz von Weierstraß-Grauert für algebraische Potenzreihen, Rev. Roumaine de Mathematiques, XXI No 9 (1976), 1261 - 1267

[25] Pfister, G., Popescu, D., Die strenge Approximationseigenschaft lokaler Ringe, Inv. Math. 30 (2) 1975, 145 - 147

[26] Pfister, G., Ringe mit Approximationseigenschaft, Math. Nachr. 57 (1973), 169 - 175

[27] Pfister, G., Einige Bemerkungen zur Struktur lokaler Henselscher Ringe, Beitr. Alg. Geom. 4 (1975), 47 - 51

[28] Pfister, G., Roczen, M., Ein Vorbereitungssatz für Ideale in algebraischen Potenzreihenringen, Bull. de l'Acad. Polonaise de Sc. math. Vol. XXIV No 5 (1976), 315 - 318

[29] Pfister, G., Die Approximationseigenschaft lokaler Henselscher Ringe, Dissertation zur Erlagnung des akademischen Grades doctor scientiae naturalis, Berlin 1976

[30] Pfister, G., Schlechte Henselsche Ringe, erscheint in Bull. de l'Acad. Polonaise

[31] Pfister, G., On the property of approximation of two-dimensional local rings, erscheint in Bull. de l'Acad. Roumaine

[32] Pfister, G., On the solution of equations over Henselian rings, University Press Bucharest 1977

[33] Płoski, A., Note on a theorem of M. Artin, Bull. de l'Acad. Polonaise des Sc. vol. XXII, 11 (1974), 1107 - 1110

[34] Popescu, D., A strong approximation theorem over discrete valuation rings, Rev. Roum. XX (6) 1975, 659 - 692

[35] Popescu, D., Algebraic pure morphisms, to appear

[36] Raynaud, M., Travaux récents de M. Artin, Sem. Bourbaki 1968/69, No 363, Springer Lecture Notes 179 (1971)

[37] Raynaud, M., Anneaux henseliens et approximation, Coll. d'Algèbre de Rennes (France), 1972

[38] Roczen, M., Eine Bemerkung zum Vorbereitungssatz von Weierstraß - Grauert, Rev. Roumaine de Math. XIX No 10 (1974), 1243 - 1250

[39] Seydi, H., Sur la théorie des anneaux excellents en characteristic p, Bull. Sc. math. 2e serie 96 (1972), 193 - 198

[40] Seydi, H., Anneaux henseliens et conditions de chaines I, Bull. Soc. math. France t 98 (1970), 9 - 31

[41] Seydi, H., Sur la theorème des anneaux excellents en caracteristique zero I, II, erscheint demnächst

[42] Tougeron, J. C., Solutions C^∞ d'un systeme d'equations analytiques et applications, erscheint demnächst

[43] Tougeron, J.C., Ideaux de fonctions differentiables, Berlin 1972

[44] Valabrega, P., On two-dimensional regular local rings and a lifting problem, Annali della Scuola norm. sup. di Pisa, serie III, vol. XXVII, fasc. IV (1973), 787 - 807

[45] Van der Put, M., A problem on coefficient fields an equations over local rings, Composito math. 30 (3) 1975, 235 - 258

[46] Van der Waerden, B. L., Algebra I, II, Berlin, Göttingen, Heidelberg 1955

[47] Walker, R. J., Algebraic curves, Princeton 1950

[48] Wavrik, J. J., A theorem on solutions of analytic equations with applications to deformations of complex structures, Math. Ann. 216 (2) 1975, 127 - 142

[49] Wavrik, J. J., A theorem of completeness for families of compact analytic spaces, Trans. AMS 163 (1972), 174 - 155

[50] Zariski, O., und P. Samuel, Commutative Algebra I,II New York 1968, 1970 (zitiert [ZS])